飯店服務與管理

（第2版）

吳本 主編

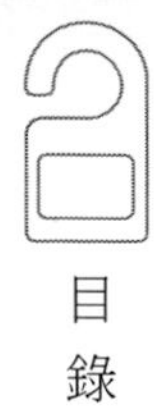

目錄

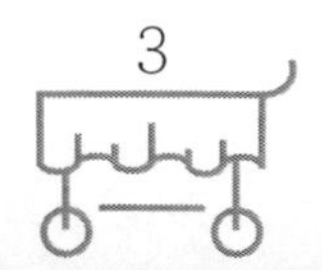

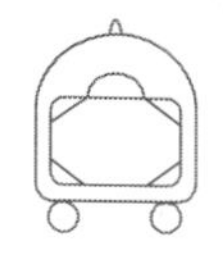

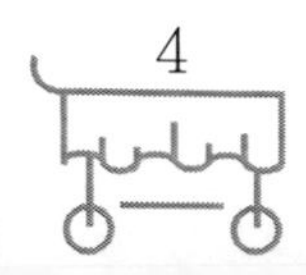

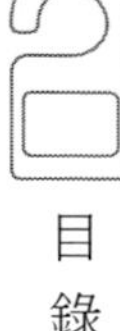

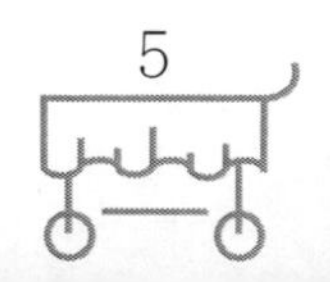

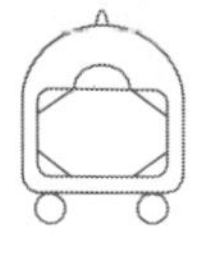

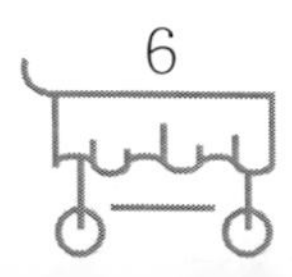

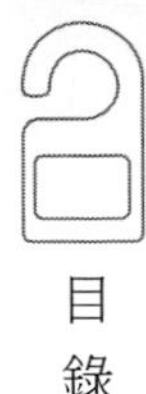

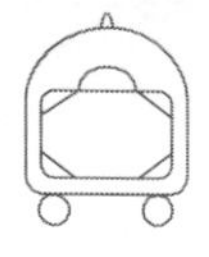

出版說明

為配合職業教育體制改革，受中國國家旅遊局人事勞動教育司委託，我社組織業內專家，根據高等職業教育要求和旅遊行業的特點，精心編寫出版了這套旅遊高等職業教育系列教材。該系列教材在編寫中，充分注意高等職業教育的特點，使其既有一定的理論深度，又充分注意學生實際職業能力的培養，確保該教材既高於同類中專教材，又不同於一般本科教材，符合旅遊高等職業教育的教學要求和人才培養目標。該系列教材自2000年7月出版以來，以其準確的定位和科學的編排受到廣大師生的普遍好評，成為業內影響最廣，備受歡迎的專業化教材。

此次再版，在充分聽取廣大讀者意見的基礎上，根據國家最新的職業教育改革精神，徵求了教育部旅遊職業教育教學指導委員會有關專家委員的意見，並在杜江等業內專家主持下，確定了修訂原則和修訂方案，目的是在保持原教材特色的基礎上，進一步完善該系列教材，使其更加貼近教學實際。

新版高職教材在保持原教材優勢的基礎上，以方便教師教學和學生學習為宗旨，增設了課前導讀、教學目標、案例分析、本章小結等模塊，旨在教師和學生之間搭建一個互動的平台，使教師能夠更好地和學生溝通。文中示例、公式一律突出顯示，目的是讓讀者花最少的時間掌握最有用的訊息。與原版教材相比，本版教材在編排上主要具有以下顯著特徵：

精簡優化了內容。在初版中，有些教材花大量篇幅介紹某些工種的崗位職責及主要任務，既占課時，又不便於教師教學。再版時，將這部分內容置於附錄中，既便於教師靈活運用，又有利於學生分清主次。同時，針對旅遊學科實踐性強的特點，修訂後的教材特別注意增補了一些案例，目的是強化案例教學的作用。在案例的處理上，有些案例有評析，可以幫助學生進一步掌握每章重點；有

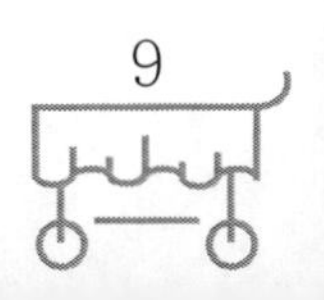

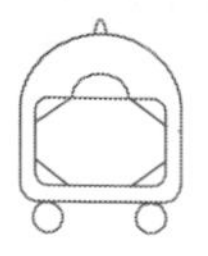

些案例沒有評析，既給教師布置作業留下了餘地，也可供學生自學使用。

更新增補了資料。根據旅遊業最新發展情況，此次修訂增補了最新行業法規，補充了入世後的相關內容，更新了舊的材料和數據，使本版教材能充分反映行業的最新發展和業內最新的研究成果。

權威專家嚴格把關。本教材的作者均為業內專家，有著豐富的教學經驗及旅遊企業的管理經驗，能將教材中的「學」與「用」這兩個矛盾很好地統一起來。在此基礎上，經杜江等業內權威專家把關和專業編輯審讀加工，確保了本教材的權威性和專業性。我們深信：只有專業的，才是最好的！

貼近教學的全新編排。增課前導讀，幫助讀者更好地理解各章內容；擬教學目標，幫助教師更好地與學生溝通；補有用訊息，案例分析、思考與練習，讓學生盡快

為深入貫徹《中共中央國務院關於大力推進職業教育改革與發展的決定》中關於職業教育課程和教材建設的總體要求，進一步落實教育部等七部門《關於進一步加強職業教育工作的若干意見》，全面實施教育部《2003—2007年教育振興行動計劃》，按照教育部職業教育與成人教育司《關於制定2004—2007年職業教育教材開發編寫計劃》通知精神，我社對《旅遊高等職業教育系列教材》進行了重新梳理，並向教育部職業教育與成人教育司申報了《2004—2007年職業教育教材開發編寫計劃》，旨在積極推進教材改革，開發和編寫具有職業教育特色的高等職業教育教材。

申報教材將以學生為中心、以能力為本位、以就業為導向，全面推進素質教育，重點培養學生的職業能力、社會適應能力和主動獲取知識的能力，為旅遊業的繁榮和發展輸送學以致用、愛崗敬業、腳踏實地的高技能人才。

申報教材將更加充分展現如下職業教育理念：

1.職業教育性。滲透職業道德和職業意識教育；展現就業導向，有助於學生樹立正確的擇業觀；培養學生愛崗敬業、團隊精神和創業精神；樹立安全意識和環保意識。

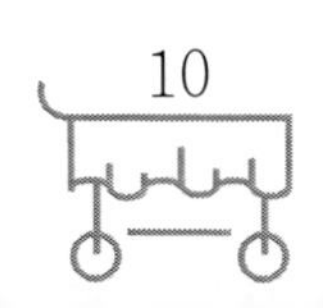

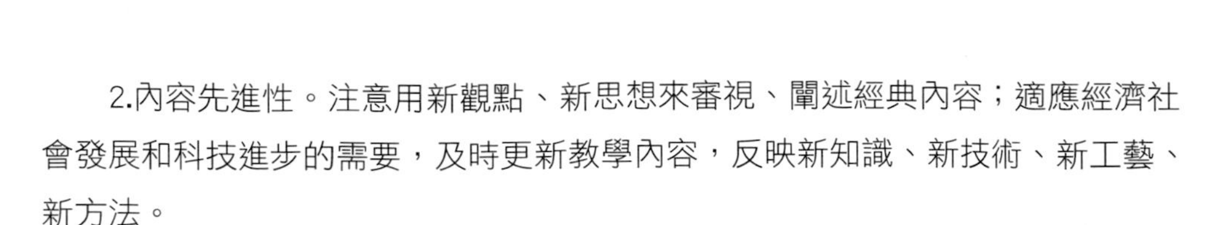

2.內容先進性。注意用新觀點、新思想來審視、闡述經典內容；適應經濟社會發展和科技進步的需要，及時更新教學內容，反映新知識、新技術、新工藝、新方法。

3.教學適用性。教學內容符合專業培養目標和課程教學基本要求；取材合理，分量合適，符合「少而精」原則；深淺適度，符合學生的實際水準；與相鄰課程相互銜接，避免不必要的交叉重複。

4.知識實用性。展現以職業能力為本位，以應用為核心，以「必需、夠用」為度；緊密聯繫生活、生產實際；加強教學針對性，與相應的職業資格標準相互銜接。

5.結構合理性。教材的體系設計合理，循序漸進，符合學生心理特徵和認知、技能養成規律；結構、體例新穎，有利於展現教師的主導性和學生的主體性；適應先進的教學方法和手段的運用。

6.使用靈活性。展現教學內容彈性化，教學要求層次化，教材結構模塊化；有利於按需施教，因材施教。

目前，《旅遊高等職業教育系列教材》已列入教育部職成司《2004—2007年職業教育教材開發編寫計劃目錄》，並成為教育部職業教育與成人教育司推薦教材，實現了行業教育與職業教育的平穩對接。

作為全國唯一的旅遊教育專業出版社，有著豐富的旅遊教育專業教材的編輯出版經驗和龐大的專業作者隊伍，我們有責任把最專業權威的教材奉獻給廣大讀者，這也是我社教材受到廣大讀者認可的重要原因。

新版高職教材即將面市，我們想借這套教材的出版，探索一種全新的教材編寫、出版模式，把一本本賞心悅目、專業實用的教材奉獻給大家，使其真正成為您的貼心朋友。

旅遊教育出版社

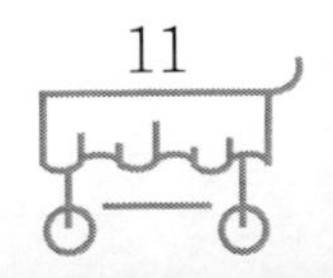

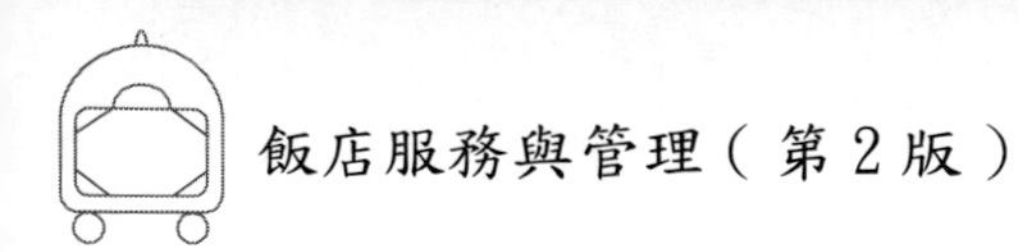

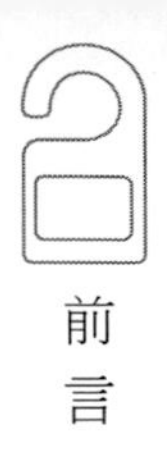

前　言

本書以管理理論為指導，吸取國際飯店經營管理的先進經驗，結合國際飯店業發展潮流和中國飯店業的現狀，在對飯店的基礎知識和飯店管理的基本理論作了簡要介紹後，系統地闡述了飯店組織構建、飯店產品、飯店從業人員的素質要求、飯店服務質量管理、飯店三大業務部門的服務與管理以及現代飯店集團化等理論問題及應用方法。本書的編寫以高等職業教育教材為出發點，講求理論性、層次性和實用性相結合，在文中大量運用案例說明問題，力求敘述深入淺出，文字通俗易懂。本書也可作為飯店從業人員的培訓教材，同時還是從事相關行業人員瞭解飯店的一個很好的窗口。

本書由吳本主編，王永忠和姜彩芬參加編寫工作。具體編寫情況如下：第一、二、三、四章和第六章的第三節由吳本編寫，第五章和第六章的一、二節由姜彩芬編寫，第七章由王永忠編寫。全書最後由吳本修改、定稿。

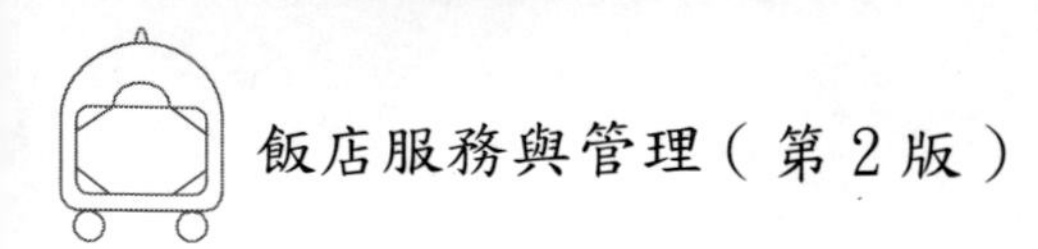

第 1 章 飯店與飯店管理概述

章節導讀

現代飯店是在傳統的住宿接待設施基礎上發展起來的，它與旅行社、旅遊交通一起被稱為旅遊業的三大支柱。隨著旅遊業的發展，現代飯店業不斷蓬勃壯大，在社會中扮演著日益重要的角色。在飯店業激烈的競爭中，飯店的服務與管理作為一門學科也日益受到重視，並成為飯店從業人員必須掌握的知識。本章我們將對飯店的含義和飯店管理的內涵做一介紹。

重點提示

解釋飯店的概念、作用及其功能

介紹飯店業發展的歷史及趨勢

講解各類型和等級的飯店界定的標準及其各自的特點

講述飯店管理的概念、內容和職能

第一節 飯店的含義

飯店（hotel）一詞源於法語（hôtel），原指富商、官宦及其他知名人士在城裡款待賓朋的豪宅。法國大革命期間，許多私人住宅改成了商業性的食宿設施，hotel便成了飯店的代名詞，這一說法在18世紀末19世紀初，被英美國家普遍接受並沿用至今。

在中文裡，用以表述hotel的詞很多，港澳、廣東一帶習慣以「酒店」稱呼，江、浙、滬一帶則常常以「賓館」表示高級飯店，此外，還有「旅館」、「旅店」等不同的稱謂。由於中國國家旅遊局將現代的hotel統稱為旅遊飯店，所以本書在敘述時將統一選用「飯店」一詞。

在本節，我們先來研究飯店的概念及其作用和功能。

一、飯店的概念

現代飯店是在古代「亭驛」、「客舍」和「客棧」的基礎上發展起來的。在世界旅遊業的推動下，飯店業日趨繁榮，各種類型的飯店應運而生。

綜合現代飯店的特徵，不論其設施簡單還是豪華，均應具備以下四個方面的要素：

1.提供食宿等服務

飯店最初也是最基本的功能是為旅途中的人們提供過夜住宿服務，而「食」作為與「住」緊密聯繫在一起的需求，順理成章地成為飯店為客人提供的另一種基本服務。英國早期的不成文法規定，旅館必須承擔為住店客人提供住宿、餐飲和安全的義務。中國史書記載中，客棧也通常為往來客人提供住宿和飲食服務。所以有人說，不提供餐飲服務的飯店算不上真正的現代飯店。及至現代，隨著社會的發展，飯店已成為具備向客人提供住宿、餐飲、娛樂、購物、健身、商務服務等諸多功能的綜合性服務企業，並形成了由各種不同等級、類型、規模、經營方式的眾多飯店組成的飯店業。[1]

2.具有法人地位

飯店作為一個企業，其設立首先必須獲得國家有關部門的批准，其經營活動必須符合國家有關法律、章程、條例的規定。飯店與其他企業一樣，只有具備了下列必備條件，才能依法取得法人資格：

(1)從事的接待活動應當是社會需要的，能產生一定的社會效益；

（2）應有自己的名稱和固定的經營場所，營業設施齊備且經有關部門鑒定許可；

（3）有符合條件的法定代表人，有健全的組織機構和職能人員；

（4）經營範圍合法，有與其經營範圍和規模相應的獨立支配的財產；

（5）符合報批程序。

3.自主經營

飯店作為一個企業，在取得法人資格後，即成為一個獨立的經濟組織，自主經營，自負盈虧，獨立核算，這就區別於中國1980年代以前以政治接待任務為主要經營目的的國賓館和招待所，飯店不再成為政府的附屬物，而開始以獲取經濟效益為主要經營目標。因此，在市場經濟體制下，飯店一方面要不斷開闢市場，廣招客源，增加收入；另一方面要嚴格經濟核算，努力降低成本，擴大利潤範圍，合理分配經營成果。

飯店的自主經營權主要展現在：自主決定經營決策，自主支配財產，自主決定機構設置和人員任免，自行確定分配制度，依法拒絕攤派等。

4.服務對象廣泛

現代飯店是為民眾服務的公共接待設施，服務對象極其廣泛。按規定支付費用的合法公民均可成為飯店的消費者，飯店應一視同仁，不分國籍、種族、性別和職業，熱情接待。為擴大銷售，飯店應積極開拓經營，除為外出遊客服務外，還應逐步成為當地居民的消費場所。

可見，飯店是向賓客提供住宿、餐飲、娛樂、購物等綜合性服務的商業性企業。

二、飯店的地位和作用

1.是旅遊業的重要支柱

飯店是遊客在旅遊目的地開展活動的基地，是旅遊經營活動必不可少的物質

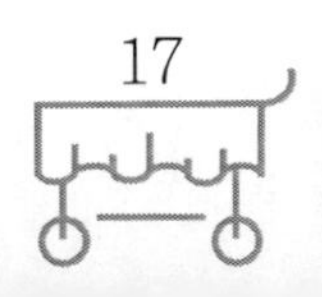

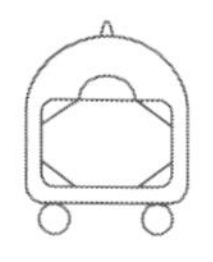

條件。飯店與旅行社、旅遊交通一起被稱為旅遊業的三大支柱，是旅遊供給構成要素。

2.是對外交往、社會交際活動的中心

飯店已成為一個城市、地區乃至一個國家市政建設、社會公共設施必不可少的組成部分，是當地對外交往、社交活動的中心。飯店業的發展對當地政治、經濟、文化等方面的發展有重要影響，刺激和促進了對外交往，提高了社會文明程度。

3.是創造旅遊收入的重要部門

資料顯示，飯店業的收入往往占旅遊業總收入的一半以上，它尤其是創造外匯收入的重要部門。

飯店提供的服務具有就地勞務出口的性質，其創匯率比一般外貿出口要高，對於平衡國際收支有著良好的作用。中國把旅遊業作為三大外匯來源之一，飯店外匯收入占了其中相當大的一部分。因此，飯店業的發展水準往往標誌著接待地區、接待國家旅遊業的發展水準。

4.為社會創造直接和間接就業機會

按目前中國飯店的人員配備狀況，平均每間客房配備1.5～2人，一座300間客房的飯店能創造450～600個直接就業機會。其他相關行業如飯店設備、物品的生產和供應行業，也相應帶動了大量人員就業。根據國際統計資料和中國近年來的實踐經驗，高檔飯店每增加1間客房，可以直接和間接為5～7人提供就業機會。因此，飯店建設是擴大社會就業的重要途徑，世界各地靠興建飯店設施增加就業機會、減少失業人口的例子屢見不鮮。

5.帶動其他行業的發展，為所在地區帶來巨大的經濟效益

飯店的建設裝修及更新改造與社會的建築業、裝潢業、輕工業、電氣業等緊密相關，客人住店期間在店內消費的物品也大多由社會其他行業提供，飯店收入的乘數效應對所在地區國民經濟的影響十分巨大。

||

三、飯店的功能

客人需求的多樣化決定了飯店接待和服務功能的多樣化。雖然各飯店的類型、等級、規模及投資額不同，但是，作為現代型的飯店，通常都具有住宿、餐飲、娛樂健身、商務、購物五種基本功能。

1.住宿

這是飯店的首要功能。客房作為飯店的主體和存在的基礎，通常位於飯店建築物的上部，立體垂直排列，為客人的休息、睡眠、工作和會客等活動提供安全、安靜、舒適、溫馨的場所。

根據目標客源的需求特點，客房一般分為標準房、單人房、商務房、套房等多種類型，各占合理的比例。在不同檔次的客房中，同檔次的客房一般設在同一樓面，高檔次客房設在高樓層，總統套房、豪華套房則設在頂層。

客房一般包括睡眠空間、書寫空間、起居空間、儲藏空間、盥洗空間、行走空間等，根據客房的等級、類型，這些空間或集中於一室，或分設於二室、三室或更多廳室。如二室的可分設臥室和起居室，三室以上的增加一個餐室或一個會客室，還有雙臥室或其他套房組合形式。

2.餐飲

飯店的餐飲設施包括為客人提供菜餚食品和酒品飲料的場所和設施，因為既要接待住店客人，又要接待非住店客人，它一般設在便於各種客人進出的地方，如建築物的一、二層。沿街的飯店可靠街設置餐廳，朝街開設一門；高層飯店還可在頂層設置餐廳（尤其是旋轉餐廳），使客人在用餐時能俯瞰周圍景觀。

飯店的餐廳包括中式大小餐廳、宴會廳、西餐廳、自助餐廳、特色餐廳等多種類型，具體應設置什麼樣的餐廳及設置多少個餐廳，往往根據餐廳的客源市場和飯店本身的技術力量來確定。咖啡廳和酒吧是現代高級飯店不可缺少的餐飲設施，是客人休閒、社交、商談、會友的場所。咖啡廳的位置及布局比較自由，以能賞景最為理想，中國三星級以下飯店往往把咖啡廳與西餐廳合二為一。酒吧可

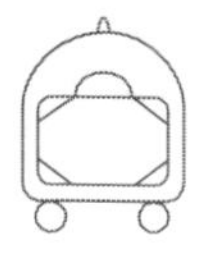

設一個，也可設多個，一般和大廳、娛樂場所、游泳池、庭院等組合在一起。

3.娛樂健身

隨著人們生活方式的改變，市場對飯店產品多元化的需求進一步增強，飯店中娛樂健身設施的發展趨勢明顯，從單一化到多樣化，從低檔到高檔，娛樂健身設施在飯店中所處的地位穩步提高。

娛樂設施主要包括歌舞廳、卡拉OK廳、棋牌室、電子遊戲廳、影視廳等。通常設在飯店底層後部、側面及裙房或公共設施區域內，以不對其他區域造成噪音汙染為宜。較為理想的模式是娛樂設施自成一個區域。

飯店康樂設施種類繁多，主要有健身房、三溫暖、保齡球室、撞球室、網球場、游泳池、高爾夫球場等，占地大小、場地選擇、設施繁簡等差別很大，一般根據飯店實際情況選型，合理規劃布局。

4.商務

隨著遊客對通訊要求的日益增強以及商務客人所占比例的逐漸增大，飯店的商務功能日趨重要。除設置商務中心提供複印、傳真、電報、打字、票務、特快專遞等服務項目外，飯店通常還設有可以容納十到數百人的大小會議室、洽談室，配備同步口譯、翻譯、祕書、音響、音像、投影等服務設施和項目，保證客人的商務活動順利進行。此外，適應商務客人需要，配置有大型辦公桌、電腦、傳真機等商務設施的商務客房也應運而生，甚至還可提供祕書等服務。

5.購物

飯店一般都設有商場，最常見的是設在大廳旁邊，商場內貨品種類較多，以精品、工藝品、當地特色旅遊商品等最為多見，也有一般生活用品，以滿足住店客人的需要。也有些大型飯店利用沿街門面開設大商場或旅遊商品一條街，面向社會，以多種經營來增加飯店營業收入。

上述諸功能是飯店的基本功能，一般而言，飯店檔次越高，硬體設施越完善，服務功能也越多。現代飯店的經營者總是最大限度地擴大飯店的服務功能，以求給客人更多的方便與舒適，提高客人的滿意度，從而樹立飯店良好的社會形

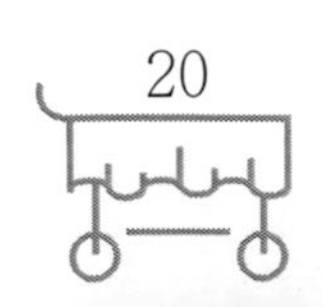

象。

第二節 飯店業發展的歷史及趨勢

為旅行者提供過夜、休息、餐食的設施自古有之。相傳歐洲最初的食宿設施始建於古羅馬時期，其發展進程大致經歷了客棧時期、大飯店時期、商業飯店時期等階段，其間幾經起落，幾經盛衰。第二次世界大戰以後，隨著歐美等國經濟的恢復，旅遊業迅猛發展，世界各國飯店數量激增。至1960年代，已出現了不少在世界各地擁有數十上百家飯店、跨國連鎖經營的大型飯店集團公司，世界飯店業進入了現代新型飯店時期。中國飯店業也歷經古代飯店業、近代飯店業等時期，於1970年代末80年代初進入了飛速發展的現代飯店時期。

一、世界飯店業發展史

（一）古代客棧時期

由於社會的需要，千百年前就出現了客棧和酒店。到了15世紀，客棧開始流行，有些客棧已擁有二三十間客房及其他設施，如當時有名的英國喬治旅店，除客房外，還有酒窖、食品室、廚房以及供店主和管馬人用的房間。到了18世紀，客棧逐步盛行，尤以英國客棧為典型代表。在這一時期，英國的習慣法已宣布客棧是一種公共設施，客棧主負有保證旅客健康的社會責任。客棧主不僅有接待旅客的權利，同時也有接待旅客的義務。

客棧時期經歷的時間很長，主要有以下四個特點：

（1）獨立經營。一般由家庭經營，規模小，有一種家庭式的溫馨氣氛。

（2）設施簡陋。通常供過往旅行者寄宿之用，除提供基本的睡眠設施和飲食外，對舒適度不予考慮。

（3）接待對象較為單一。以商人和宗教徒為主，房租低廉。

（4）選址明確。一般坐落在市鎮中心和馬車站、道路邊。

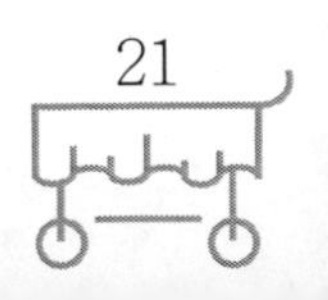

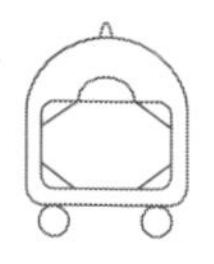

（5）具有一定的社會功能。除了為過往旅客提供食宿外，還成為人們聚會、交往、交流訊息的場所。

（二）豪華飯店時期

18世紀後期，英國首發的產業革命為飯店業的發展注入了活力。首先，火車、輪船的普及方便了人們的遠行，貴族等上層人物渡假旅遊和公務旅行日益增多；其次，產業革命帶來的一系列技術革命為飯店設施的革新創造了良好的條件，飯店開始了裝備現代化的第一步。1829年，在美國波士頓落成的特里蒙特飯店，為新興的飯店行業確立了標準。這座飯店設有170套客房，第一次把客房分為單人間和雙人間；第一個設前台，並將鑰匙交給客人（為提醒客人離店時把鑰匙交給前台服務員，每把鑰匙上拴有一小塊鐵片）；第一次在客房內設計了盥洗室，並免費提供肥皂；第一次設立門廳服務員；第一次使用菜單；第一次對員工進行培訓。特里蒙特飯店是飯店發展史上的一座里程碑，它推動了美國各地大飯店的發展。

建造豪華飯店是這一時期歐美國家的潮流，具有代表性的有巴黎的巴黎大飯店和羅浮宮大飯店、柏林的凱撒大飯店、倫敦的薩依伏大飯店等。豪華飯店在繁華的大都市，規模宏大，建築與設施豪華，裝飾講究，服務一流，主要接待王公、貴族、官宦和其他社會名流。本時期經營者的代表人物是瑞士人凱撒・麗思，他提出了許多豪華飯店的經營理念，如「客人是永遠不會錯的」、「不惜代價盡其所能使客人滿意」等等。

豪華飯店的經營特點是：

（1）價格昂貴。因為客人定位於貴族等有錢有地位的階層，消費能力極高，為追求奢侈、豪華、新奇的享受，願一擲千金。

（2）經營不求盈利。飯店投資者、經營者的根本興趣在於取悅上流社會或炫耀自己的實力，擴大社會聲譽，所以往往不計投資與經營成本。

（3）管理有所創新。管理與服務職能逐漸分離，成為專門的職能，但仍處於經驗管理階段。服務開始正規化，有了一定的接待儀式，講究禮貌禮儀。

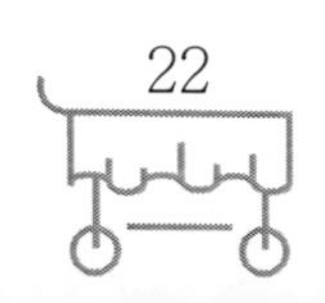

（4）廣泛採用新技術。在住宿、飲食、娛樂生活等方面大量運用工業革命的新技術、新成果，生活品質大大提高。飯店業開始引導世界消費的新潮流。

豪華飯店的市場面十分狹小，在經營管理方面也有著種種弊端，但其中的一些經營理念至今仍在世界飯店業尤其在豪華飯店、高檔飯店的總統套房、行政樓層的經營管理中具有指導意義。

值得一提的是，當時美國的飯店業發展略不同於歐洲。在美國，社會等級觀念並不十分強烈，飯店不僅是各階層人們都可以停留的地方，而且也是各階層人們互相混雜、有錢人和工人或過往客人互相交往的場所，尤其是商人聚會的地方。在美國，飯店被看作公共設施，甚至是公共建築，它們常常是一個城鎮最引人注目的、最宏偉的建築物。新城鎮的創建者們都認識到了一家好飯店的價值，許多地方，甚至在城鎮成形之前就已建好了飯店。飯店已不僅僅是為旅行者提供食宿的地方，它既是社會的產物，又是社會的創建者，同時還是人們狂熱追求社會生活的象徵。

（三）商業飯店時期

商業飯店時代於20世紀初在美國拉開序幕。美國飯店大王埃爾斯沃思・密爾頓・斯塔特勒被公認為是商業飯店的創始人，他憑著自己多年從事飯店經營的經驗及對市場需求的瞭解，創造了一種新型的商業飯店，致力於合理控制成本，以大眾可以接受的價格為客人提供舒適的服務。

1908年，斯塔特勒自己設計並經營的布法羅斯塔特勒飯店開業。該飯店擁有300間客房，推銷口號是「帶衛浴間的房間只要1.5美元」，令人耳目一新。斯塔特勒還在紐約、波士頓等地建造飯店，提供標準服務。他的飯店提供通宵洗衣、自動冰水供應、消毒馬桶坐墊、免費報紙等服務，深受歡迎。「斯塔特勒」式的強大市場攻勢迫使競爭對手不得不仿效他的樣子來改革自己的飯店。斯塔特勒還提出了「飯店經營成功的根本要素是地點、地點、還是地點」，以及「客人永遠是對的」、「飯店從根本上說，只銷售一樣東西，這就是服務」等至理名言。

商業飯店時期的主要特點是：

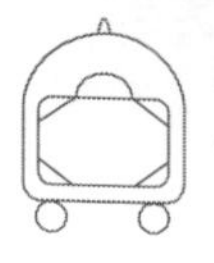

（1）市場面寬廣。接待對象主要是商務旅行者及社會各界人士。

（2）提出了新的服務理念，斯塔特勒將「舒適、方便、清潔、安全和實用且價格合理的設施和服務」稱為是「最好的服務」。

（3）講求經營效益。飯店的所有權與經營權逐漸分離，經營活動完全商品化，經營者講求經濟效益。

（4）推行科學化管理。注重質量標準化，實施低價經營，實行成本控制型管理，展現薄利多銷的經營觀念。聯營飯店的經營方式得到推廣。

在這一時期，汽車飯店也隨著汽車工業的發展而發展起來。最初的汽車飯店十分簡陋，屋內僅有鐵床，旅客投宿需自備鋪蓋。1926年，加利福尼亞州出現了一家叫邁爾斯頓的飯店，正式使用了「Motel」這一名稱，為開車的旅客提供較好的住宿服務。隨後，汽車飯店在美國各地湧現。當時的汽車飯店一般只提供住宿服務。

在這一時期，飯店業日漸引起社會的重視，歐美各國相繼成立了飯店協會，制定了行業規範，出現了專門培養飯店管理人才的院校或專業，其中著名的有康乃爾酒店管理學院、柏林酒店管理學院和伯恩大學的酒店經濟專業。

到了1930年代，西方經濟大蕭條，旅遊人數大減，飯店業陷入困境。20年代興旺時期開業的飯店幾乎全部倒閉。

商業飯店時期是世界飯店發展史上最為重要的階段，也是世界各地飯店業發展最為活躍的時期，它奠定了現代飯店業的基礎。

（四）現代新型飯店時期

二戰以後，隨著社會的穩定、經濟的復甦以及交通工具的改進，人們在國內和國際間的旅行活動日益頻繁，一度處於困境的飯店業開始步出低谷，走向繁榮。至1950年代末60年代初，新型飯店大批出現，飯店業發生了相當大的變化。

這一時期的飯店業有如下特點：

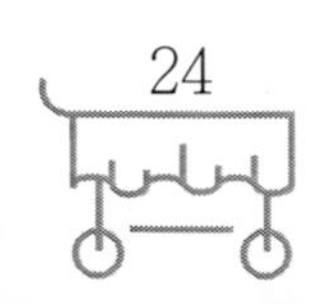

1.注重規模效益，連鎖經營

二戰後，隨著國際旅遊業的發展，飯店資本迅速積累起來，首先出現在北美洲的飯店集團在此期間得到了極大的發展，並逐步擴展到其他地方。國際性飯店集團開始崛起，以簽訂管理合約、讓渡特許經營權、租賃等形式，進行國內甚至跨國跨行業的連鎖經營。據統計，世界最大的200家國際飯店集團至少擁有全世界飯店總床位數的20%。1998年，世界最大的飯店集團——美國紐澤西州的聖達特有限公司（1996年名為旅遊特許系統）擁有飯店5978家。目前，美國有80%的飯店已加入各飯店集團，歐洲約為30%。

2.注重新產品開發，綜合經營

為適應現代社會多層次的需求，飯店業日益朝著產品多樣化的方向發展，不再僅僅是提供吃、住的場所，而且還滿足了客人對娛樂、健身、購物、通訊、商務等多方面的需求，成為當地社交、會議、展覽、表演等活動的場所。

在美國，由於家庭遊客和商務遊客增多，許多飯店開始將傳統的單人間、雙人間改造成帶會客室的套房，並配備家庭常用炊具，全套房飯店明顯增多。與此同時，還出現了女賓客房、禁煙客房、行政樓層等客房設施。

隨著大眾市場的擴大，中低檔住宿設施以價廉、質優贏得市場的青睞，一些傳統上以經營高檔飯店為主的飯店集團，也開始開闢這一市場。

為擴大飯店收入渠道，綜合性經營十分普及。迷你酒吧、客房送餐、多種風格的餐廳、各種各樣的健身器材等等讓客人在飯店內頗感便利。飯店功能的多樣化也吸引了當地居民，其在當地社區的社會功能日益得到重視。

3.經營管理日益科學化和現代化

飯店業的高額利潤加速了市場競爭，促使飯店不斷自我完善，注重運用科學手段進行市場促銷、成本控制和人力資源管理。在設施設備上注意引進適合客人需求的飯店服務及辦公、管理的高新科技產品，如在客房預訂、帳目結算、訊息處理、安全管理等方面引進電腦系統，並購置了視訊會議設施及辦公自動化設備等。

飯店業的發展吸引了眾多投資者的注意，配套服務日益完善，出現了如飯店管理諮詢公司、飯店訂房代理公司、飯店會計事務所、飯店建築設計公司、飯店設備用品公司等等。理論研究和培訓教育事業也蓬勃發展，不少院校開設了飯店管理專業。這些組織和機構促進了飯店業的科學發展。

在現代新型飯店時期，飯店業的發達地區並不侷限於歐美，亞洲地區的飯店業。從1960年代起步發展至今，其規模、等級、服務水準、管理水準等毫不遜色於歐美。在美國《機構投資者》雜誌每年組織的頗具權威性的「世界十佳飯店」評選中，亞洲地區的飯店占有半數以上，並名列前茅。香港東方文華酒店集團管理的泰國曼谷東方大酒店，十多年來一直在「世界十佳飯店」排行榜上名列榜首。在亞洲地區，已湧現出不少較大規模的飯店集團公司，如日本的大倉飯店集團、新大谷飯店集團，香港東方文華酒店集團、香港麗晶飯店集團，新加坡香格里拉酒店集團、新加坡文華酒店集團等等。這些公司已將投資領域擴展到了歐美地區。美國「史密斯旅遊調查公司」1997年對全球飯店業進行的業績調查顯示，以「客房出租率」和「平均房價」兩大指標為依據，亞洲地區的飯店業績效最佳，客房利用率達75.6%，平均房價111.88美元，其中香港的客房利用率和日本的平均房價分別居世界各國首位。

二、中國飯店業發展史

（一）古代飯店設施

中國飯店設施的發展史最早可追溯到春秋戰國或更早的夏商周時期。唐、宋、明、清則被認為是住宿設施的較大發展時期。

古代的住宿設施大體可分為官辦住宿設施和民間旅店。

1.官辦住宿設施

主要有驛站和迎賓館兩類。

驛站是中國歷史上最古老的一種官辦住宿設施，初創時是為傳遞軍情和報送政令者提供食宿，因而接待對象侷限於信使和郵卒。秦漢以後，一些過往官吏也可以在驛站食宿。至唐代，驛站已廣泛接待過往官員及文人雅士。元代，一些建築宏偉、陳設華麗的驛站除接待信使、公差外，還接待過往商旅及達官貴人。

迎賓館是古代官方用來款待外國使者、外民族代表及商客，安排他們食宿的館舍。歷代曾有「四夷館」、「四方館」、「會同館」等各種稱謂。「迎賓館」之稱始於清末，它作為一種官辦接待設施，適應了古代民族交往和中外往來的需要，對中國古代的政治、經濟和文化交流造成了不可忽視的作用。

2.民間旅店

古代民間旅店早在周朝就已出現，它的產生和發展與商貿活動的興衰及交通運輸條件的改善好壞密切相關。秦漢兩代是中國古代商業較為發達的時期，民間旅店大量出現，但受當時城市功能的侷限，商業活動未進入城市內部，因而，以接待商販旅客為主的民間旅店只分布在城外郊區及通衢大道兩旁。唐代盛世，經濟繁榮，社會安定，市場興旺，旅店業得到了較大發展，開始進入商業都市，遍布繁華街道。明清兩代，民間旅店更加興旺。由於封建社會科舉制度的進一步發展，在各省城和京城還出現了專門接待各地赴試學習的書生的會館，成為當時旅館業的重要組成部分。

（二）近代飯店設施

中國近代由於帝國主義的入侵，淪為半殖民地半封建社會，此間，除了傳統旅館外，還出現了西式飯店和中西式飯店。

1.西式飯店

西式飯店是對19世紀初外國列強入侵中國後、由外國資本建造和經營的飯店的統稱。這類飯店在建築樣式、設施設備、內部裝飾、經營方法和服務對象等方面都與中國傳統旅館不同。西式飯店規模宏大，裝飾華麗，設備先進，經營人員來自英、法、德等國，接待對象主要以來華外國人為主。經營者中有不少受過專業教育和訓練，他們把西方飯店業的先進設施設備、管理經驗及服務方式帶到了中國，並因此促進了中國近代飯店業的發展。

2.中西式飯店

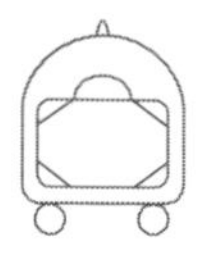

西式飯店的大量出現，刺激了中國的民族資本家向飯店業投資，因而從民國開始，各地相繼建立了一批中式與西式風格相結合的新式飯店。這類飯店多以「旅館」、「飯店」、「賓館」為名，有的就稱為「華洋旅館」或「中西旅館」。這類飯店在建築樣式、店內設備、服務項目和經營方式上都受到西式飯店的影響，尤其在經營體制方面實行了飯店、交通、銀行等行業聯營。1930年代，中西式飯店的發展達到了鼎盛時期，各大城市均可看到這類飯店。中西式飯店將歐美飯店業的經營觀念與中國飯店經營環境的實際相結合，成為中國近代飯店業中引人注目的組成部分，為中國飯店業進入現代新型飯店時期奠定了良好的基礎。

（三）現代飯店業

中國現代飯店業的發展歷史並不長，但發展速度驚人。1949年後一段時期，由於歷史原因，旅遊業幾乎沒有什麼發展，雖改建了一些老飯店和招待所，但這些設施主要用作接待幹部休養、公務訪問，不考慮盈利，並非真正的現代飯店。到1978年，中國能夠接待外國觀光客的飯店僅203座，共3.2萬間客房，它們都為解放前遺留下來或五六十年代建造的，規模小，數量少，功能單一，設備陳舊，很難適應國際旅遊業的發展需要。共產黨的第十一屆三中全會後，在整個社會經濟形勢的發展推動下，在政府促進飯店業發展的一系列政策措施的影響下，中國飯店業無論在行業規模、設施質量，還是經營觀念、管理水準等方面都取得了長足的進步。具體表現在以下幾方面：

1.行業管理逐步加強

飯店管理正由各自為政向國家主管部門的行業管理轉化。推行星級評定制度以來，中國飯店業在行業政策、服務標準、監督檢查等方面加強了行業管理，各飯店不論歸屬於哪個部門，都要遵守國家主管部門的行業政策，執行行業服務標準，並接受主管部門定期與不定期的查核。星級標準符合市場經濟內在的發展規律，符合國際慣例，符合企業長遠發展的需要。事實顯示，星級飯店制度的實行大大推進了中國飯店業的發展進程，到2000年末，已有星級飯店6029家，其中五星級飯店117家，四星級飯店352家，三星級飯店1899家，二星級飯店3061

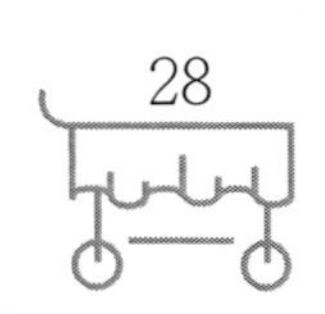

家，一星級飯店600家。

2.投資形式及經營機制多樣化

1980年代初、中期，中國透過引進外資，興建了一大批中外合資、中外合作飯店，又利用內資陸續新建和改造了一大批飯店，使中國飯店業進入了一個發展時期。到1985年，涉外飯店數量達505座，客房7.7萬間。這個規模和數量，比1980年翻了一番。

1985年，國家提出了發展旅遊服務基礎設施，實行「國家、地方、部門、集體和個體」一起上的方針，調動了各方面的積極性，飯店業更加蓬勃發展，到1989年，涉外飯店數量達到1496家、客房22萬間。目前，不少飯店調整結構，轉變經營機制，發展成股份制企業，改變了單兵作戰、獨擔風險的狀況。截至2000年末，已有涉外飯店10481家、客房94.82萬間，其中，國有飯店6646家，集團飯店1280家，私營和聯營飯店1722家，外商投資飯店419家，港澳台商投資飯店414家。

3.實行多種形式的聯合

為了謀求更大的發展，現代飯店開始實行多種形式的聯合。截至1999年末，已有20多家國際飯店集團或公司在中國管理著590家飯店，占全國飯店總數的8.4%。進入中國的這些國外飯店集團都是世界知名飯店企業，如凱悅、萬豪、假日、喜來登、希爾頓等品牌均排在世界飯店業中的前20位，外方先進管理體制的引進，促進了中國飯店業管理和服務水準的提高。同時，國內的飯店管理集團和公司迅速崛起，截至1999年，僅在中國國家旅遊局登記註冊的國有飯店管理公司已有49家，管理了近400家飯店。目前，上海錦江飯店集團、北京凱萊國際飯店集團和北京建國國際飯店集團已經躋身世界飯店集團與飯店管理公司300強之列，其中，錦江飯店集團排名第64位。這些飯店管理集團和公司的聯合形式，性質各不相同，雖然尚不成熟，但顯示了中國飯店業向著集團化邁進的一種趨勢。此外，飯店與其他飯店、旅行商、供應商、航空公司等企業之間在採購、預訂與銷售等方面的聯合也日趨緊密，各種戰略聯盟初見端倪，中國飯店業正走向更廣泛的聯合之路。

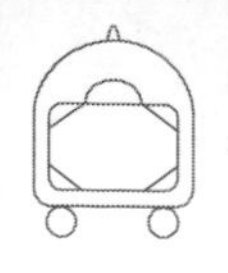

4.經營管理日益科學化

1980年代初，國家旅遊行政管理部門重點圍繞三個方面，即如何使中國飯店業從招待型管理轉變為企業化管理，如何提高飯店管理水準和服務質量，如何提高管理人員素質使之掌握現代化飯店管理知識，做了大量工作。1984年，又在此基礎上向全行業推廣北京建國飯店科學管理方法。建國飯店是北京第一家中外合資、由外國飯店集團管理的飯店，開業時間不長，但經營效果很好，推廣的經驗主要包括：（1）建立總經理負責制及部門經理逐級負責制；（2）建立崗位責任制，落實員工培訓；（3）實行嚴格的獎懲制度，打破大鍋飯，提高服務質量；（4）充分利用經濟手段，開展多種經營，提高經濟效益。這套管理方法是國外先進飯店管理理論和經驗與中國實際密切結合的典範，使中國飯店業在管理上、經營上、服務上都發生了深刻變化。之後，這些管理體制和方法又不斷地得到改進和完善。

三、未來飯店業的發展趨勢

從全球範圍來看，未來一段時期內，飯店業將呈現出以下發展趨勢：

1.飯店集團的發展勢不可擋

自20世紀中期以來，飯店集團憑藉強大的經營管理優勢快速占領了市場，近年來呈現出新的特點：

低成本擴張戰略。許多飯店集團紛紛採用委託經營和特許經營權轉讓等低成本擴張戰略，以減少經營風險並實現快速擴張。例如成立於1995年的聖達特飯店集團，透過採用100%特許經營權轉讓的模式，短短幾年間便躍居世界飯店集團的首位。

多樣化的資本經營戰略。兼併、收購、與各種合作夥伴建立戰略聯盟也是國際飯店集團發展的最新動向，除併購頻繁、次數多、價值大的基本特點外，強強聯合的現象特別突出，大多數併購活動發生在全球飯店集團排行榜的前40名之間。

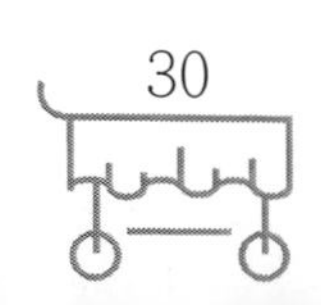

多品牌策略。為規避經營風險和占領更多的細分市場、攫取更多的市場份額，國際飯店集團開始普遍採用產品組合與多品牌策略，即集團旗下擁有多個品牌，準確定義每個品牌的特徵、經營方式、房間設施、地理位置、價格層次、飯店類型等，以凸顯每個品牌的鮮明特徵和所針對的特定消費者群，在此基礎上爭取更多的客源。

此外，為獲得更多的市場份額，開闢新的市場，分散風險，國際飯店集團更加注重實行全球擴張，積極拓展海外市場。如國際化程度最高的六洲、雅高、最佳西方國際、斯塔沃德等國際飯店集團均在逾70個國家擁有成員飯店。這些規模巨大的國際飯店集團不僅市場占有量大，國際化程度高，而且在飯店的經營管理等方面領導著世界潮流，在整個世界飯店業中具有支配、主宰的作用。在飯店業競爭日趨激烈的狀況下，可以肯定，憑藉巨大的優勢，飯店集團超大規模的發展仍將是未來飯店業的一大特點。

2.先進科學技術得到充分應用

21世紀飯店業的繁榮發展和競爭力的提高，將更大程度地依賴於高科技的應用，高科技將在飯店業的管理、服務、銷售等方面發揮更大的作用。

飯店業對於訊息技術的運用經歷了中央預訂系統（CRS）和全球預訂系統（GDS）兩個發展階段。GDS是飯店業的第一代網路銷售系統，是飯店集團為控制客源使用的本集團內部的電腦預訂系統，客人可在集團所屬飯店內隨時預訂在世界任何地方的該集團飯店的客房。GDS是一種共享訊息網路系統，自1990年代以來，成為國際飯店業爭相採用的新技術，它使中小型獨立飯店也有可能在網路上擴大自己的市場範圍，提高銷售效率。進入21世紀，隨著網際網路技術的進一步發展，網路商店、網路廣告、網路預訂等商業活動將空前活躍，飯店業的營銷方式在網路技術的影響下將發生巨大的變革。

此外，虛擬現實、生物測定、「白色噪音」等先進技術將賦予飯店客房傳統的「舒適」、「安全」等標準以全新的含義。持續的科技進步和飯店業日益普遍使用的「常住客計劃」使新世紀的飯店客房更趨向於根據客人的需求來訂製。美國休士頓大學希爾頓飯店和餐飲管理學院設計的「21世紀的飯店客房」向人們

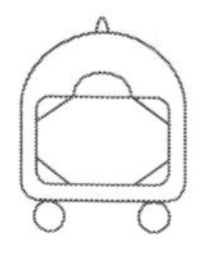

展示了未來客房的魅力和飯店對先進技術的依賴性。

「21世紀的飯店客房」中，根據「常住客訊息庫」已經記錄的每一位客人的喜好，新的客房程序將與該訊息庫配合運作，設計出適合每一位客人不同需要的特色客房，它們將具有下列功能：

光線喚醒。由於許多人習慣根據光線而不是鬧鈴聲來調整起床時間，新的喚醒系統將會在客人設定的喚醒時間前半小時逐漸增強房間內的燈光，直到喚醒時刻燈光亮得像白天一樣。

無匙門鎖系統。以指紋或視網膜鑒定客人身分。

虛擬現實的窗戶。提供由客人自己選擇的窗外風景。

自動感應系統。光線、聲音和溫度都可以根據每個客人的喜好來自動調節。

「白色噪音」。客人可選擇能使自己感到最舒服的背景聲音。

客房內虛擬娛樂中心。客人可在房間內參加高爾夫球、籃球等任何自己喜愛的娛樂活動。

客房內健身設備。供喜愛單獨鍛鍊的客人使用。

電子控制的床墊。可使每一位客人都得到最舒服的床上感覺。

專用食譜。營養學家根據客人身體狀況專門設計的食譜。

客房將被設計得更適合老年人，如觸摸式可調節的燈光、更方便使用的把手、更好的淋浴設備等。

這一系列設備向人們展示了在高科技支撐下的未來飯店業。使飯店業更加適應遊客的需要和科技的發展是21世紀飯店業重要的課題。

3.服務日益講求個性化

隨著旅遊經歷的增加，遊客日益成熟，需求越來越趨於多元化，飯店必須有能力提供獨一無二的、高接觸的、高個人化的服務，以滿足顧客的個人需要。服務個性化成為21世紀飯店業成功的關鍵，飯店的承諾將由「我們將為您提供標

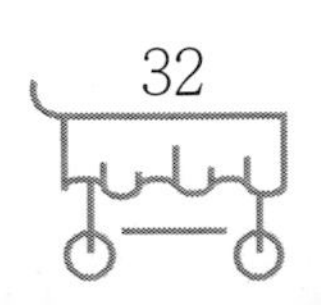

準化的服務」轉變為「我們將滿足您各種個性化的需求」，個性化服務將與標準化服務緊密結合，為顧客提供真正優質的飯店服務。

為此，飯店將更加注重服務訊息的網路化建設，充分利用訊息管理系統，將客人的訊息及其特殊需要進行記錄和儲存，建立完備的客戶檔案，形成訊息網路，做到訊息共享，並根據這些儲存的訊息提供令人驚喜的服務。同時，飯店組織結構體系也將更為靈活，反應更為快速，一線服務人員將擁有更多的權力直接處理客人的有關需求，這一切將促使飯店在組織設計、制度建設和人員管理等方面發生一系列重大變革。

4.飯店結構布局和設施設備的實用性增強

飯店結構布局的設計和設施設備的選擇不乏別出心裁者，然而，越來越受歡迎的是符合社會發展潮流和滿足客人需要的設計，設計追求實用性的傾向日益明顯。

在此，列舉美國近年來飯店設計的新變化加以說明：

採用多功能設計。大廳的功能日益增多，大廳酒吧向開放式發展，並成為大廳的主要收入來源。大廳還普遍附設小型餐廳。宴會廳多採用高檔的裝修和陳設，向多功能廳方向發展，以吸引商務政務客人。

縮小餐廳規模。儘管許多飯店都努力推出風味獨特的美味佳餚，但面對有很強競爭力的社會餐館，餐廳規模不斷縮小已成為不可避免的趨勢。

完善商務設施。1990年代新建的飯店都普遍重視商務設施，商務中心設備不斷完善，大多全天24小時提供服務。許多舊飯店在更新改造時也把商務設施的革新放在重要位置。

提供特色服務。由於壓縮餐飲規模，使飯店有餘力增加更多獨具特色的服務設施和項目，如為會議客人的配偶和子女提供內容豐富的活動等。

更新衛浴設備。現代飯店的衛浴設備已不再是一個只有淋浴和普通浴缸的洗澡間，大浴盆、起居間甚至衣櫥已成為基本設施。衛浴設備一般要用15至20年，因此質量要好，光線要充足，色澤要柔和，設施要方便老年或殘疾客人使

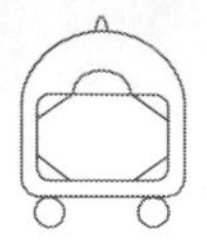

用。

建造別墅式飯店。一些高消費客人希望擁有更多屬於自己的空間，因此遠離鬧市區的安靜的別墅式飯店開始流行。

追求簡潔的外觀。簡潔而有特色的外觀成為飯店建築物的設計趨勢。

減少後勤占地。設備自動化減少了飯店的後勤占地，例如許多飯店使用了統一的中央廚房。

應用新技術。新技術普遍被用於飯店的各個方面，如在客務接待、客房服務及娛樂服務等方面。

滿足特殊需要。飯店設計者力圖擴大飯店的服務面，滿足特殊客人的特殊需要，如設計了禁煙室、老年客人客房和殘疾人客房等。

5.飯店業的環境保護意識日益增強

「可持續發展」的觀念，日益為世人所接受並推崇。飯店業人同樣應樹立綠色營銷意識，即在滿足客人要求、贏得利潤的同時注意保護環境、保護資源，兼顧當代人和後代人的利益。目前，西方許多國家已實施冰凍垃圾的措施，防止汙染環境；在埃及的塔巴希爾頓渡假區，採用垃圾收集機把無機垃圾分為塑料、金屬、紙張和玻璃四種，然後送往開羅的回收中心；又如美國的洲際飯店集團，從1991至1996年，5年間撥款100萬美元，建造了綠色飯店，其客房內用品均存儲在可反覆使用的容器中，用品本身可回收利用，如肥皂主要用植物油製造；希爾頓飯店注意改造飯店的室內環境，大力綠化，營造小橋流水的園林環境；假日集團率先在客房裝配空調自動關閉系統，開發無農藥、無汙染、無蟲害的綠色食品……等。自1990年代開始，國際飯店餐館協會每年在全世界範圍內評選年度綠色飯店業主，以表彰那些在保護環境方面作出傑出貢獻的飯店和飯店業主。全球性的環境保護運動極大地提高了飯店業的環保意識。可以肯定，在21世紀，將會出現更多的綠色飯店產品。

第三節 飯店的類型與等級

飯店類型繁多，等級不一。根據不同的標準，以多種方法對飯店進行分類和定級，是飯店經營管理的前提和基礎。

一、飯店的類型

對飯店進行分類有兩大目的，一是利於飯店進行市場定位，確定經營方向和經營目標，有效地制定和推行營銷計劃；二是便於飯店對投資和建設作出決策。飯店明確了自身的類型，在投資量、建設規模、結構布局、檔次等級、管理服務水準等方面就有了較為科學的決策依據。

飯店的分類沒有統一的標準，也沒有嚴格的界限，一般根據飯店的位置、等級、體制、客源市場、管理方式、規模等多種因素而定。國際上流行的分類方法以及由此劃分的飯店類型主要有以下幾種。

（一）根據飯店客人特點劃分

1.商務型飯店

也稱暫住型飯店，是一個國家飯店業的主體，主要為從事商業活動或其他公務活動而外出的人服務，多位於城區，靠近商業中心。商務客人多為公費消費者，消費水準較高，文化修養較好，重視服務質量，對價格敏感度不強，因而商務型飯店較其他類型飯店檔次普遍要高。近年來，隨著商務客源市場的不斷擴大，新型商務飯店大量崛起，有無專門化的商務服務項目及其服務水準的高低已成為衡量一個飯店檔次的重要標誌。商務型飯店的特色主要展現在四個方面：

（1）客房設施

商務客人喜歡安靜的個人空間，因此客房一般為單人間，套房也相當流行，因為套房裡的客廳可用來作為處理各種業務的工作間。客房裡除了有舒適的辦公用桌和照明設備、易於連接的數據接口和電源插座外，越來越多的飯店還提供傳真機、電腦等現代辦公設備，使客人在客房內就能享受到商務中心般的服務。

（2）行政樓層

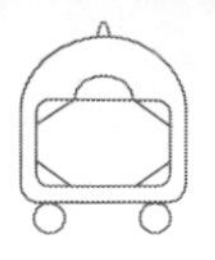

也稱商務樓層，是商務型飯店的一大特色，即飯店劃出幾個樓層專門用以接待高級商務客人。行政樓層設有專門的服務台，隸屬於客務部，稱「客務部駐客房辦事處」。客人可以在樓層登記入住，服務員集前台登記、結帳、餐飲、商務中心及客房貼身管家等服務於一身。樓層設有專門的客人活動室，免費提供咖啡茶水、點心水果等，供客人休息、會客、用餐之用。有的還設有小型廚房，為客人提供簡單餐飲。

（3）商務設施

新型商務中心除提供傳真、複印等傳統服務項目外，還提供其他文書服務設備，如電腦工作站、影印機、蜂窩電話、各種可兼容軟體等，並且24小時服務。很多飯店還推出祕書服務、管家服務，為客人提供或推薦訓練有素的服務人員協助工作和照顧起居。此外，會議設施、商務洽談室也一應俱全。

（4）餐飲娛樂設施

商務客人交際應酬活動較多，飯店可透過創辦特色餐飲吸引客人在店內安排用餐活動，附設的宴會廳和高雅的正餐廳是商務型飯店的又一大特色。為消除客人工作的勞頓，娛樂健身設施也一應俱全。

商務客人多為散客，除通常的銷售渠道外，飯店應加強與商業企業及政府機構的聯繫，力爭擴大客源市場。針對商務客人重住率較高的特點，飯店應注意完善客人檔案制，並提供發放貴賓卡（VIP卡）、允諾入住一定次數便給予優惠等服務。

2.渡假型飯店

也稱休養地飯店，主要接待以渡假、休息和娛樂為目的的客人。渡假型飯店最重要的就是具備健康休閒娛樂的設施，如室內保齡球館、游泳池、音樂酒吧、舞廳、棋牌室等，並經營諸如滑雪、騎馬、狩獵、垂釣、潛水、划船等娛樂項目。傳統的渡假型飯店多位於海濱、山區、溫泉、海島、森林等地，而現代渡假飯店越來越靠近城市，有的甚至就在市中心。很多渡假型飯店透過開發遊樂項目建立了高爾夫俱樂部、溫泉中心等新型服務部門，成為客人短期渡假的場所。

大眾渡假旅遊的興起使得渡假型飯店不再僅僅是接待貴族富商的豪華飯店，以大眾消費為主要對象的低檔渡假型飯店逐漸成為主流。為營造休閒氛圍，渡假型飯店的客房常掩映在綠蔭之間。為適應家庭渡假旅遊的需要，客房備有多種房型，如兩間臥室的套房、帶加床的三口之家客房等。很多飯店還在客房內增設了廚房設備，設置了供幾套客房合用的活動室。

渡假型飯店多受氣候和時間的影響，淡旺季十分明顯。如旅遊勝地的渡假型飯店隨旅遊季節的變化出現淡旺季；市郊的渡假型飯店在週末賓客盈門，而平時門可羅雀，造成人員和設施的閒置浪費，也給飯店的經營帶來困難，因而，合理使用勞動力和靈活經營顯得特別重要。大多數渡假型飯店使用季節性工人和鐘點工以降低勞動成本，並在淡季以優惠價招徠生意。

時權概念的介入給渡假型飯店帶來了新的機遇。時權，是指買主購買某一特定渡假資產每年某一特定時期的使用權，由此對該渡假單元在該段時間擁有使用權，且這種使用權在交易系統內可流通和交換。使用權的購買年限通常至少20年，有時甚至是一種永久的權益。時權渡假單元一般為家庭式房間，如設備齊全的獨戶公寓和僅為個人使用的公寓單元或別墅，如今，很多渡假型飯店也紛紛開闢其中一部分客房用作時權產品出售。對於買主而言，購買時權產品花費少，使用方便，無後顧之憂；而渡假飯店透過開展時權經營，不僅可以獲得長期穩定的客源，縮小季節性差異，其一次性預付的支付手段也有利於快速回籠資金，因此，這是一種雙贏的經營策略。

3.會議型飯店

主要接待各種會議團體，為舉辦商業、貿易展覽及學術會議提供服務。會議型飯店通常建在大都市、政治經濟文化中心或交通便利的旅遊勝地。飯店除具備相應的食宿設施外，還應有較大的公共場所，如規格不等的會議室、展覽廳或多功能廳等。配備投影儀、錄放像設備、擴音設備、先進的通訊及視聽設備，接待國際會議的飯店還要配備同步口譯裝置。

飯店開展會議接待業務的主要原因是，會議可被安排在客房出租率較低的時期，如週末和淡季，而且大多數與會客人通常在店內用餐，消費水準較高。一些

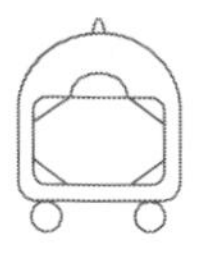

會議型飯店還設立會議銷售部門，並且配備專門的會議接待人員幫助會議主辦者組織和協調各項會議事務，以確保飯店提供高效、滿意的會議服務。

從世界範圍來看，大型會議，尤其是國際會議業務大部分由較大的飯店集團控制。這些飯店集團擁有大批會議銷售人員，他們想方設法與全國性、國際性的大協會負責人交往並透過他們招徠業務。

近年來，會議型飯店、渡假型飯店與商務型飯店呈現出相互結合的發展趨勢，並成為當今飯店業的一大特色。

4.旅遊型飯店

又稱觀光型飯店，以接待觀光遊客為主，通常位於旅遊勝地或城市中心。其消費主體為團隊遊客，飯店偏中低檔，適合大眾消費。客房多為標準間，餐飲以團體餐為主，可以使用套菜菜單。觀光型旅遊團隊逗留期短，行動統一，時間上安排緊湊，因此，接待入住、行李服務、喚醒服務、用餐安排等工作就顯得尤為重要，飯店的接待人員必須與旅行社保持緊密聯繫，積極配合上述工作的開展。旅遊型飯店在建築裝潢、服務風格、菜點設計等方面必須突出民族和地方特色，以滿足觀光型遊客的獵奇心理。商品部應著重推銷旅遊商品。

旅遊型飯店能否建立穩定的客源市場依賴於所在地的旅遊吸引力，因此在促銷過程中，必須大力宣傳所在地的旅遊吸引物。由於旅遊地的旅遊季節性，旅遊型飯店淡旺季較為明顯，同樣需要在淡季靈活經營。

在中國旅遊業發展初期，外國遊客大多為觀光旅遊團隊，因此旅遊型飯店盲目發展，直至供給過剩。現在，隨著遊客類型的多元化，許多旅遊型飯店調整了結構，以尋求更好的發展機會。

5.長住型飯店

這類飯店與客人之間有特殊的法律關係，二者透過簽訂協議或租約，對居住時間、服務項目等事項做出明確的約定。

長住型飯店的客人多為商業集團、商業公司和國外或地區外企或組織的代辦機構的人員。居住時間少則幾個月，多則半年或一年以上。飯店只需營造溫馨的

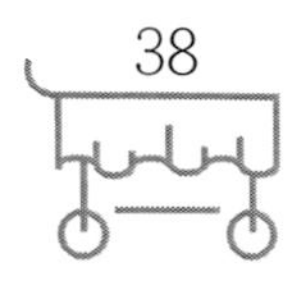

家庭氛圍，使客人感到「有家庭生活之樂趣，無家庭生活之累贅」即可。通常只提供住宿、餐飲和娛樂等基本服務，組織、設施和管理較其他類型飯店簡單。

中國目前純屬長住型的飯店不多，除了「寫字樓」型飯店外，其餘多在商務型飯店中將客房的一部分租給商社或公司，除住宿外，還是辦公地點和業務活動中心。近幾年來，由於商住兩用樓、外銷房和寫字樓的大量建造，大批飯店的商務長住客開始從飯店分流，長住型飯店面臨日趨激烈的競爭形勢。

6.汽車飯店

汽車飯店是隨著私人汽車的增多與高速公路網的建成而逐漸出現的一種新型的住宿設施。早期的汽車飯店設施簡單、規模較小，為家庭式經營，建在公路邊，以接待駕車旅行者為主。1950年代後期，汽車飯店有了較大的發展，並形成了一定標準的定型的汽車飯店，主要建在城市邊緣的主幹公路或高速公路沿線上，有免費的停車場，出入方便，住宿手續簡便，服務項目有限，價格低廉。美國是這類飯店最普及的國家。1960年代初期，汽車飯店與一般飯店並駕齊驅，成為飯店業公認的一部分。「美國飯店協會」也就在這個時期更名為「美國飯店與汽車飯店協會」。

近幾年來，汽車飯店逐漸向市區發展，設施也日趨豪華、完善，多數能提供現代化的綜合服務，店內氛圍比其他飯店輕鬆隨意，收費也相對較低，因此深受大眾歡迎。

按國際慣例，高速公路沿途每200公里就應有1家汽車飯店，中國幾乎還未出現真正意義上的汽車飯店。不過，近幾年來，中國高速公路發展迅猛，駕車旅行漸成風尚。可以預見，汽車飯店在中國的潛在市場巨大。

7.機場飯店

最初主要為乘飛機的客人暫時停留提供食宿服務。隨著航空事業的發展，航空公司憑藉自身優勢介入飯店業，不僅在機場附近建立飯店，而且在大城市建立飯店系統，將交通和住宿結合在一起，成為飯店業中的另一股重要力量。

（二）根據飯店計價方式劃分

1.歐式計價飯店

歐式計價飯店的客房價格僅包括房租，不含餐飲及其他費用。世界各地絕大多數飯店屬於此類。

2.美式計價飯店

美式計價飯店的客房價格包括房租以及一日三餐的費用。目前尚有一些地處僻遠的渡假型飯店採用美式計價法。

3.修正美式計價飯店

修正美式計價飯店的客房價格包括房租和早餐以及一頓正餐（午餐或晚餐）的費用，以使客人有較大的自由安排白天的活動。

4.大陸式計價飯店

大陸式計價飯店的客房價格包括房租及一份簡單的大陸式早餐（即咖啡、麵包和果汁）。此類飯店一般不設餐廳。

5.百慕達計價飯店

百慕達計價飯店的客房價格包括房租及美式早餐的費用。

（三）根據飯店規模大小劃分

判斷飯店的大小沒有明確的標準，一般是以飯店的房間數、占地面積、銷售額和純利潤為標準來衡量的，其中主要以房間數為標準。按照目前國際上通行的劃分標準，飯店的類型主要有以下三種：

1.小型飯店

客房數少於300間的飯店。

2.中型飯店

客房數在300～600間的飯店。

3.大型飯店

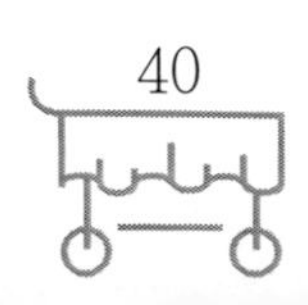

客房數在600間以上的飯店。

目前世界上最大的飯店是1967年前蘇聯在莫斯科建造的俄羅斯飯店，該飯店有3182間客房，能同時接待5890位客人，其宴會廳能同時供4500人用餐，正常營業時至少需3000名員工。事實上，飯店規模並非越大越好，撇開客源難以保障、管理難度大等因素，飯店一旦達到某種規模，服務質量必然下降，而這和豪華飯店的服務宗旨正好背道而馳。一般而言，要提供最大限度的個人服務，飯店的客房應少於400間，甚至更少。

（四）根據飯店資金來源劃分

1.獨資飯店

指由一個人或一家企業單獨出資建造的飯店。從所有權來講，飯店完全歸個人所有，獨立經營管理，獨享利潤，獨擔風險。中國的飯店既有外商獨資飯店（外資飯店），也有中國自己投資的飯店。

2.合資飯店

指由兩個或兩個以上的人或企業共同出資、共同經營、共同管理、共同負責的飯店。通常以股份形式或契約形式進行權利和利潤分配。

3.合作飯店

指透過各種非股權方式合營的飯店。由雙方提供資金、物資和服務，但不作為股本投入飯店，盈利按合約規定分配，風險按合約規定由單方或雙方不同程度地分擔，合作雙方的權利、責任、義務和還本付息方式在協議中明確規定。合作形式可分為合作建造、合作經營管理或合作技術投資等。

（五）根據飯店所有權劃分

1.私營飯店

在中國，私營飯店是1978年後成長起來的一種經濟實體。由於受投資金額侷限，私營飯店大多規模小、檔次低，以擠占市場微小份額、價格低廉為主要特徵。

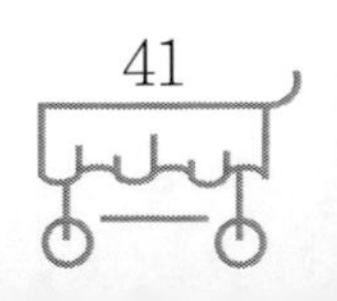

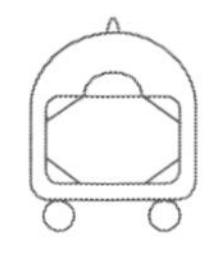

2.董事會所有飯店

是由眾多對飯店擁有股權的股東聯合組成的董事會對飯店進行經營、管理的企業。是飯店業今後的主要發展方向之一。

3.國有飯店

在以公有制為主體的國家，國有飯店是飯店業的主導。

以上是以飯店各種特點為依據對飯店所作的基本分類。由於一家飯店常常具有多種特點，往往可以同時被歸入上述任何一類，因此，要確定一家飯店的類型，應該根據該飯店的主要特點，即最能將其區別於其他飯店的特點對其進行劃分。

二、飯店的等級

飯店等級是針對飯店的豪華程度、設備設施水準、服務範圍和服務質量而言的。世界各國政府或旅遊組織，通常根據飯店的位置、環境、設施和服務等情況，按照一定的標準和要求對飯店進行定級，並用特定的標誌，在飯店的顯著位置公諸於眾，這就是飯店的定級或等級制度。

（一）飯店定級的目的

飯店的等級，在不同的國家，要求和標準各不相同，評定的機構也不一樣，但其根本目的是一致的。

1.保護消費者的利益

消費者在選擇飯店之前，都希望對飯店有一定的瞭解，並根據自己的需求和消費能力作出選擇。對飯店進行定級可以有效地指導消費者選擇飯店，為其提供物有所值的服務，保障他們的利益。

2.有利於飯店的發展

飯店的等級是對其設施與服務質量的鑒定，因此，評定等級後，飯店在進行市場營銷時便有了極具說服力的宣傳工具，同時，也促使飯店不斷完善設施和服

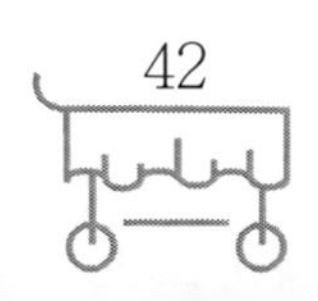

務，提高管理水準。

3.便於進行行業管理和監督

為維護國家形象，保護消費者利益，指導飯店業科學發展，許多國家的政府機構和行業組織頒布和實施了飯店等級制度，以此作為行業管理與行業規範的一種手段。

（二）飯店定級的方法

國際飯店業中，一般以等級或星級來標定一家飯店的級別，如法國的飯店分為「1～5星」五級，義大利的飯店採用「豪華、1～4級」制，瑞士飯店為「1～5級」，奧地利飯店使用「A1、A、B、C、D」級，還有的國家和地區則採用「豪華、舒適、現代」或「鄉村、城鎮、山區、觀光」等定級制。在美國，由於複雜的政治和社會結構，至今尚未有統一的、被普遍接受的飯店等級標準，較有影響的是美國汽車協會及美國汽車石油公司分別制定並使用的「五花」和「五星」等級制。

飯店定級的標準不盡相同，做法也各不一樣，大致有三種類型：一是由官方確定統一定級標準，如中國、法國、西班牙和義大利；二是由非官方組織核定飯店等級，如英國由英國飯店協會、英國旅遊局、英國汽車飯店協會和皇家汽車俱樂部聯合對全國飯店實施分等定級工作；三是國家對飯店沒有統一定級標準，如美國、德國。

三、中國飯店的星級評定

（一）飯店星級評定工作的開端

1980年代開始，旅遊業成為中國的「朝陽產業」，為適應中國旅遊業發展的需要，盡快提高飯店業的管理和服務水準，使之既有中國特色又符合國際標準，保護旅遊經營者和旅遊消費者的利益，中國國家旅遊局借鑑了國際上飯店業發達國家的通行做法，於80年代末開始根據《中華人民共和國旅遊（涉外）飯店星級標準》組織實施飯店星級評定工作。飯店星級標準的作用主要是為區分不

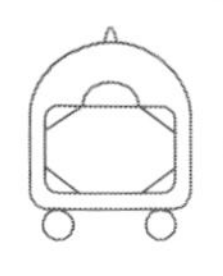

同檔次的飯店在設備、設施和服務項目方面作出的劃分，飯店星級的高低主要反映客源不同層次的需求，標誌著建築、裝潢、設備、設施、服務項目、服務水準與這種需求的一致性和所有住店賓客的滿意程度。這裡所說的飯店主要指旅遊涉外飯店，在1988年9月1日開始執行的《中華人民共和國旅遊（涉外）飯店星級標準》中指出「旅遊涉外飯店指經有關部門批准，允許接待外國人、華僑、港澳台同胞的飯店」。它區別於一般的社會飯店，是一類在特定的環境下形成的特殊飯店。而涉外性、適度前瞻性和強文化性是它的特性。旅遊涉外飯店由於其管理、服務的現代化和科學化，成為國內其他社會飯店、旅館向現代化邁進的學習對象和參照對象，在中國飯店業的發展歷程上有著重要的地位。

（二）飯店星評標準的發展完善

為了更好地指導和規範旅遊涉外飯店的建設與經營管理，促進中國旅遊飯店業與國際接軌，中國國家旅遊局於1993年發布了《旅遊涉外飯店星級的劃分與評定》（GB/T 14308-93），並於1997年進行修訂，以便更好促進中國旅遊飯店建設和經營的健康發展，避免旅遊飯店企業的資源閒置和浪費。

這麼多年以來，在星級標準的引導下，中國飯店業繁榮發展，規範有序，並逐步成為與國際接軌最為暢順的行業之一，可謂成果顯赫。中國飯店業用了二十餘年的時間走完了西方國家需要幾十年才走完的道路，這一跨越式發展完全可以作為世界飯店發展史上的奇蹟而載入史冊。在這一進程中，中國國家旅遊局實施的飯店星級評定工作發揮了重要的作用。可以講，飯店星級標準的推廣，不僅對中國旅遊飯店業，而且對於全國各行各業的標準化工作都造成了良好的帶動和示範作用，如今，「星級」在全社會都已經成為質量和檔次的象徵。

經過二十多年的發展，全社會經濟發展水準和對外開放程度迅速提高，旅遊飯店業所面臨的外部環境和市場結構也相應發生了較大變化，其自身按不同客源類型和消費層次所作市場定位和分工也日趨細化。而且中國加入 WTO以後，飯店業面臨著新的挑戰，中國飯店業企業競爭和人才競爭加劇。現階段中國飯店業普遍存在的問題是：設施、項目應有盡有，有些檔次也不低，但卻由於經營管理水準方面的原因，好的設備沒有最終轉化成為好的飯店服務產品。有些消費者曾

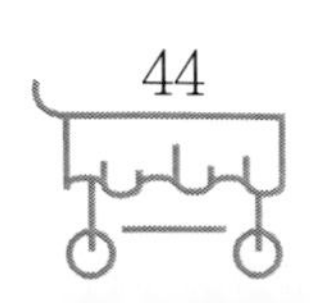

評價一些飯店是「硬體很硬，軟體很軟」，儘管從專業的角度看這種說法不一定十分準確，但也從一個方面反映出中國飯店業現階段所急需解決和主要問題。而原標準的侷限恰恰在於：強調了設備設施的高檔豪華，但對其使用功能強調不足；強調了裝修材料的選擇，但對其營造出的整體效果強調不足；強調了「豪華」性，但對飯店同時應具有的舒適性重視不足；還有一些條款已經不適合變化了的飯店市場形勢。飯店行業需要透過標準來規範的內容已經發生了較大的變化，因此，標準自身也同樣需要與時俱進。

為順應國際飯店業和中國經濟的發展趨勢，促進旅遊飯店業的管理和服務更加規範化和專業化，使之既符合本國實際又與國際發展趨勢保持一致，中國國家旅遊局於重新修訂了《旅遊飯店星級的劃分與評定》，新的標準在繼承和保留了原標準的精華的基礎上，又結合飯店業發展的現實，對星級飯店提出了更加專業的要求。

新標準的特點在於從始至終都被一條主線所貫穿，就是突顯了對飯店經營管理專業化水準的要求，具體說來就是特別強調了飯店管理的規範性、飯店氛圍的整體性和飯店產品的舒適性，這是新標準的靈魂。與原標準相比，新的《旅遊飯店星級的劃分與評定》用「旅遊飯店」取代了「旅遊涉外飯店」，並按照國際慣例明確了旅遊飯店的定義；規定旅遊飯店使用星級的有效期限為五年，取消了星級終身制，增加了飯店的定義；明確了星級的評定規則，增加了某些特色突出或極其個性化的飯店可以直接向全國旅遊飯店星級評定機構申請星級的內容；對餐飲服務的要求適當簡化；借鑑一些國家的做法，增加了「白金五星級」；將原標準三星級以上飯店的選擇項目合併，刪去了原有部分內容，增加了飯店品牌、總經理資質、環境保護等內容；對四星級以上飯店的核心區域強化了要求，增加了整體舒適度等內容。新標準於2004年7月1日開始實施。

四、《旅遊飯店星級的劃分與評定》（GB/T 14308-2003）

（一）範圍

此標準規定了旅遊飯店星級的劃分條件、評定規則及服務質量和管理制度要

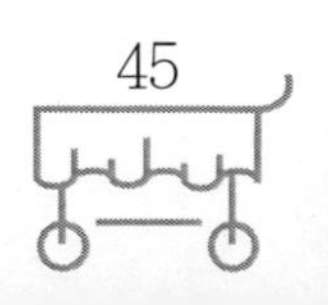

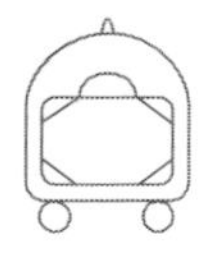

求，適用於正式營業的各種經濟性質的旅遊飯店。

（二）術語和定義

旅遊飯店（touristhotel）。能夠以夜為時間單位向旅遊客人提供配有餐飲及相關服務的住宿設施。按不同習慣它也被稱為賓館、酒店、旅館、大廈、中心等。

星級（star-rating）。用星的數量和設色表示旅遊飯店的等級。有一星級、二星級、三星級、四星級、五星級（含白金五星級）。星級越高，旅遊飯店的檔次越高。

預備星級（probationarystar-rating）。作為星級補充，其等級與星級相同。

（三）符號

星級以鍍金五角星為符號，用一顆五角星表示一星級，兩顆五角星表示二星級，三顆五角星表示三星級，四顆五角星表示四星級，五顆五角星表示五星級，五顆白金五角星表示白金五星級。

（四）總則

由若干建築物組成的飯店其管理使用權應該一致，評定星級時不能因為某一區域財產權或經營權的分離而區別對待。

飯店開業1年後可申請星級，經星級評定機構評定批覆後，可以享有五年有效的星級及其標誌使用權。開業不足一年的飯店可以申請預備星級，有效期1年。

除非本標準有更高的要求，飯店的建築、附屬設施、服務項目和運行管理必須符合安全、消防、衛生、環境保護等現行的國家有關法規和標準。

（五）星級的評定組織及權限

（1）旅遊飯店星級評定工作由全國旅遊飯店星級評定機構統籌負責，其責任是制定星級評定工作的實施辦法和檢查細則，授權並監督省級以下旅遊飯店星級評定機構開展星級評定工作，組織實施五星級飯店的評定與覆核工作，保有對

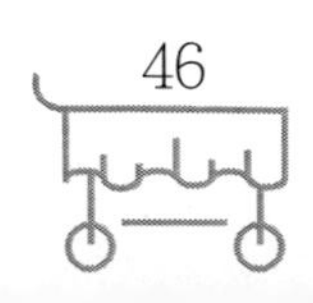

各級旅遊飯店星級評定機構所評飯店星級的否決權。

（2）省、自治區、直轄市旅遊飯店星級評定機構按照全國旅遊飯店星級評定機構的授權和督導，組織本地區旅遊飯店星級評定與覆核工作，保有對本地區下級旅遊飯店星級評定機構所評飯店星級的否決權，負責推薦五星級飯店。同時，負責將本地區所評星級飯店的批覆和評定檢查資料上報全國旅遊飯店星級評定機構備案。

（3）其他城市或行政區域旅遊飯店星級評定機構按照全國旅遊飯店星級評定機構的授權和所在地區省級旅遊飯店星級評定機構的督導，實施本地區旅遊飯店星級評定與覆核工作，保有對本地區下級旅遊飯店星級評定機構所評飯店星級的否決權，並承擔推薦較高星級飯店的責任。同時，負責將本地區所評星級飯店的批覆和評定檢查資料逐級上報全國旅遊飯店星級評定機構備案。

（六）評定標準

項目一　旅遊飯店星級的劃分條件。設有必備項目和選擇項目兩部分。必備項目主要從功能布局、建築、裝修、客務、客房、餐廳及酒吧、廚房和公共區域等方面的硬體和軟體條件對各類星級飯店進行限定；申請三星級以上的酒店則加設73項可選擇標準，其中，綜合類別標準21項、特色類別標準三大類共52項。申請三星級的酒店只需滿足這73項標準中的10項即可，申請四星級的酒店要滿足26項要求，申請五星級的酒店需滿足33項條件，申請白金五星級的酒店至少應具備37項條件。

項目二 旅遊飯店設施設備及服務項目評定標準。包括十方面內容：（1）地理位置、周圍環境、建築結構、功能布局；（2）共用系統；（3）客務；（4）客房；（5）餐飲；（6）會議展覽設施及商務中心；（7）公共及健康娛樂設施；（8）安全設施；（9）員工設施：（10）其他。在這一項評定標準中，規定了一至五星級飯店各自應得的最低分數：一星級飯店為70分，二星級飯店為120分，三星級飯店為220分，四星級飯店為330分，五星級飯店為420分（滿分為610分）。

項目三　設施設備維修保養及清潔衛生評定標準及檢查表。該標準分成周圍

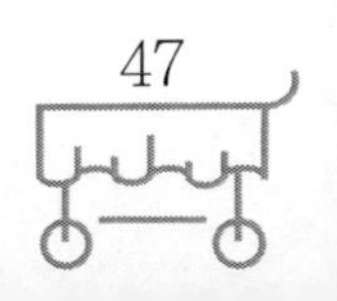

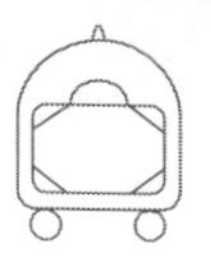

環境，樓梯、電梯廳、存衣處、走廊等公共場所，洗手間，客務，客房，餐廳酒吧，廚房，公共娛樂及健身設備幾大類，每類包含若干個項目，每一項目註明檢查標準與檢查分數，評定時根據實際得分計算得分率。各星級飯店的規定得分率為：一星90%、二星90%、三星92%、四星95%、五星95%。除了綜合得分率必須達到規定標準外，客務、客房、餐飲（酒吧）、廚房、洗手間五個部分的評分也須達到相應的得分率。

項目四　服務質量評定標準及檢查表。該標準分成服務人員儀容儀表、客務服務質量（態度、效率）、客房服務質量（態度、效率、周到）、餐廳（酒吧）服務質量（態度、效率、周到、規格）、其他服務（態度、效率、周到、安全）幾大類，每類包含若干項目，每一項目註明檢查標準及分數，評定時根據實際得分計算得分率。各星級飯店的規定得分率為：一星90%、二星90%、三星92%、四星95%、五星95%。除了綜合得分率必須達到規定標準外，在服務人員的儀容儀表、客務服務、客房服務、餐廳（酒吧）服務、會議康樂服務等五個項目上也須達到相應的得分率。

（七）評定的基本步驟

第一步：申報。旅遊飯店申請星級，應向相應評定權限的旅遊飯店星級評定機構遞交申請資料；申請四星級以上的飯店，應按屬地原則逐級遞交申請資料。申請資料包括：飯店星級申請報告、自查自評情況說明及其他必要的文字和圖片資料。

第二步：受理。接到飯店星級申請報告後，相應評定權限的旅遊飯店星級評定機構應在核實申請材料的基礎上，於14天內做出受理與否的答覆。對申請四星級以上的飯店，其所在地旅遊飯店星級評定機構在逐級遞交或轉交申請材料時應提交推薦報告或轉交報告。

第三步：檢查。受理申請或接到推薦報告後，相應評定權限的旅遊飯店星級評定機構應在1個月內以明查和暗訪的方式安排評定檢查。檢查合格與否，檢查員均應提交檢查報告。對檢查未予透過的飯店，相應星級評定機構應加強指導，待接到飯店整改完成並要求重新檢查的報告後，於1個月內再次安排評定檢查。

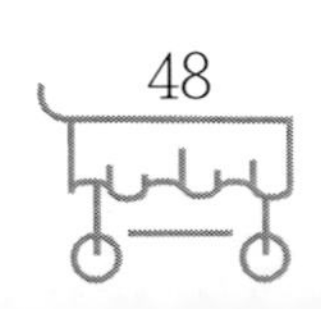

對申請四星級以上的飯店，檢查分為初檢和終檢。

第四步：評審。接到檢查報告1個月內，旅遊飯店星級評定機構應根據檢查員意見對申請星級的飯店進行評審。評審的主要內容有：審定申請資格，核實申請報告，認定本標準的達標情況，查驗違規及事故、投訴的處理情況等。

第五步：批覆。對於評審透過的飯店，旅遊飯店評定機構應給予評定星級的批覆，並授予相應星級的標誌和證書。對於經評審認定達不到標準的飯店，旅遊飯店星級評定機構不予批覆。

第六步：評星後覆核。旅遊飯店星級評定機構對已經評定星級的飯店應按照本標準及附錄內容進行覆核，每年一次。

五、世界最佳飯店的評定

為了促進全球飯店業的發展，歐美等西方國家的一些權威機構根據自己制定的標準和方法，定期對某一檔次的飯店進行評定，選出最佳飯店。

（一）世界最佳飯店評定機構

世界上評定最佳飯店的權威機構很多，如美國的《公共機構投資人》雜誌社、《商務旅遊者》雜誌社，英國倫敦的《旅遊業》雜誌社、《公務旅行》雜誌社，英國的《歐洲貨幣》雜誌社等。其中以美國的《公共機構投資人》雜誌社最為著名，影響力最大。

《公共機構投資人》雜誌社是美國一家頗有威望的金融雜誌社。它每年從世界各地挑選100位著名的銀行界人士組成評委，請他們對飯店進行評分（最高分為100分）。這些人必須是經常外出旅行的人，每年在世界各地著名飯店逗留的時間不少於80天。評議工作十分認真，有時評委要到雜誌社集中討論，最後根據分數確定世界最佳飯店的位次。當然，被評飯店的範圍多限於那些服務於商務、公務遊客的城市大飯店。對被評飯店來說，該評定活動無疑為其提供了一次很好的宣傳、促銷機會。

（二）世界最佳飯店評定標準

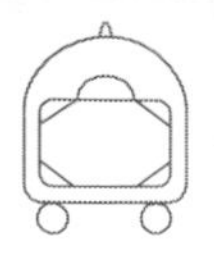

由於飯店種類、檔次和服務對象不同，設施、設備、環境不同，因而要在全世界範圍內評出最佳飯店不是一件容易的事。至今，世界上尚未有統一的衡量標準。但是，各大國際飯店集團、各大飯店、各新聞機構以及社會各界專家普遍認為，對飯店的評價主要是以其設施設備和服務質量為依據的，因而總結出下列十項標準：

（1）要有一流的服務員、一流的服務標準。

（2）客房、餐廳、大廳、會議室、公共場所等潔淨、舒適，陳設高雅，環境怡人。

（3）使客人有「賓至如歸」之感。

（4）能提供多種服務項目。

（5）能提供當地的美味佳餚，並有本飯店獨具一格的菜品。

（6）選址恰當，最好在城市的政治、經濟、文化中心，或是交通便利的風景名勝區，以方便客人活動。

（7）應獨具風格，在建築設計、外部造型、內部設施、裝修和陳設等方面富有特色。

（8）曾有名人下榻和用餐。

（9）是舉辦重要宴會的場所。

（10）很注意微小的服務與裝飾，追求細節的完美。

第四節 飯店管理概述

任何企業經營上的成功，都依賴於科學的管理，飯店同樣如此。飯店管理是一個過程，這個過程由管理者和管理對象共同完成。其中，管理者是決定性因素，其具備了良好的素質，才能擔負起管理職責；同樣，管理對象的素質也很重要，因為他們必須配合管理者做好每一項工作。從根本上而言，飯店管理工作是

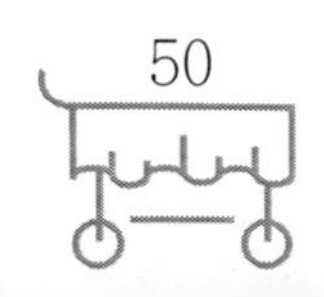

一項複雜的系統工程，它以飯店生產經營活動中的管理為出發點，形成了自己獨特的體系和內容。因此，作為飯店從業人員，即使是一名普通員工，也應對飯店管理的基本知識有一定的理解，以便更好地完成或配合做好飯店的管理工作。

一、飯店管理的概念

飯店管理的基本原理是在國家政策、計劃的指導下，為達到經營目的，協調運用各種可控因素去適應、影響和制約飯店產品生產、營銷的種種不可控因素，在不斷的優化過程中創造最佳的社會和經濟效益。飯店管理，可以定義為飯店管理者在瞭解市場需求的前提下，透過執行決策、組織、指揮、控制、協調等職能，使飯店具備最大接待能力，保證實現經營目標的一個活動過程。

這個概念包含三層含義：第一，飯店管理的基礎是瞭解和認識市場。在激烈的市場競爭中，飯店管理者要充分瞭解市場規律、市場狀況和客源渠道等相關訊息，根據市場需求來制定經營政策。第二，飯店管理的實質是一個協調內部與外部各要素、使其達到相對平衡的動態過程。第三，飯店管理的前提是確定群體的共同奮鬥目標。管理是圍繞某一目標進行的，目標不明確，群體就沒有共同努力的方向，管理也就無從談起。飯店管理的目標是達到經濟效益和社會效益的最優化。

可見，飯店管理是既包括管理又包括經營的開放式的管理，經營與管理密切相關。首先，經營對管理起著具有決定與制約的作用。在競爭激烈的市場經濟條件下，不掌握市場規律和變化方向，閉門造車式地實施內部管理，是不可能實現飯店目標的；反過來，嚴格的管理又是經營成功的不可或缺的條件。同時，管理與經營又有著不同的內涵，管理側重於對內的具體的業務活動，著重於對各種資源的組織、調配工作，以確保飯店目標的實現；經營則側重於對外的市場調研等活動，旨在確立飯店的經營方向和目標，制定市場營銷計劃，開發新產品等。因此，經營和管理是兩個既相聯繫又相區別的概念，飯店管理者必須既懂經營又懂管理，把兩者密切結合起來，貫穿於實際工作之中。為了簡便起見，我們習慣上將經營管理簡稱為管理。

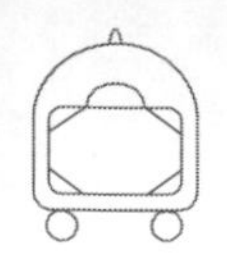

二、飯店管理的內容

飯店是由多個部門組成的有機整體，各部門的業務各不相同，形成了飯店龐雜的事務體系，飯店管理工作就是對這些事務以及與之密切相關的人力、物力、財力、訊息和時間等資源進行調配，透過計劃、組織、指揮、協調、控制等職能，確保及時、有效地生產出適銷對路的飯店產品，最終實現飯店的目標。具體而言，飯店管理的內容主要有以下幾個方面：

（一）組織管理

飯店組織系統是飯店正常運轉的骨架，它在飯店的規模、檔次、業務範圍、客源構成、市場情況、員工素質等基礎上構建。飯店的組織管理就是對飯店各組織系統及其應承擔的任務進行管理，使整個組織合理、有效地運轉。主要內容包括：

（1）按照飯店決策形成合理的飯店組織結構，確定飯店各部門、各崗位的劃分與設置，以及各級管理人員和員工的編制定員，確保飯店的每項工作落實到人；

（2）確定各部門和人員的權利和責任範圍，以及人員之間的權責關係，以建立統一的飯店工作體系；

（3）建立並充分完善飯店各項規章制度，保證飯店組織的正常運轉，最大限度地發揮組織效能。

（二）決策與計劃管理

飯店決策主要是確定飯店經營管理的目標與方向。決策的形成主要包括四個步驟：

（1）進行市場調查與分析，並作出預測，形成系統性資料；

（2）分析資料，制定飯店經營管理目標，目標必須明確並且儘可能量化；

（3）圍繞目標制定若干個可供選擇的行動方案；

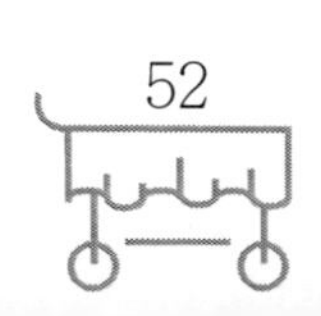

（4）評估方案，選擇最優方案。

經決策形成管理計劃。飯店的計劃管理是對未來一段時間內飯店經營業務活動的全面安排。實際操作時應充分考慮飯店總體計劃和各分類計劃之間的關係，發現問題及時調整。

（三）業務管理

業務管理就是對飯店各個部門的日常業務活動進行管理，它貫穿業務活動的始終。管理人員要明確管理範圍，對管理範圍內的業務的性質、內容有深刻全面的認識，合理配備人員，安排班次，有效地組織業務活動，設計業務訊息系統和財務控制系統。

（四）服務質量管理

服務質量是飯店的生命線。飯店服務質量管理的主要內容有：

（1）在全店樹立品質意識，把好本崗位的質量關；

（2）確定各部門各崗位服務質量標準，標準要明確、具體，便於執行；

（3）制定服務操作規程。

（五）財務管理

飯店財務管理，簡單地說，是專門探討飯店「生財、聚財、用財之道」的，也就是飯店如何籌集資金和合理分配及運用資金，如何以儘可能少的資金取得較大的經濟效益。它是飯店財務預算、財務決策、財務控制、財務分析等各項工作的總稱，包括籌資管理、投資管理、營運資金管理、成本費用管理、股利管理和財務評價等內容。財務管理貫穿飯店經營活動的全過程，管理人員應致力於建立一個科學的財務管理體系，保證飯店獲取最大經濟效益。

（六）人力資源管理

人力資源是指一切能為社會創造財富、提供勞務的人及其所具有的能力。飯店以手工勞動為主，員工提供的服務是飯店產品的直接組成部分，因此，人力資源在飯店中有著特殊的意義，飯店管理應把開發人力資源放在非常重要的位置。

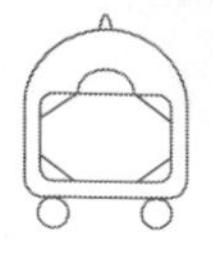

飯店的人力資源管理包括以下主要內容：

（1）選擇和招收合格人才；

（2）透過培養和訓練塑造有用人才；

（3）正確評估員工，合理、有效地使用人才；

（4）激勵員工，做好心理建設和協調工作，營造和諧的工作環境；

（5）建立合理的人才流動機制。

（七）市場經營管理

在市場經濟條件下，飯店在做好內部管理的同時必須搞好外部經營。飯店市場經營管理的主要內容有：

（1）選擇飯店的投資和經營形式；

（2）調查、分析與預測市場；

（3）確定目標市場；

（4）飯店營銷；

（5）反饋市場訊息。

三、飯店管理的職能

法國管理學家法約爾在1916年所寫的《一般管理與工業管理》一書中，就已提出管理由計劃、組織、指揮、協調、控制五個因素構成，即現在人們常說的管理五大職能。就管理自身規律而言，飯店管理具有管理的共性，它也具備計劃、組織、指揮、協調、控制這五大職能；同時，飯店管理對象的特點又賦予了管理職能個性化的內容和規律。具體而言，飯店管理職能主要包括以下計劃、組織、指揮、協調和控制。

（一）計劃職能

計劃職能是管理職能中的首要職能，主要透過周密的調查研究預測未來，確

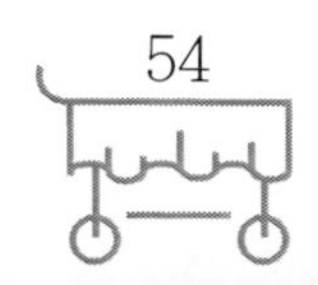

定目標和方針，制定和選擇行動方案，作出並推行決策。根據決策涉及的範圍和對象可將飯店計劃職能分為戰略決策、管理決策、業務決策三類。

1.戰略決策

戰略決策是對整個飯店戰略性的經營管理活動所進行的決策，主要包括確定飯店經營目標、飯店性質、發展方向、經營方針、管理體制以及飯店的更新改造計劃等。這類決策關係到飯店的前途和命運，是其他各種決策的基礎。

2.管理決策

管理決策是指確定飯店管理的模式和方法，確定飯店管理的核心概念和理論、飯店管理的風格和形式、飯店基本制度和服務規程等等。管理決策是分層次進行的。

3.業務決策

業務決策是指確定飯店各種經營業務的內容、形式、種類、規格、程序等。業務決策可以分為兩類：一類是在具體業務進行之前，對具體業務的內容、程序、規格、形式等進行設計，允許有較長的決策時間；另一類是在具體業務進行過程中，對各種業務進行決策，決策時間較短，決策後的效用期也較短，因此要求管理人員有靈敏的反應、果斷的決定和嫻熟的業務技巧。這類決策往往和指揮職能交織在一起。

飯店有三個管理層次。總經理這一層次的管理人員主要進行戰略決策，適當考慮管理決策；部門經理這一層次的管理人員則主要進行管理決策，適當參與戰略決策並過問業務決策；基層管理人員主要從事業務決策，適當參與管理決策。

戰略決策、管理決策和業務決策這三種決策環環相扣，相輔相成，共同決定著飯店的經營管理活動。下面以天京大酒店為例作一說明：

江蘇南京的天京大酒店前幾年的客房平均出租率為80%，其中長包房占25%左右。近兩年來，長包房客人紛紛自購或租用寫字樓，加之南京新建飯店多，客源分流，客房出租率平均每年下降10%。面對嚴峻的市場形勢，酒店決策層決定重新進行市場定位，確定了以散客市場為主，長包房、團隊市場為輔，

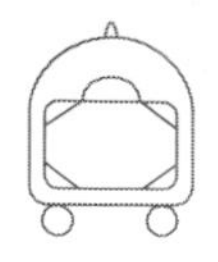

小型會議市場為補充的市場發展方向，作出掌握市場營銷、提高產品質量、轉換內部經營機制的一系列戰略決策，並圍繞這些決策推出了配套的管理措施：

（1）掌握市場營銷

首先，加大銷售力度，對銷售部下達的銷售指標，對酒店專職銷售人員採取低薪加提成的辦法，鼓勵銷售人員鑽研市場，主動聯絡客戶；其次，積極發揮酒店所屬的省供銷社系統的群體優勢，聯合系統內飯店和旅行社開展促銷；第三，在促銷中充分發揮價格槓桿作用，在價格制定上貫徹「價格既要反映計劃性，又要展現靈活性，更要具有競爭性」的原則，以達到滿意的促銷效果。

（2）提高產品質量

一是強化全員質量意識，提倡團隊精神；二是嚴格掌握產品質量標準，按質量標準來設計和生產飯店產品；三是根據市場需要不斷調整產品結構，開發新產品。如在具體業務實施上，為適應商務散客的需求，改進了前台管理辦法，做到客人入住一次後，再次抵達時只需在大廳櫃檯預先影印的登記單上簽名，即可進房。

（3）轉換內部經營機制

一是充分發揮人力資源的作用，按照定崗、定編、定員、定責的「四定」要求及滿負荷工作原則精簡和分流部分員工；二是落實承包責任制，將餐廳、歌舞廳、洗衣房、精品商場等承包給內部職工或外部人員；三是積極拓展經營，與香港博星有限公司合作成立京僑食品有限公司。

（4）完善規章制度

酒店在規範化服務的基礎上開展個性化服務，促使飯店服務向高標準方向發展，為此相繼建立銷售經理、大廳經理、總經理拜訪客人制度；酒店與客人的溝通、客史檔案電腦管理制度；個性化服務訊息收集制度；客人投訴第一受理服務制度。

（二）組織職能

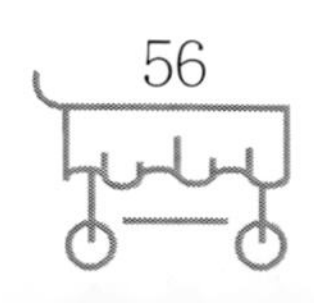

透過執行計劃職能，為飯店的經營管理活動作出決策並制定了決策實施的方法和步驟。組織職能則是按照科學的管理原則將飯店的員工組織起來，分工合作，共同完成飯店的決策目標，其中包含兩方面的含義：一是確定飯店的組織結構和組織管理體制，明確各職能機構的作用，及各機構的權限、責任和相互關係，制定規章制度，建立統一有效的管理系統；二是指合理地組織和調配飯店的人力、物力、財力等資源，形成接待能力。組織職能的這兩方面功能同時並存，一起發揮作用。具體地說，飯店的組織職能主要有如下內容：

（1）確定組織機構。

（2）選拔、聘用各級管理人員。

（3）對管理人員和服務人員進行編制定員。

（4）確定各部門的責、權、利，並予以監督。

（5）明確並協調各級各部門的關係。

（6）對各種業務、業務活動群體進行組合，形成有效的管理系統。

（7）配備、培訓、激勵各崗位人員，建立合理的報酬制度。

（8）建立和健全有關規章制度。

（三）指揮職能

組織職能著眼於分工、合作，要使數十上百人在不同崗位上為同一目標而共同努力，還需要發揮指揮職能的作用。指揮職能就是運用飯店組織賦予的權力，對指揮對象發出指令，使之服從作為飯店決策層代言人的管理者的意志，並付諸行動。指揮作為一種職能，首先表現為一種管理者的意志，管理者以語言、文字等形式下達命令、指示，使下屬人員服從並行動。但是，這種意志決不是管理者個人意志的簡單反映，而是飯店決策層共同意志的展現。所以，從指揮過程講，先有組織目標和決策計劃，後有管理者根據組織授權行使的指揮權。

指揮職能發揮得好壞，取決於兩個因素：一是飯店決策計劃的合理性，二是管理者個人的素質。如果管理者主觀臆斷，片面理解決策計劃，就會導致瞎指

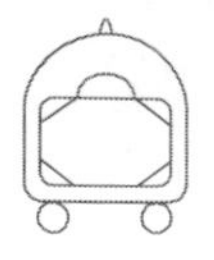

揮、亂指揮。指揮職能是由管理者行使的，根據管理者的職位和管理範圍，可將飯店的指揮職能分為以下三種：

1.飯店決策指揮職能

決策指揮職能由飯店最高管理層行使，它以整個飯店為指揮對象，主要涉及飯店各類計劃的制定和執行，對人、財、物的總體調配，對市場經營活動的指揮，對飯店總體和局部間關係的協調等。

2.部門決策指揮職能

為了實現飯店決策目標，由各部門針對本部門實際情況實施的指揮職能。

3.業務指揮職能

主要針對某一項具體業務行使的指揮職能。它既可能發生在班組這一級，例如領班指揮員工清掃部分客房；也可能發生在最高管理層，例如飯店有重要貴賓到來時，總經理親臨現場指揮。這種情況下，業務活動通常跨部門發生，為使眾多部門的員工統一行動，行使指揮職能的管理者必須具有較高的職位。

（四）協調職能

飯店是一個多部門、多功能的綜合性企業，飯店產品是綜合性產品，創造優質產品依賴於各部門、各崗位、各員工的共同努力，而只有圍繞飯店整體目標實施管理，提供服務，並且合理分工，才能使飯店各部門正常工作，各項目標一一實現，最終獲得客人的滿意並取得最佳效益。但是，飯店各部門、各崗位因嚴密的分工和各自的責、權、利，具有一定的獨立性，容易偏重局部利益，滋生小團體意識。同時，飯店所處的外部環境紛繁多變，消費需求趨於多元化和個性化，常常導致突發事件的發生。履行協調職能正是為了平衡各部門、各崗位的利益，處理飯店企業與外部環境以及消費者之間的關係，使局部和整體、內部與外部和諧一致。

飯店的協調職能分為兩大類，即內部協調和外部協調。

1.內部協調

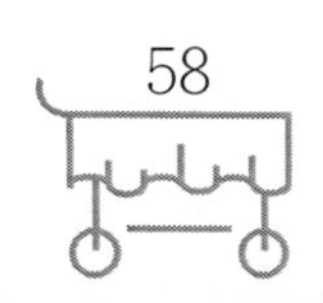

內部協調又分為計劃協調與業務協調。計劃協調是指對飯店的總目標和各部門的子目標進行平衡，對各目標及完成目標任務所需的各種資源進行整體協調和平衡；業務協調則是促使有關部門與崗位按業務具體目標與要求分工配合。業務協調，一是靠制度，二是靠完善的訊息系統，三是要確定合理的流程或程序。

內部協調工作滲透於飯店的各部門各崗位。為預防矛盾和爭論的發生，飯店通常預先用一定的制度和程序將之規範化。

下面以飯店客務部與其他各部門的協調工作制度為例：

客務部是飯店對客服務工作的起點，客務部的業務管理是整個飯店經營管理工作的重要組成部分。客務部還是飯店的「神經中樞」，是飯店訊息的集散點，是客人與飯店管理部門之間的聯繫紐帶。因此，客務部要與其他各部門保持良好的溝通關係，緊密配合，團結協作。

第一，與總經理室的協調

客務部應及時向總經理請示彙報對客服務過程中的重大事件；每日遞交「客房營業日報表」、「客房營業分析對照表」及有關客情訊息資料；轉交有關的郵件及留言單等；瞭解總經理的值班安排及相關人員去向，以便提供緊急呼叫服務；定期呈報飯店的「客情預報表」；遞交「貴賓接待規格審批表」及「房租折扣申報表」供總經理審批；貴賓抵店前，遞交「貴賓接待通知單」。

第二，與客房部的協調

客務部與客房部之間應及時交流最新的客房訊息，以提高客房出租率；客務部每天將必要的客情訊息以書面形式報客房部，遞交「一週客情預報表」、「貴賓接待通知單」、「次日抵店客人名單」、「團體會議接待單」及「預計離店客人名單」等表格，以利於客房部提前準備，更好地提供有針對性的服務；將客人填寫的「特殊服務通知單」轉交客房部；配合客房部處理走客房內的遺留物品，提供住店客人的喚醒服務和遞送郵件報紙等。

第三，與銷售部的協調

對來年客房銷售情況進行預測，研究確定飯店團隊、會議客人與散客的接待

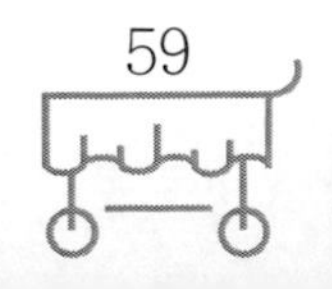

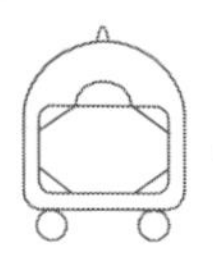

比例；討論決定超額預訂情況發生時的補救措施；從銷售部及時獲取團隊客人的訂房資料、「團隊接待通知單」和已獲總經理批准的各種訂房合約的副本；在接待團隊客人過程中與銷售部保持密切聯繫，隨時通報有關的變更情況；以書面形式向銷售部通報有關客情訊息，如發送「一週客情預報表」、「貴賓接待通知單」、「次日抵店客人名單」、「團體會議接待單」及「客房營業日報表」等。

第四，與財務部的協調

雙方應就信用限額、預付款、超時房費收取等問題進行有效溝通，制定相應的制度；將製作好的住店散客的帳單連同登記表、影印好的信用卡簽單等相關資料送交前台收銀處，以便建立客帳；將製作好的已抵店團隊客人的總帳單和分帳單交給前台收銀處；及時通報客情訊息（抵店、離店、換房等），以便正確掌握客房狀況和累計客帳；協助做好客房營業收入的夜審核對工作。

第五，與餐飲部的協調

將訂房客人用餐的特殊要求，及對房內鮮花、水果籃的布置要求，以書面形式通知餐飲部，每日以書面形式發送報表。通報客情訊息，包括客情預測、在店貴賓、在店團隊、住店客人名單等；隨時掌握餐飲部各營業點的服務內容、服務時間及收費標準等訊息；協助餐飲部進行促銷，如獲取「宴會／會議活動安排表」、解答客人的詢問、發放餐飲促銷的宣傳資料等。

第六，與人力資源部的協調

協助人力資源部對外招聘及面試，提出本部門用人條件、錄用要求等。配合人力資源部對新錄用的客務部員工進行入店培訓。

第七，與其他部門的協調

與安保部、工程部溝通協調，處理客房鑰匙遺失後的問題；向工程部報修設施設備故障；及時向康樂部傳遞客人的健身娛樂要求；瞭解各部門經理的值班安排與相關人員去向，以提供緊急呼叫服務；出現突發事件時應相互溝通協調。

2.外部協調

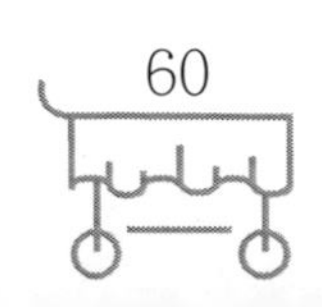

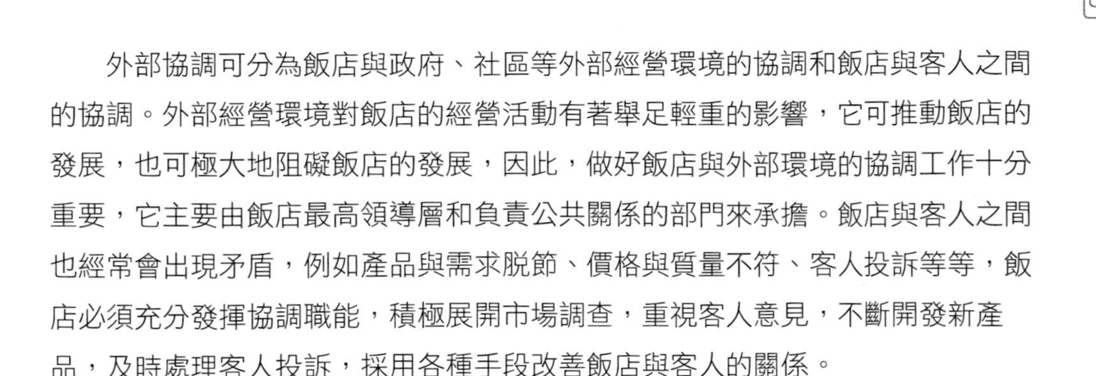

外部協調可分為飯店與政府、社區等外部經營環境的協調和飯店與客人之間的協調。外部經營環境對飯店的經營活動有著舉足輕重的影響，它可推動飯店的發展，也可極大地阻礙飯店的發展，因此，做好飯店與外部環境的協調工作十分重要，它主要由飯店最高領導層和負責公共關係的部門來承擔。飯店與客人之間也經常會出現矛盾，例如產品與需求脱節、價格與質量不符、客人投訴等等，飯店必須充分發揮協調職能，積極展開市場調查，重視客人意見，不斷開發新產品，及時處理客人投訴，採用各種手段改善飯店與客人的關係。

（五）控制職能

履行控制職能是指針對計劃執行情況進行監督和檢查，及時發現問題，採取干預措施，糾正偏差，以確保原定目標順利實現。一方面，飯店產品以服務為主，不可能用完全量化的指標對其質量進行檢驗，加之生產和消費同步的特點，使得服務更具有隨機性；另一方面，飯店眾多的服務對象之間存在較大的需求差距，導致他們對相同產品的質量會有較懸殊的評價，這些都使得飯店在實施控制職能過程中困難重重，但也更展現了控制職能在飯店管理中的重要意義。

控制職能的實施過程包括三個階段：制定標準、發現偏差和糾正偏差。控制職能的實施首先表現為對各種業務活動的開展及其所要達到的目的制定一個明確的具體標準。可分為用數量表示的數量標準（如飯店年度計劃、費用成本指標等）和用描述性語言表示的質量標準（如服務規程、衛生標準等）兩種。兩類標準應儘可能具體化，並具可操作性。以餐飲部客房送餐服務質量標準為例：

客房送餐服務質量標準：

（1）協助廚房把關好餐食質量，控制好餐食溫度和送餐時間。早餐20分鐘送到，午餐30分鐘送到，晚餐25分鐘送到。

（2）送餐走工作電梯，抵達用餐客人房門外，輕輕敲門（或按門鈴）三下，自報身分，經客人允許方可進入。房內無人時應在門外等候。

（3）進房後主動禮貌地問候客人，按客人要求快捷準確地擺好餐桌和餐食。

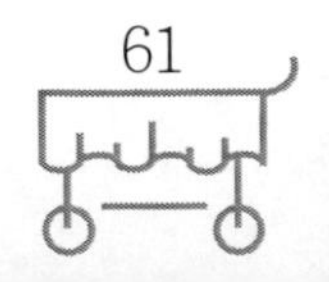

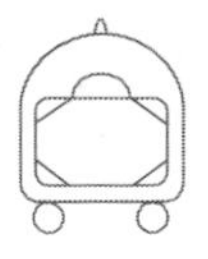

（4）主動徵詢客人是否需要增加其他食品飲料。

（5）結帳時雙手呈上帳單夾，帳目要清楚，請客人過目簽帳並誠摯致謝。告知客人收回空盤和餐具的時間（一般1小時）。離開前祝客人用餐愉快。

（6）對殘疾、生病客人主動提供細緻、周到的服務。對來自不同國家和有不同民族習俗的客人，能提供有針對性的服務。

發現偏差和糾正偏差的過程也即控制職能的具體執行過程，通常有事前控制、現場控制和事後控制三種類型。事前控制是在經營活動實際發生前，排除各種必然或可能造成偏差的因素。從飯店總體角度而言，要做好各方面的基礎工作，如提供足夠的資金，保證各崗位的編制定員等；從各崗位而言，要做好業務開展前的各項準備工作，強化事先檢查，如餐飲部應做好每餐開餐前的準備工作，客房部的領班每天查房等。

現場控制是在業務進行過程中進行監督、檢查，及時糾偏，這就要求管理人員必須有較多的時間在現場，以便瞭解與掌握現場的情況，如發現問題，迅速採取措施。例如在餐廳營業的高峰期，各餐廳經理乃至餐飲部經理往往走出辦公室四處巡視檢查，這種走動式管理就是極好的現場控制方式。

事後控制也稱反饋控制，即對已結束的業務活動進行檢查考核，把結果系統化，再將之與目標進行核對，如有偏差，應尋找原因，加以分析，隨即採取措施糾正偏差。事後控制的方式很多，如核對統計報表、業務報表和財務報表等。由於報表較為直觀，能較系統地反映真實情況，易於找出偏差，因此是實施監控的常用依據。但是，管理者還需深入實際，到第一線明察暗訪，挖掘深層次的問題，及時發現隱患。

上面對飯店管理的五大職能作了簡要闡述，這五大職能互相聯繫，互相融合，又互相制約和互相補充。

本章小結

飯店管理工作是一項複雜的系統工程。飯店是由多種業務、多個部門綜合而

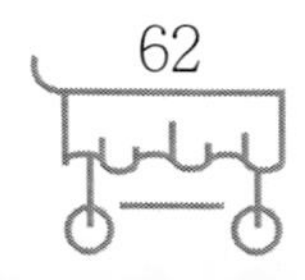

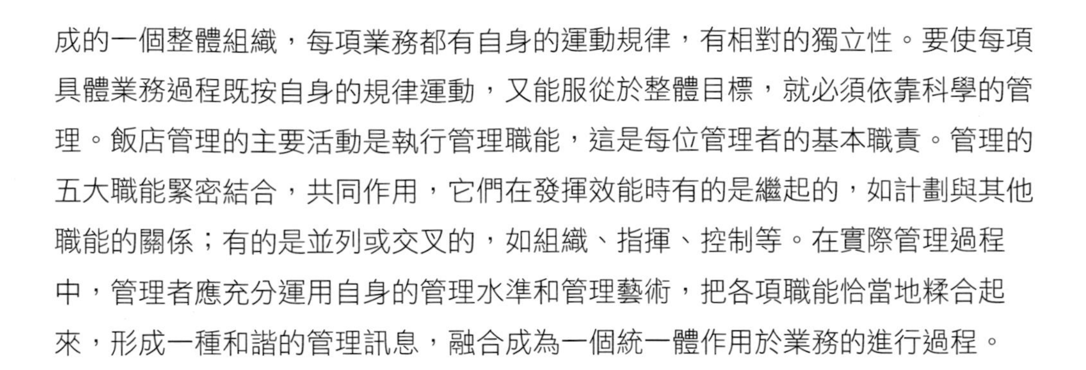
成的一個整體組織，每項業務都有自身的運動規律，有相對的獨立性。要使每項具體業務過程既按自身的規律運動，又能服從於整體目標，就必須依靠科學的管理。飯店管理的主要活動是執行管理職能，這是每位管理者的基本職責。管理的五大職能緊密結合，共同作用，它們在發揮效能時有的是繼起的，如計劃與其他職能的關係；有的是並列或交叉的，如組織、指揮、控制等。在實際管理過程中，管理者應充分運用自身的管理水準和管理藝術，把各項職能恰當地糅合起來，形成一種和諧的管理訊息，融合成為一個統一體作用於業務的進行過程。

複習與思考

1.飯店的概念是什麼？它有哪些構成要素？

2.簡述飯店的地位和作用。

3.飯店主要有哪些功能？

4.簡述世界飯店業的發展階段及各自的特點。

5.中國近代史上的西式飯店和中西式飯店對中國飯店業的發展有什麼作用？

6.在20年間，中國現代飯店業取得了哪些巨大進步？

7.未來飯店業的發展趨勢有哪些特點？

8.簡述飯店分等定級的目的。

9.飯店可以劃分為哪幾種類型？各自有什麼特點？

10.中國飯店星級評定標準有哪些？

11.簡述飯店管理的概念及其三層含義。

12.簡述飯店管理與飯店經營的聯繫和區別。

13.飯店管理有哪些主要內容？

14.飯店管理有哪五個基本職能？

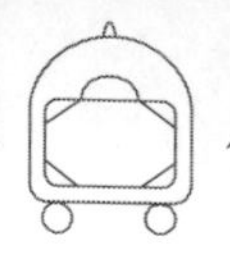

注釋：

[1] 在國外，根據飯店所提供的服務內容，飯店業也被稱為膳宿業。

第 2 章 飯店組織結構

章節導讀

組織是飯店存在的根本基礎，是飯店正常運轉的骨架。要使飯店的人、財、物等資源圍繞飯店經營目標有效率地運轉，其前提必須要有一個有效率的組織。因此，組織一直是管理學的重要研究對象。組織管理作為飯店的一項重要管理職能，是衡量管理人員能力的重要指標。同時，飯店全體員工作為飯店組織的基本構成要素，其所作所為也將極大影響飯店組織機構的合理性、管理制度的科學性以及組織控制的有效性。有關飯店組織的基礎知識是飯店任何一位員工都應瞭解和掌握的。本章節即從飯店員工的角度來認識飯店組織的構建。

重點提示

講解飯店組織設計的主要原則和組織結構的基本形式。

介紹飯店的一系列組織制度。

講述飯店組織控制過程中對人力資源的管理。

第一節 飯店組織設計

飯店組織是指為完成飯店經營目標而建立的階層性結構。它由四部分組成：（1）為完成飯店經營目標所必須設置的各職能部門，如客務、客房、營銷、餐飲、工程、人事等部門以及從這些部門進一步細化的各個班組，如客務部下屬的大廳櫃檯接待處、詢問處、收銀處、禮賓處、電話總機房、商務中心等。（2）

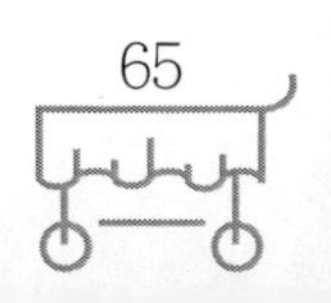

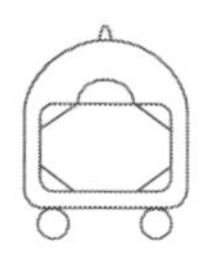

工作人員。因分工不同而擔負各種職務的人員。（3）飯店內環境。即飯店員工從事工作的具體場所，它因工作性質不同而各有特色。（4）人員之間的關係。上下級之間、同事之間、部門之間人員的工作關係。

在一個組織合理的飯店中，各個部門都應有明確的工作標準、合適的工作人員和必要的工種，以保證人力和物力得到最佳應用。為使飯店組織合理化，首先必須遵循科學合理的組織設計原則，選擇適合本飯店特點的組織結構。

一、飯店組織設計原則

飯店組織設計原則是指構建飯店組織的準則和要求，包括飯店機構與崗位的設置原則和明確各機構、各崗位責權關係的原則。雖然各飯店的組織狀況各不相同，但是，其組織設計原則是相同的。

（一）按需設置原則

飯店的組織設置必須適合經營活動的需要，在組織結構、管理機構和人員配備上遵循按需設置的原則。具體表現為：

在組織結構的設立上，應根據飯店的經營對象、規模、檔次、區位等具體情況按需設置職能部門。例如大型飯店往往單獨設立客務部，而小型飯店常將客務與客房合在一起設置房務部，還有一些主要接待團隊的飯店則把銷售部和客務部合併在一起。

在管理機構的設置上，應「按需設機構，因事設機構」。例如重視員工培訓的高檔飯店可以將培訓部獨立出來成為與人事部平行的部門，而低檔飯店顯然沒有必要如此。

在管理人員的配置上，同樣要因事設職而不是因人設職。從層次上講，大型飯店可以在副總經理和部門經理中間再設總監一層以加大管理力度，中小型飯店則可不設總監，甚至在部門經理以下可不設主管；從人員上講，部門經理及其以下職位一般是一職一人，原則上不設副職，每一個職位都必須有明確的職責權限和實際工作內容。

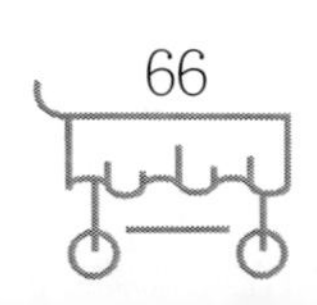

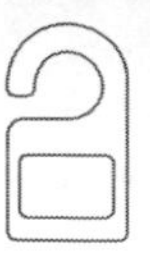

組織結構圖最能直觀反映組織構建，它一般採用縱型模式，透過它，主管與部屬的關係、各部門間的基本關係，及職位、授權路徑均一目瞭然。飯店多採用直線——職能制的基本組織結構形式，具體結構和部門、職位設置視飯店自身的性質、規模、特點等而定。現列舉兩種飯店組織結構圖（見圖2-1、圖2-2）。

（二）分工協作原則

飯店存在種類繁雜的工作，其中大量是簡單而重複的工作。將各項複雜的工作分解成諸多較細的環節使之簡單化，會使每個具體操作的員工容易掌握操作技能和達到規範化、專業化，大大提高工作效率；同時，有利於對具體的工作進行考核和指導；並且，還有利於使用專門的設備和減少培訓費用。例如餐飲服務工作不僅有中餐服務、西餐服務、酒吧服務和宴會服務等之分，而且中餐服務中還有迎賓、上菜、桌面服務和收銀等工種。這樣分工有利於明確責任，提高服務效率。但是，分工要適度，否則不僅導致工作的單調乏味，還容易形成機構臃腫、人浮於事，導致成本增加、工作效率下降。

飯店產品是整體產品，因此，在強調專業化分工的同時還必須加強分工之後的相互協作工作。經驗顯示，高度專業化分工往往導致協作困難；而協作不好，分工再合理也難以取得良好的整體效益。為了保證工作的有效性，飯店通常將加強協作作為各工種必須履行的職責，納入規範化管理的軌道。

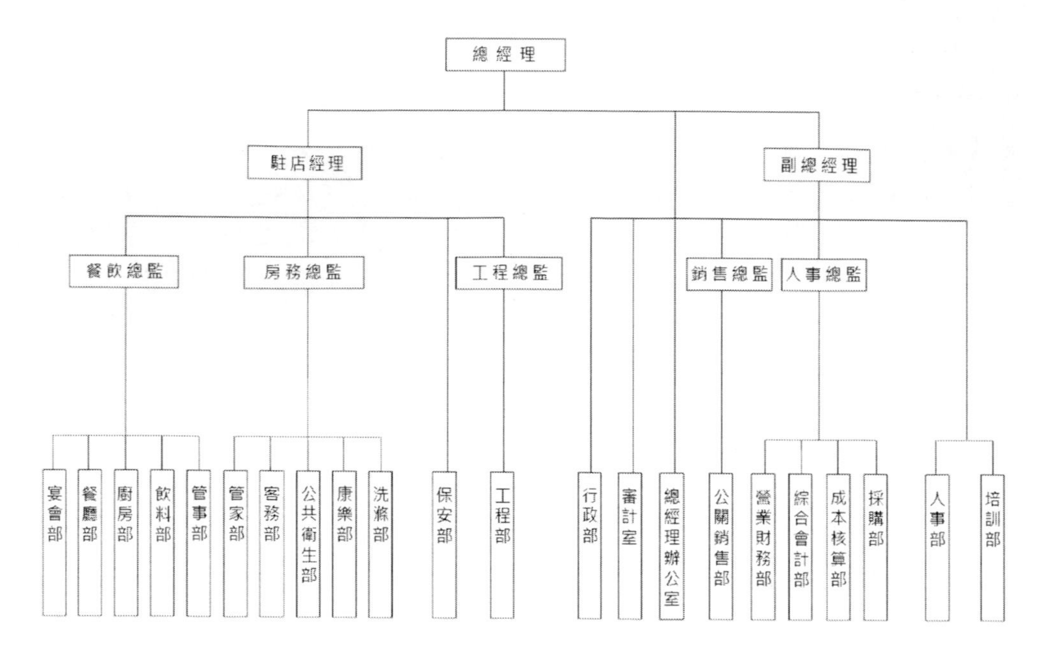
總經理
駐店經理
副總經理
餐飲總監
房務總監
工程總監
銷售總監
人事總監
宴會部
餐廳部
廚房部
飲料部
管事部
管家部
客務部
公共衛生部
康樂部
洗滌部
保安部
工程部
行政部
審計室
總經理辦公室
公關銷售部
營業財務部
綜合會計部
成本核算部
採購部
人事部
培訓部

圖2-1 飯店組織結構

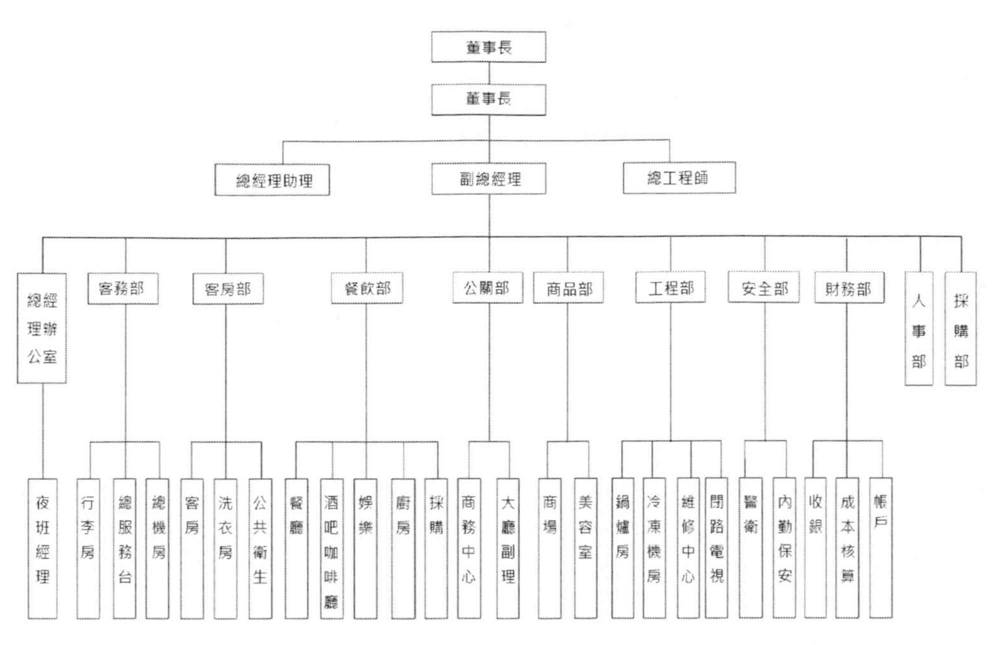

圖2-2 飯店組織結構

（三）命令與指揮統一原則

這一原則包含兩方面內容：一方面，飯店組織是一個系統，無論怎樣進行分工，其工作目標是一致的。為了實現這個目標，整個飯店只能有一個指揮中心，從最高管理層次到最低管理層次應該保持一致，各種指令之間不發生矛盾和衝突。另一方面，各層次組織發布命令時應遵循等級鏈法則。等級鏈是由飯店組織中不同層次管理者組成的一條鏈狀管理結構，鏈上的各環節為垂直隸屬關係，任何指令經由發令者逐級向下傳達，不能越級，每一位下級只有一位直接隸屬上級，只聽從一位上級的命令。

命令與指揮統一原則保證了組織系統中目標和行動的一致性，防止了多頭管理和多重指揮。為了切實施行這一原則，必須明確飯店內各級各部門的職責。同時，應分清命令與監督的界限。管理人員雖不可越級指揮，但可以對各級人員進行監督，因此，員工時常會接到一些非直接上級的指令性訊息：一類是業務聯繫的指令，如大廳櫃檯向各部門發出的接待通知；一類是監督性指令，如總經理、部門經理在巡查時，對出現偏差的各種情況發出的立即糾正的指令。這兩類指令

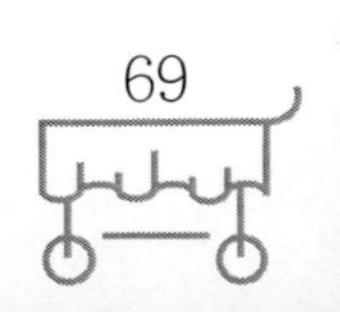

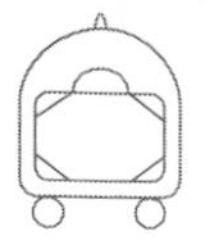

雖非來自直接上級，但相關人員都應該執行。同樣，下級雖然不能越級請示，但可以越級反映情況，這對直接上級也造成了監督的作用。

（四）集權分權原則

在飯店組織設計中，權力的分配是一項重要內容。集權與分權是辯證統一的關係，是透過統一領導、分級管理實現的。一個組織的權力集中到何種程度，應以下屬的工作積極性是否得到充分發揮為度；而權力分散到什麼程度，應以上級不失去有效控制為限。因此，分權的程度並非完全取決於上級對下屬是否信任、上級領導作風是否民主或下屬是否能幹，它更多意義上與組織控制的程度有關。

在分權的過程中必須強調權責對等，並制定相應的制度。因為在飯店組織中，若管理者權力大於責任，將會助長瞎指揮和濫用職權的不良習氣；而若承擔責任的沒有相應的權力來保證，工作則無法順利開展，長此以往，必將喪失工作積極性。

以美國的麗思卡爾頓酒店為例。該酒店規定，任何一位員工碰到客人投訴或詢問時，不管這些投訴和詢問屬於什麼類型，是不是涉及本部門或本崗位，都應立即放下手頭的常規工作去處理。為此，酒店專門給每位員工每年2000美元限額的投訴事件自主處理權，從而極大地調動了員工的工作積極性，也把各種矛盾化解於萌芽階段，使酒店的服務質量始終保持在極高的水準上，最終獲得了美國國家質量獎，成為美國歷史上唯一獲得此獎的酒店。在事件的處理過程中，一些有較大發展潛力的普通員工脫穎而出，為酒店選拔人才提供了便利。

（五）管理幅度原則

管理幅度，又稱管理跨度，是指某一特定的管理人員直接管轄的下屬人員的數量。管理幅度的大小，直接影響著管理的效率和管理者的績效。管理幅度過大，管理人員無法勝任，必然導致管理鬆懈、秩序混亂；管理幅度過小，會增加管理職位和層次，造成人員浪費，還會影響下屬發揮積極性和創造性。因此，確定適宜的管理幅度非常必要，與之相關的因素主要包括：

（1）上、下級的能力。上級管理能力和業務能力較強，下級工作自覺性較

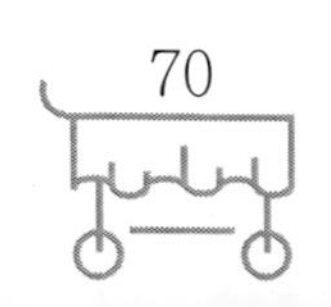

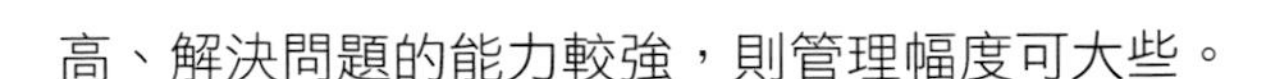

高、解決問題的能力較強，則管理幅度可大些。

（2）業務工作的複雜性和變化性。所涉及的業務工作較為複雜和多變時，應適當減小管理幅度。若工作較為常規、運作規律性強、相關工作相似性大時，就可適當增加管理幅度。

（3）組織內部的訊息傳達方式。組織內部溝通較好，訊息傳達迅速且準確，則管理幅度可放寬。

（4）外部環境改變的速度。若外部環境變化較快，要求管理人員迅速作出反應，則管理人員需投入較多的精力，因此就應適當減小管理幅度。因此，一般的規律是：高層管理人員的管理幅度小於中層管理人員的管理幅度，中層管理人員的管理幅度又小於基層管理人員的管理幅度。每一個管理幅度都形成了大小不等的業務範圍，從而覆蓋整個企業。飯店中各層次的管理幅度從高到低一般為3～15人，其中高層3～6人，中層8～10人，基層小於15人。

（六）管理層次原則

管理層次是管理組織系統的縱向層級。當一個組織完成任務所需的人數超過管理幅度時，就要求有兩個或兩個以上的指揮者分而治之，因此必然產生多個管理層次。管理層次的設定，既要有利於管理的有效性，又要確保管理幅度適當。

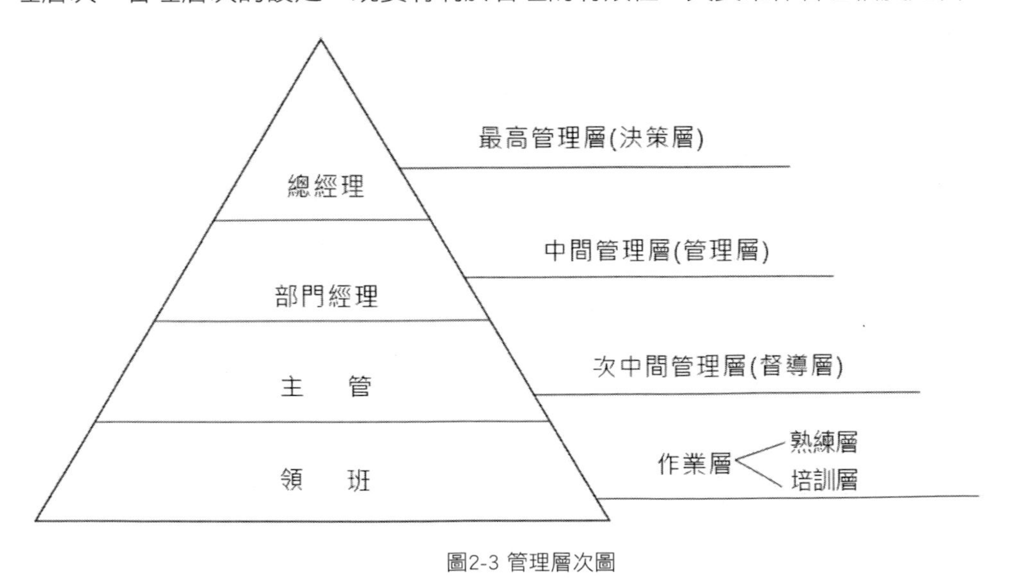

圖2-3 管理層次圖

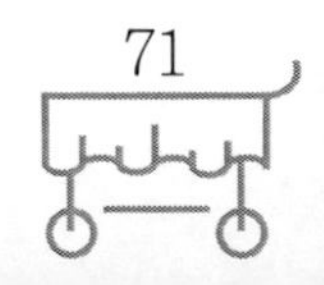

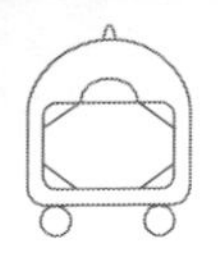

飯店組織一般分為三至四個管理層次，可以具體地用金字塔圖表示（如圖2-3）。

（1）決策層。由飯店中擔任高層管理工作的人員構成，如總經理、副總經理和飯店顧問等，其主要職責是對飯店重要的經營管理活動進行決策。

（2）管理層。由飯店中擔任中層管理工作的人員構成，如部門經理、經理助理、廚師長等，主要職責是按照決策層作出的經營管理決策，具體安排本部門的日常工作。管理層是完成飯店經營目標的直接責任承擔者，在飯店中具有承上啟下的作用，因此其工作績效對飯店經營成功與否有著非常重要的影響。

（3）督導層，又稱執行層。由飯店中擔任基層管理工作的人員構成，如主管等，主要職責是實施部門下達的經營計劃，指導作業層完成具體工作。他們直接參與飯店服務工作和日常工作的檢查、監督，保證飯店經營管理活動的正常進行。

（4）作業層。包括領班、班組長和一般員工，是飯店經營活動的具體完成者。

近年來，飯店管理中訊息技術的運用越來越廣泛，很多中層和基層管理人員承擔的訊息溝通的任務如今由電腦來完成，加之出於加快訊息反應速度和降低人力成本的考慮，組織機構有扁平趨勢。因此，飯店組織層次減少，省去督導層或若干個崗位，管理層與基層員工的溝通渠道縮短，並在完善訊息技術和職業培訓的基礎上向基層員工授權，讓他們在一定範圍內有無須彙報、當場處理問題的權限，以確保顧客的滿意度。

（七）穩定與適應結合原則

在經營目標與任務不變時，飯店組織的相對穩定有助於各方面工作的正常進行，頻繁的組織變動只會增加管理成本，導致人心不安定和組織無效率。就員工個人而言，要熟練掌握一項工作，必須有一個過程，經常調動工作勢必影響工作效率。因此，建立組織結構時要深思熟慮，在某一時期內儘量一步到位，安排人員時，也應充分考慮每個人的特點，發揮其長處，避免人心渙散。

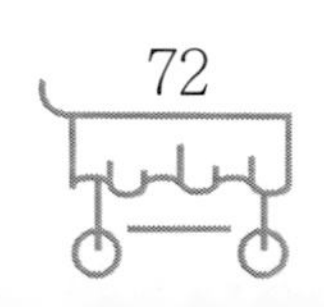

麗思卡爾頓酒店集團認為，人是企業中最重要的資源，每家麗思卡爾頓酒店都有一位人力資源經理和一位培訓經理。為穩定員工隊伍，酒店採用了「性格特徵聘用法」來確定各工作崗位的候選人，這使得整個集團的人員流失數量比原來減少了近一半。

當然，飯店外部經營環境在不斷變化，組織結構的穩定只能是相對的，僵化的組織和動盪不定的組織一樣都不具有生命力。飯店組織設計必須兼顧企業經營目標的長遠性和外部經營環境變化的隨機性，以穩定為基礎，努力提高企業適應環境與市場的能力。

二、飯店組織效能

飯店組織效能是飯店組織達到特定目標的程度。飯店組織設計和管理的最終目的，就是使飯店組織能成為一個高效能的組織。評價飯店組織效能的標準主要包括以下幾個方面：

（1）工作效率。工作效率的高低最直接地反映出一個飯店的效能。

（2）經濟效益。經濟效益反映了飯店的獲利情況和能力。

（3）員工流失率。員工流失率的高低反映了員工對工作滿意程度的高低及飯店組織吸引力的大小。

（4）適應能力。即判斷飯店組織適應飯店經營活動需要的程度，即反映其是否具有很強的適應能力，及能否隨著市場環境的變化迅速作出反應。

（5）進取心。即飯店組織內各成員是否具有積極向上的心態和良好的士氣，其個人目標是否與組織目標的方向基本保持一致。它決定了企業的活力和發展潛力。飯店組織的短期和長期效能的評價標準各有不同的側重點，前者主要以經濟效益、工作效率和員工流失率為標準；後者則以組織的適應能力和員工的進取心為標準。

三、飯店組織結構

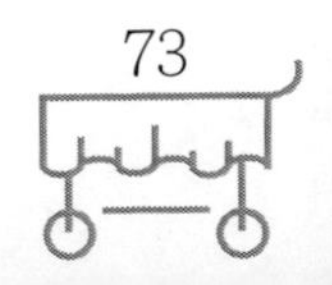

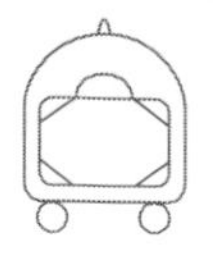

飯店組織結構是飯店內部的管理體系，是組織運作的基礎和載體，好的組織結構是保證飯店良好運作的前提。飯店中經常採用的組織結構形式有以下幾種：

（一）直線制組織結構

這是組織結構中較為簡單和原始的一種形式（見圖2-4），實行自上而下、層層節制、垂直領導的管理體制。它的優點表現在：管理層次少，結構簡單，命令統一；組織程序、業務程序簡單一致，上下級容易按章行事；運轉速度快，訊息溝通快捷。但是，在這種組織結構形式下，各級管理者沒有專業分工，管理職權集於一身，事務繁多，難以集中精力解決重大問題，它還要求管理者具備全面的才能。因此只能滿足產品單一、規模較小、業務單純的小型飯店的需要，而被現代化大型飯店運用於部門以下的基層管理中，例如客房部、餐飲部、商務中心等業務經營部門。

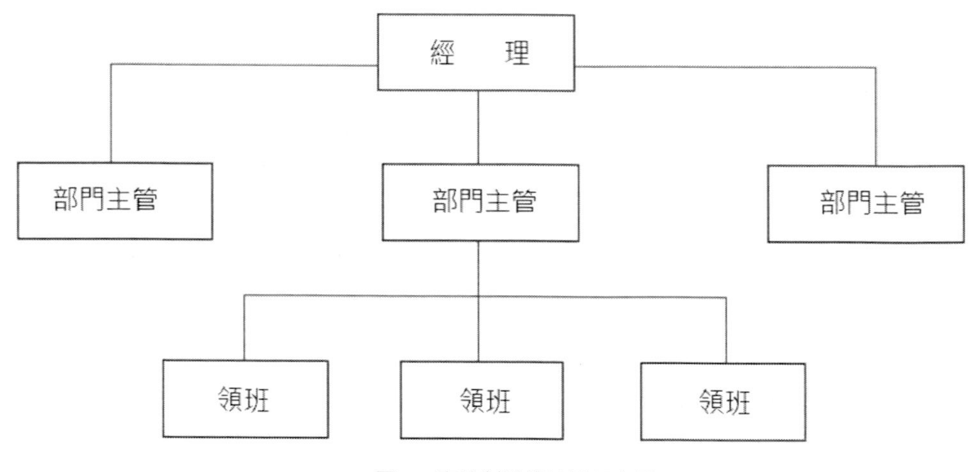

圖2-4 直線制組織結構示意圖

（二）職能制組織結構

這一組織結構形式運行的前提是把相同功能的飯店工作合併到一個部門，再根據客人活動的類型和飯店經營管理活動的內容，將所有部門劃分為兩大類。一類稱為業務部門，有特定的接待和業務內容，通常直接為飯店創造利潤；另一類稱為職能部門，不直接從事接待和供應業務，而是為業務部門服務，執行某種管理職能。

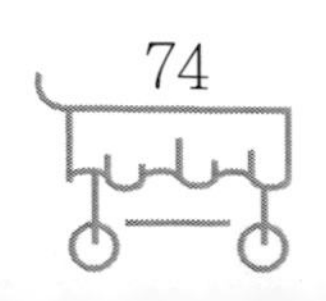

1.業務部門

（1）公關銷售部。也可以分成公關部和銷售部兩個部門。主要職能是：確定飯店目標市場，組織各種銷售活動，設置銷售網點，廣告促銷，建立與發展飯店與民眾之間的關係，建立預訂網路，市場調查，銷售訪問等。公關銷售部是飯店招徠客源的主要業務部門。

（2）客務部。飯店的「神經中樞」。對客人而言，客務部是飯店的門面與服務中心，是與之接觸最多的部門。客務部的主要職能是：預訂安排，迎送接待，訊息處理，結帳收銀，建立客史檔案，委託代辦，物品寄存，投訴處理等。

（3）客房部。是飯店的主要獲利部門。為客人提供舒適，方便，潔淨，安全的服務。其主要職能是：迎送客人，日常待客服務，清潔整理客房，清潔保養公共區域，客房安全管理，客房用品配置等。

（4）餐飲部。也是飯店的重要獲利部門，負責向客人提供可口的美味佳餚。主要提供中西式單點菜餚、宴會、風味餐、自助餐、酒品飲料、客房送餐、團體餐等服務。

（5）康樂部。主要職能是為客人提供棋牌、歌舞、電子遊戲等娛樂服務，游泳、保齡球、三溫暖等健身服務，以及美容美髮等服務。現代飯店中，康樂部的服務範圍在不斷擴大。

（6）商品部。主要職能是向客人出售日常生活用品、工藝品、旅遊紀念品等，以此獲得經濟效益。有的飯店將其作為拓展經營的重要方式，以大型商場的形式存在。

2.職能部門

（1）財務部。在飯店經營管理中具有舉足輕重的作用。主要職能是：籌措資金，為總經理財務決策當參謀，監督各部門資金的使用情況，資產管理，審核設備物資的採購工作，組織收款業務等；同時，還負責成本與費用的管理以及營業收入、稅金與利潤的管理、財務分析等工作。

（2）人事培訓部。也可分成人事與培訓兩個部門。其主要職能是：制定人

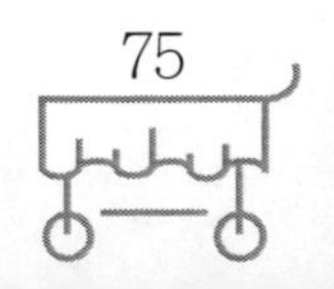

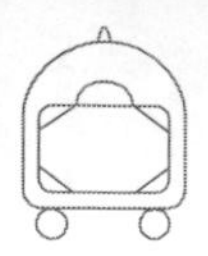

事管理制度，為確定員工勞動報酬提供決策依據，招聘和選拔人才，開展各類培訓，進行考核與升遷，管理人事檔案，編制定員等。

（3）工程部。保證飯店所有服務設施正常運轉和使用的重要部門。主要職能是：對各種硬體進行常規保養與維修，緊急搶修，負責設施設備的更新改造，飯店內部和外部的裝潢等。此外，還負責節約能源、部分土建工程、臨時性的裝飾等工作。

（4）安保部。是管理飯店安全工作的職能部門，它代表飯店經營者督察及保證飯店安全計劃的實施，協調飯店內各部門的安全工作，執行有關安全的專職任務，全面保證飯店客人及員工的人身和財產安全，保證飯店的財產安全。

（5）總經理辦公室。飯店實行總經理負責制，總經理辦公室相當於飯店的指揮中心。總經理的各項決策、計劃和命令都透過辦公室下達到各個部門；反之，各部門的工作彙報和反饋回來的訊息也透過辦公室送達總經理。

（6）採供部。其主要職能是負責飯店經營管理活動所需的物資的採購、驗收、和發放等工作。飯店要實現利潤目標，必須從物資採購開始就進行嚴格的成本控制。有效的儲藏物資採購工作能有效地幫助飯店開源節流，因此有的飯店並不把它看成職能部門，而視作對飯店盈利有直接貢獻的業務部門。採用職能制組織結構的飯店在分部門管理的同時，又授予各職能部門在業務範圍內對各部門的指揮和指導權（見圖2-5）。

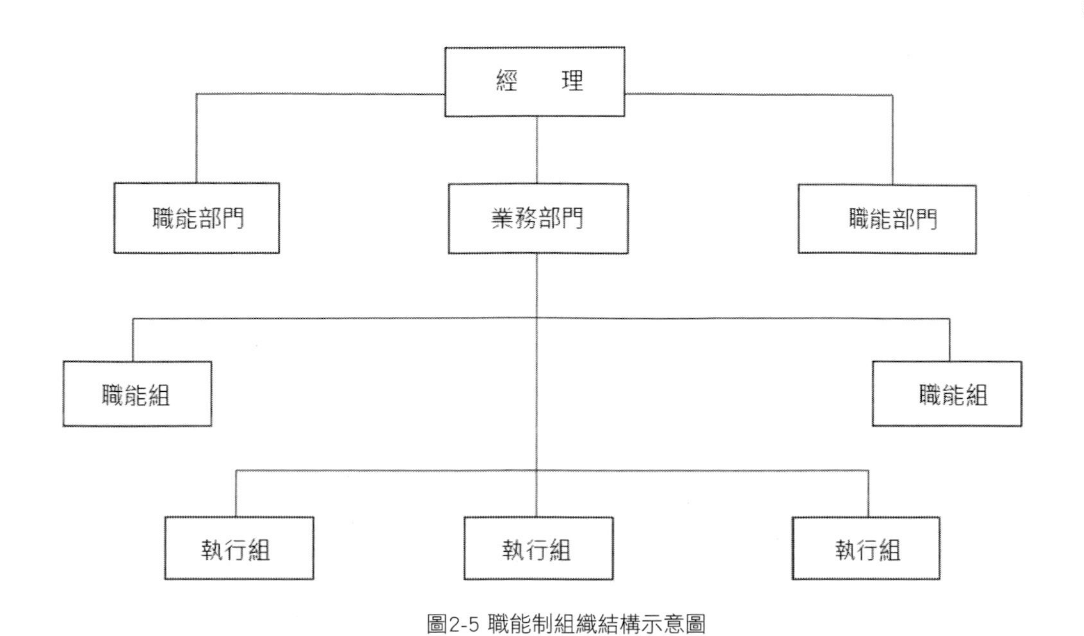

圖2-5 職能制組織結構示意圖

職能制組織結構的利弊都非常突出，其利在於加強了對各部門的業務監督和專業性指導，使專業管理人員的作用得到充分發揮；其弊在於容易導致多頭管理，使業務部門無所適從，不利於建立責任制。

（三）直線－職能制組織結構

這是職能制組織結構的一種改進形式，也是被中國飯店普遍採用的一種形式。所謂直線－職能制，是指業務部門按等級鏈法則開展工作，實行直接指揮；職能部門按分工和專業化原則執行某一項管理職能，即運用專業技術手段，收集、整理、分析各種數據指標，指導、監督飯店經營活動，提出自己的意見建議，供業務部門參考。業務部門與職能部門是橫向指導、監督和協助的關係（見圖2-6）。

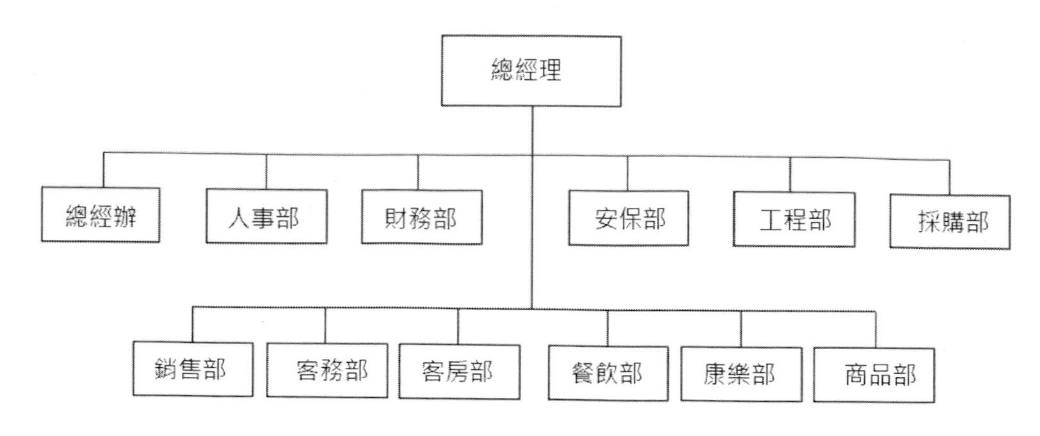

圖2-6 直線－職能組織結構示意圖

採用直線－職能制的組織結構形式，有三大特點：第一，飯店下達命令按直線制進行。第二，職能部門只對部門內的下級進行業務指揮，並監督其他部門執行管理職能的情況，而不能指揮其他部門的業務。如上圖，在用直線連接的上下層之間，為直線管理關係；無直線連接的，層次再高，亦無直接管理權，業務部門與職能部門之間均無隸屬關係。第三，職能部門擬定的計劃、決策、方案、制度等，若涉及了各部門的，應由總經理批准發布，由各部門經理對該部門下達執行命令。

直線－職能制取消了各職能部門對業務部門的直接指揮權，強調了直線指揮和統一指揮，將職能部門的功能運作納入直線指揮系列，將職能部門的指揮權改為建議權，一切指揮命令均出自直線系統，從而為高度集中、統一指揮、嚴格責任制度提供了保障。但是，這種組織結構形式也存在一些缺陷：各部門的貢獻不易區分，不利於考核部門業績；各職能部門之間的關係錯綜複雜，協調難度大，權力分割現象嚴重；各部門之間訊息溝通時間長、效率低；高層領導的管理幅度大；權力相對集中，不利於發揮下級人員的積極性和創造性；組織剛性強，難以適應市場多變的環境。

（四）事業部制組織結構

按職能劃分部門通常適合於單一經營的飯店。隨著飯店服務產品的增加和經營範圍的多元化，職能部門化的組織結構已難以適應形勢發展的要求，於是出現了按不同產品劃分部門的做法。嚴格地說，這時的飯店已不再是原來意義上的飯店，多數為多元化經營的飯店集團。除了傳統的飯店業務外，集團通常還從事旅行社、旅遊車隊、連鎖餐館等經營活動。詳見圖2-7。

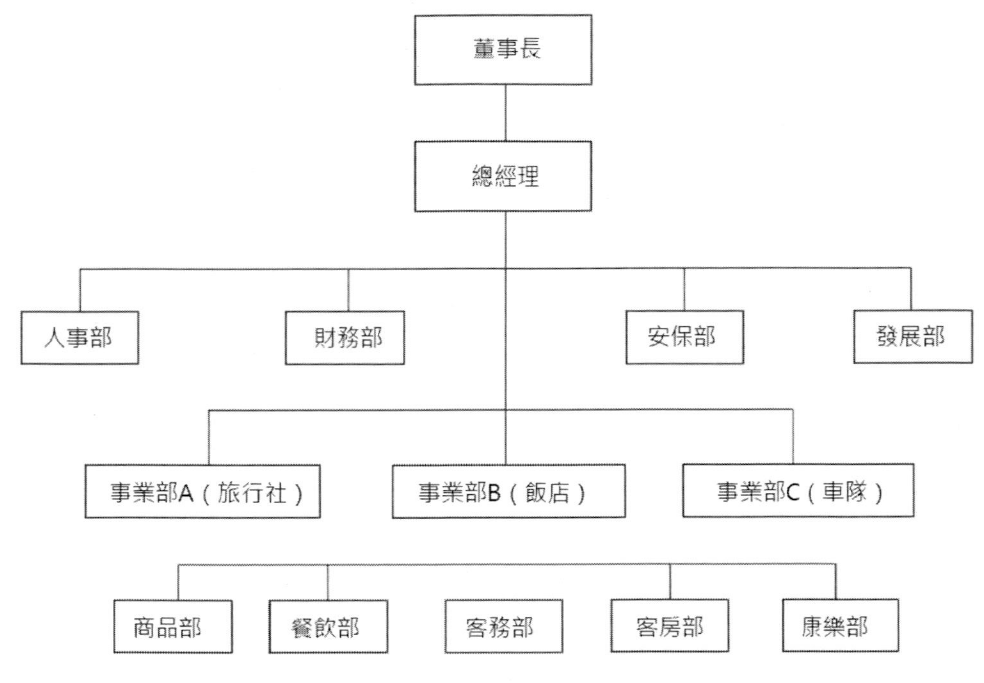

圖2-7 事業部制組織結構示意圖

這種組織結構形式展現了「集中政策，分散經營」的基本核心概念，其中，每個事業部都是半自主的利潤中心，按照產品或市場來進行設置，透過下設的職能部門來協調從生產到分配過程中的各個環節，擁有在計劃、財務、銷售等方面的相對獨立的決策權。在事業部之上，設有一個由董事會和總經理領導的、由高層經理組成的、有許多財務和人事等管理人員協助的總辦公機構。它一方面負責監督、協調各事業部門的活動並評估它們的績效，另一方面負責分配整個飯店的資源、制定政策及開發新市場和引進新技術的工作。

事業部制組織結構形式實現了決策與管理兩大職能的分離，解決了高層管理人員仍需負責煩瑣工作的問題，得以集中精力進行長期性經營決策。各事業部也可就本產品或本市場作出快速決策，有利於企業多樣化經營。此外，採用該結構

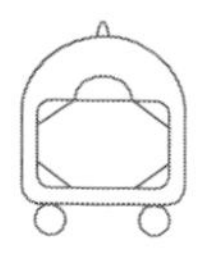

形式便於對各事業部的績效進行考核與評估，有利於倡導各事業部間的合理競爭，促使各部門改善工作，從而促進飯店的發展。

但是，事業部制組織結構形式也有許多缺陷：它通常需要較多的具有全面領導才能的經營人才去管理各事業部；各事業部也可能會過分強調本部門利益，從而影響飯店經營活動的統一性；此外，各事業部均設置有自己的職能部門，因此增加了管理費用。

四、飯店崗位設置

在飯店組織結構形式確定之後，應根據實際需要設置不同的工作崗位，制定每個工作崗位的崗位責任書，並以此來建立崗位責任制。

（一）確定崗位

設計工作崗位的原則是：保證飯店正常運轉，確保服務質量，節約勞動力成本，確定飯店特色，保持高效運作。必須因事設崗，而非因人設崗。

設計工作崗位應以合理分工為基礎，同時還需考慮多方面因素，包括：目前飯店員工的素質和人力資源市場供求狀況；飯店檔次和服務規格，如高檔飯店的客人用公共洗手間需設服務員，中低檔飯店則無此必要；飯店服務特色，如客房部是否設樓層值班台，客務部是否提供祕書服務；高科技的採用，如採用電腦網路化管理後，客務部節省了人力，但由此產生了維護電腦硬體和軟體的新崗位；此外，周圍環境、市場競爭等因素也會對崗位設計產生影響。

總之，設計崗位時必須考慮多方面的因素，宜由各部門與人事部共同研究決定，並根據需要隨時增加或取消某些崗位。以中等規模飯店為例，員工一級崗位設置大致如表2-1所示。

表2-1 中等規模飯店崗位設置（員工一級）

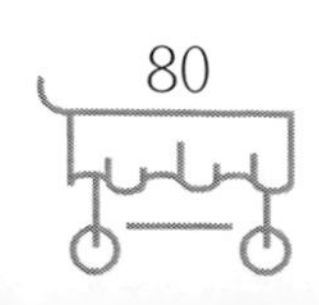

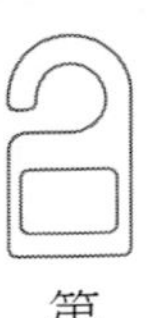

序　號	崗位名稱	序　號	崗位名稱	序　號	崗位名稱
1	文祕(各部門)	2	辦公室內勤	3	汽車司機
4	保安	5	會計	6	出納
7	採購員	8	倉庫保管員	9	公關人員
10	銷售員	11	接待訊問員	12	門僮
13	行李員	14	預定員	15	商務員
16	話務員	17	收銀員(營業部門)	18	迎賓員
19	餐廳服務員	20	酒吧服務員	21	調酒師
22	餐廳廚師	23	廚房粗加工	24	上菜服務員
25	客房送餐員	26	洗碗工	27	餐廳勤雜工
28	娛樂服務員	29	美容美髮師	30	商場服務員
31	客房清掃員	32	客房服務中心	33	PA清潔工
34	園藝工	35	洗衣工	36	布草房員工
37	培訓教師	38	人事調配員	39	工資統計員
40	醫生	41	員工餐廳服務員	42	員工餐廳廚師
43	宿舍管理員	44	電工	45	機械維修工
46	水暖工	47	鍋爐工	48	傢俱修理工
49	電腦維護員	50	製冷維修工		

（二）編制崗位責任書

確定工作崗位後，還需對每個崗位的職責、工作內容進行詳細說明與分析，即編制崗位責任書。崗位責任書是飯店每個崗位員工的工作守則和指南，具體規定了每個崗位及員工的職責、作業標準、權限、工作量、協作要求及所應具備的服務素質等，廣泛涉及每個業務過程，造成了明確各崗位職責與權利的作用，可防止各工作崗位之間互相推諉責任。下面摘錄廣州白天鵝賓館對酒水部各崗位責任的規定。

1.經理職責

酒水部在飲食部經理領導下，負責大廳酒吧，中、西餐廳酒吧，娛樂場所酒吧及客房小酒吧的經營管理業務，確保酒水服務工作的正常進行。具體職責如下：

（1）根據各酒吧的特點，確定各酒吧的銷售品種及銷售價格。

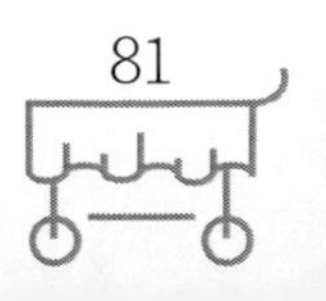

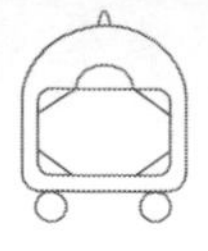

（2）確定各種雞尾酒的配方及調製方法。

（3）確定各種酒水的服務方式。

（4）制定各酒吧的工作規程。

（5）熟悉酒水的來源、牌子及規格，掌握酒水的進貨、領取、保管和銷售情況。

（6）控制酒水出口的分量和數量，檢查出口質量，減少損耗，降低成本。

（7）檢查和督促部屬嚴格履行職責，提高工作效率，按質按量按時完成工作任務。

（8）提高本部領班和員工的管理意識、服務技能和調酒技術。

（9）合理安排人力，檢查各項任務的落實情況，對重要宴會、酒會要到場指揮。

（10）定期策劃、舉辦酒水促銷活動。

（11）掌握各酒吧設備、用具和財產的使用情況，定期清點、維修保養。

（12）負責所屬範圍內的消防安全工作及治安工作。

（13）與其他各部門的人員良好合作，互相協調。

2.領班職責

酒水部領班在酒水部經理的直接領導下，負責對所屬範圍內的酒吧的管理工作，確保酒水出口、服務規範化。

（1）貫徹執行和傳達部門經理布置的工作任務、指令，做好溝通工作。

（2）根據所轄範圍的情況制定相應的工作要求及酒水員的工作程序。

（3）現場督導、檢查酒水員的出口質量、工作效率及紀律執行情況。

（4）減少酒水的損耗，力求降低成本。

（5）做好崗位培訓工作並作定期檢查。

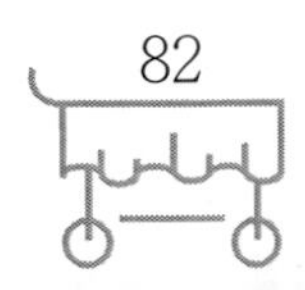

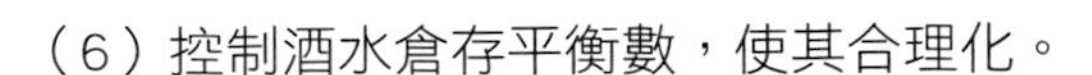

（6）控制酒水倉存平衡數，使其合理化。

（7）定期檢查財產設備，做好維修保養工作。

（8）合理安排宴會、酒會的工作，帶動員工積極工作。

（9）與樓面服務人員保持良好的合作關係，互相協調，做好酒水的供應服務工作。

3.酒水員的職責

（1）執行上級指示，努力完成上級布置的工作任務。

（2）精通業務，熟練掌握酒吧各種工具、器皿的使用方法。

（3）正確調製各款流行雞尾酒，保證各種飲品的質量。

（4）認識、瞭解所供酒水的特性、飲用形式，掌握一定的酒水知識。

（5）瞭解基本的服務知識，善於向客人推銷酒水，努力做好服務接待工作。

（6）加強業務學習，不斷提高專業水準。

（7）根據酒水領班的指令，完成每天的清潔衛生工作。

（8）與樓面服務員保持良好的合作關係。

（9）掌握一定的飲食衛生知識，嚴格按飲食衛生要求工作。

第二節 飯店組織制度

飯店組織是一個複雜的系統，要保證這個系統的正常運轉，使組織發揮出最大效能，不能缺少一套嚴格的規章制度。飯店組織制度就是在國家、地方、部門和行業針對飯店經營活動制定的法規政策的指導下，飯店自身制定的一系列規章制度。

一、領導體制

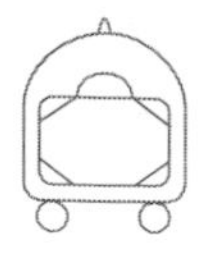

領導體制是現代飯店最基本的制度之一，主要包括兩方面的內容。

1.總經理負責制

總經理負責制明確總經理既是飯店經營管理的負責人，又是飯店的法人代表。總經理的主要權力包括：經營決策權，負責飯店重大問題的決策計劃；人事權，有任免中層管理人員及確定人數的權力；經營指揮權和對各種資源的調配權；財務權，決定飯店資金分配、投資等重大事項，監督資金的使用情況；獎懲權等等。

總經理在行使權力的同時，必須承擔相應的責任，主要有：建立飯店組織；貫徹執行國家的方針政策；全面負責飯店的經營管理；保證飯店服務質量符合等級標準和有關規定；遵守國家一切法律和有關稅收、財務管理等法令；對飯店的經濟效益負責；對飯店承擔的社會責任負責；對全體員工的合法權益和民主權利負責；對飯店的資金和財產負責。

2.職工代表大會制

職工代表大會是飯店職工民主管理的基本形式。職工代表大會具有管理、監督和審議三方面的權力，具體為：聽取和審議總經理的工作報告；審議飯店的發展規劃、經營計劃與財政預算；審議有關經營管理的重大決策；審議飯店各項基金的使用情況，以及福利等有關全體職工切身利益的問題；監督飯店的各級管理人員，對不稱職或嚴重違紀的提出撤換建議。

職工代表大會必須定期召開，真正發揮其作用，而不要流於形式。名副其實的職工代表大會能使飯店全體員工切實感受到在飯店中的主人翁地位，有助於解決管理者與員工之間的矛盾，使員工更關心國家、飯店和自己的利益，從而樹立正確的服務意識，提高服務質量。

二、經濟責任制

在飯店內部實行經濟責任制是改變傳統經營管理框架、提高員工工作積極性和創造性的有效方法，可以大大增強飯店的活力。它是飯店及各部門以飯店經營

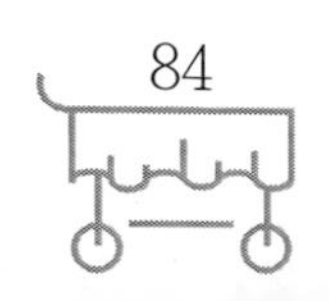

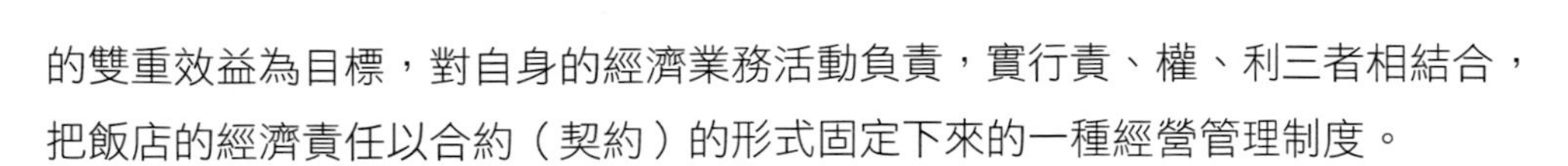

的雙重效益為目標，對自身的經濟業務活動負責，實行責、權、利三者相結合，把飯店的經濟責任以合約（契約）的形式固定下來的一種經營管理制度。

飯店經濟責任制可分為兩類，一類是集體經濟責任制，從整個飯店到部門、班組，以規模不同的組織形式承擔經濟責任；另一類是員工崗位經濟責任制。

1.集體經濟責任制

應具體落實到不同的管理層活動當中，分別展現為：

（1）飯店經濟責任制。包括整個飯店必須完成的各項經營管理指標、飯店總經理的崗位責任、工作權限和獎懲規定等。

（2）業務部門經濟責任制。包括飯店整體指標中交由部門完成的具體經營管理指標、部門經理的崗位責任、工作權限和獎懲限定。

（3）職能部門經濟責任制。職能部門的工作績效往往難以考核，但與業務部門經濟責任制一樣，它也包括崗位責任、工作權限和獎懲規定等內容。

（4）班組經濟責任制。落實到領班一級，由領班負責執行部門下達的工作計劃，對班組內操作人員的工作進行安排組織，考核基層員工績效並做好日常工作記錄。

經濟責任制的制定應環環相扣，統一協調。制定得合理，對飯店經營管理能產生良好的輔助功效；否則，飯店工作就會問題百出，給管理工作帶來諸多不便。

2.崗位經濟責任制

經濟責任制最終要落實到每個崗位及每個員工身上，這就需要制定崗位經濟責任制。由於層次和職責不同，崗位經濟責任制的具體內容各不相同，但其制定原則基本相同，即保證國家、集體與個人利益相統一；以責為中心，責、權、利相結合；利益與效益掛鉤等。

三、員工手冊

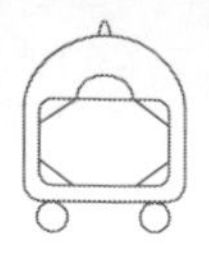

員工手冊是飯店為明確員工權利和義務及其應遵循的行為規範制定的廣泛適用的制度性條文，被稱為飯店的「基本法」。一般來說，員工手冊的制定依據有三個：一是人事法規。如中國《勞動法》規定，職工每週工作時間為5天，每天8小時，每週40小時，在員工手冊中規定的勞動時間不能超過這個時間限制。二是行業工作特點。如飯店每天24小時、每週7天、每年365天都營業，這要求員工必須接受不規則的工作時間，由主管安排早、中、晚班。三是國際飯店業的慣例。如飯店向員工提供制服，員工享受免費工作餐等。

員工手冊規定了員工的行為規則及其享有的權利和待遇，員工透過學習員工手冊，可以明確自己在服務過程中該做什麼，不該做什麼，因此，科學的員工手冊有助於飯店的管理工作，減輕管理者的負擔。不同的飯店，員工手冊的特點不同，下面就其主要內容作一扼要介紹。

（1）序言。主要是飯店的歡迎詞，對員工加入飯店工作、成為飯店大家庭的一員表示歡迎，並提出希望。

（2）飯店簡介。介紹飯店的星級、規模、設備和特色等基本情況。

（3）飯店工作精神。即飯店特有的經營宗旨和理念，有利於增強飯店的凝聚力。

（4）勞動條例。對飯店員工的工作時間及加班、薪酬支付方式、選聘、錄用、培訓、辭退等事項作出明文規定。

（5）飯店組織結構。向員工介紹組織系統的組成、主要部分的結構及有關管理人員，為使員工熟悉工作環境、加強工作中的溝通打下基礎。

（6）薪金評定。說明飯店工資報酬的評定方法及職務、技術技能、貢獻與所得報酬的關聯性。

（7）職工福利。說明帶薪假期、其他假期、休假制度、醫療保健、住房制度、學習培訓及其他福利事項。

（8）店紀店規。即員工須知、飯店規則、保安檢查制、工作證及姓名牌制、工作制服制、考勤制、投訴規定、用餐制度、電話使用制、防火措施、獎懲

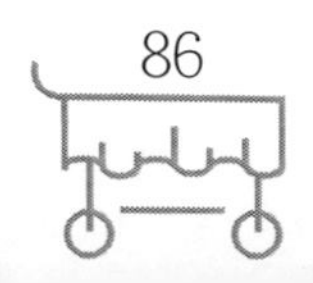

規定及其他有關規定。

（9）其他有關內容。根據飯店性質、規模和要求，規定諸如員工交通問題、互助金、員工信箱、子女教育等內容。

（10）簽署人。每位飯店員工在學習、認可員工手冊中提出的各條款之後，必須簽名，交人事部門備案。

（11）員工手冊的解釋與修訂。員工手冊的解釋權屬於飯店，飯店保留對員工手冊進行修訂的權力。

員工手冊應既不空洞又不煩瑣。員工手冊要印刷成冊，人手一份。

四、飯店作業規程

飯店作業規程主要包括前台部門的服務規程和後台部門的操作規範，它是飯店經濟責任制和其他制度實施的保證。

服務規程又稱服務規範，是為飯店某個特定的服務崗位制定的工作程序和標準，如餐廳帶位服務程序、值台服務程序和上菜服務程序等。服務規範的制定必須與飯店的檔次相符合，標準應詳細而具體，可操作性強。制定服務標準時，應考慮到服務過程的系統化和不同服務環節的銜接問題。

操作規範是由一系列工作制度來展現的，如領料制度、財務制度和維修制度等。

下面以某西餐廳的散客正餐服務為例具體說明飯店作業規程。

西餐廳散客正餐服務規程

1.迎客

要求：微笑；手拿菜單站在迎送台前；問候。

應用語：中午好／下午好／晚上好，先生／小姐。請問幾位？

2.帶位

要求：指示動作為合併五指，指示引領方向。在客人稍前側行走，帶至適當的台前。

應用語：請這邊走／請跟我來。

3.示座

要求：指示動作，請客人就座。

應用語：喜歡坐這裡嗎？請坐。

4.遞菜單

要求：翻開菜單，從客人右邊遞上。要先女士，後男士。

應用語：請看菜單。

5.鋪餐巾

要求：把餐巾打開，平鋪在客人的膝蓋上。

6.問飲品

要求：腰向下稍彎，聲音溫和，詢問客人需要什麼飲品。

應用語：請問喜歡喝點什麼飲料？

7.出飲品

要求：用托盤將飲品托出，在客人右手邊服務，上時說明是什麼飲品。飲品放在右上角，靠近餐巾的上方，抓杯的手法要準確。啤酒、汽水倒到八成滿，未點飲料的送冰水。

應用語：這是您的……

8.點菜

要求：備好紙筆，在客人左手邊點菜，先女士，後男士。在草稿紙上寫好所點菜品特徵或編號，如所點是牛肉，需問幾分熟；所點是雪糕、奶昔，要問喜歡哪一種味道……

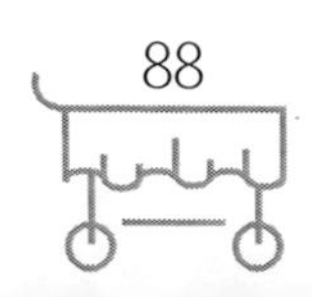

應用語：請問先生／小姐，可以為您點菜了嗎？請問您喜歡吃點什麼？請問您點的牛肉要幾分熟？……

9.複述點菜內容

要求：吐字清晰，快慢適度地把客人所點的菜式複述一遍。

應用語：先生／小姐，您點的是……對嗎？

10.落單

要求：飲品與菜餚單分開寫清楚。上菜順序如有先後的需隔開寫，中間以XXX符號間開；附有特殊注明的，如牛肉幾分熟等，需在點菜單上寫明。

11.擺位

要求：按客人所點食物整理餐位，檢查有無鹽罐、胡椒罐。

12.派麵包

要求：用托盤備好麵包籃、奶油籃，分別裝上軟、硬麵包數個和奶油數塊，分一副羹叉在客人左手邊，派麵包。

應用語：請問哪一種麵包，軟的還是硬的？

13.上菜

要求：碟邊乾淨，熱食需要碟蓋，拿到備餐台再揭開，先女士後男士，先小孩後大人，在客人右邊上菜，注意抓碟正確。備齊所需配汁、汁醬，派沙拉醬時在客人左邊進行。

應用語：這是……請慢用。

14.添飲品，換煙盅

要求：離台前把餐桌上的空罐拿走，並問客人是否需要再來一杯。用正確手法在台旁換煙盅，手勢儘量不橫過台面。

應用語：請問需要再來一杯……嗎？

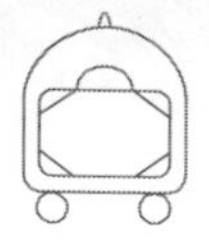

15.收碟

要求：從客人右手邊把空碟、用過的刀叉收起，把多餘的汁醬收起，換上下一道菜所需的刀叉，接下來根據需要重複第13、14道程序。

應用語：我可以把這個拿走嗎？

16.上牙籤，問甜品、咖啡、茶

要求：凡用完餐後均應上牙籤，用墊碟送上甜品單，翻至甜品這一頁，順勢推銷餐後甜品。最後問咖啡、茶。

應用語：請問喜歡吃點甜品嗎？我們有……／順便來點餐後甜酒怎樣？／用完甜品要些咖啡或茶嗎？

17.擺位

要求：按所點的品種擺上適合的餐具或咖啡杯和糖等。

18.上甜品、咖啡

要求：在客人右邊進行。

19.收碟

要求：把甜品碟／杯收走，台上只留下飲料或咖啡杯，重複第14道程序，或添咖啡。

20.準備帳單

要求：在客人沒有叫結帳前準備好，該分單的分清楚，核定帳單項目。

21.結帳

要求：用帳單夾把帳單從客人旁邊送上，凡持有貴賓卡可打折的需在帳單上打上DISCOUNT，並請客人在單上簽名及寫上房間號碼；付現金的需在客人面前點清數目；簽單的需核定房卡及房間鑰匙。對客人表示感謝。

應用語：請稍候。請簽上您的名字和房間號碼，謝謝！

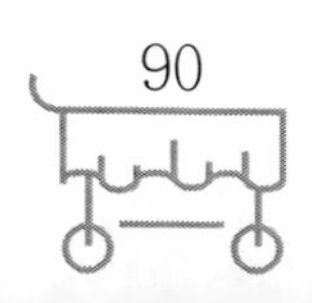

22.找零

要求：用帳單夾把零錢及已打上付款方式的底單送給客人，再次表示感謝，並歡迎客人再次光臨。

應用語：給您零錢和單子，謝謝！歡迎下次再來！

第三節 飯店組織控制

飯店組織結構的設計和組織制度的制定為飯店組織運行建立了基本框架，而要使飯店組織有效率地運行，還需要加強對飯店組織的控制。

任何一個組織中，人力資源都是最活躍的因素，飯店組織也不例外。作為具體的人，其思想、動機和行為因受環境的制約和影響，其創造力和價值很大程度上取決於如何對之進行管理。飯店是一個滿足客人不同層次和類型需求的服務性企業，客人的滿意度是在接受服務的過程中透過體驗、感受來衡量的，而員工只有在被充分激勵的狀態下才會千方百計地提高自己的服務技能，做好服務工作。因此，作為人力密集型的服務性企業，飯店尤其需要把對人力資源的管理放在重要的位置上。而飯店組織控制的主要研究對象就是人力資源，主要控制行為就是對人力資源的管理。

一、飯店人力資源計劃

「人無遠慮，必有近憂」，處於訊息時代的飯店業在人力資源管理中必須加強計劃工作，避免管理中的盲目性。計劃工作應從目標、分析、預測和決策四個方面展開。

（一）目標

人力資源管理的總目標是使員工滿意，創造價值，其主要任務可歸結為：吸引人才，留住員工，激勵員工和培訓員工。為達到目標和完成任務，應從這幾方面著手：

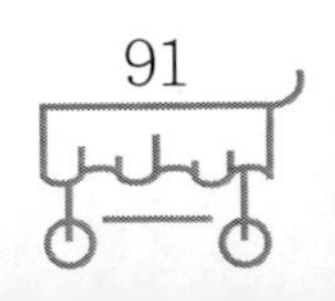

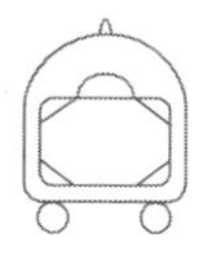

（1）提高生產率。生產率的提高能有效增加飯店的利潤，進而產生很多良性反應，如員工獲利更多，工作積極性更高。為此，飯店管理層與人力資源部門必須和一線員工之間保持密切聯繫，相互磋商，合理用工，科學地激勵員工。

（2）擴大工作空間。管理層應給予員工更多的機會和權利，讓他們對自己的工作有更多的控制權，從而提高工作積極性，充分發揮創造性，為企業作出更大的貢獻。

（3）保持競爭優勢。飯店之間的競爭歸根結底是人才的競爭，飯店要千方百計吸引、培養並留住高素質員工，在高質量的產品、低顧客投訴以及產品差別化方面保持競爭優勢。

（4）增強適應性。現代飯店面臨著高度變化的市場環境，飯店必須為員工的發展創造一個良好的空間和學習氛圍，使員工能夠盡快適應新的環境，掌握新的技術、管理制度和服務方式。

（二）分析

即對決定或影響飯店人力資源計劃制定的因素進行分析，這些因素有企業外部因素和企業內部因素兩大類。

企業外部因素主要包括國內和國際競爭、人口和勞動力特點、經濟大環境和法律環境等因素，它們對飯店的用人制度、工資待遇、勞工關係等有很大影響。隨著外資進入中國，外方先進的管理方法和用人制度開始普遍被中國的飯店企業所採納；同時，旅遊市場的嚴峻形勢也促使更多的飯店企業對用人制度進行改革，以便更好地吸引人才，提高工作效率。

企業內部因素主要表現在高級管理層的價值觀、組織戰略及飯店的組織結構、組織規模、管理技術等方面。其中，尤為重要的是對企業現有人力資源的盤點和查核，分析的重點包括人員的使用情況、年齡結構和業務結構，具體可概括為：

（1）現有人員與編制定員的比較，判斷人員的適度規模；

（2）實際工作效率與標準工作效率的對比；

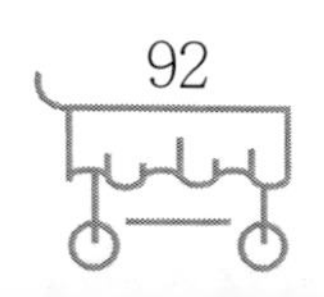

（3）員工平均年齡以及各類人員的年齡結構；

（4）各職務、崗位之間的比例，技術工種和專業的分類；

（5）本企業的業務結構與行業平均水準的比較。

（三）預測

預測是計畫工作的前提和依據，即透過各種方式和手段對未來組織所面臨的環境、問題及行業發展趨勢作出判斷。包括：

（1）組織機構變化預測，如組織目標、職務序列、協調和合作關係、勞動組織以及意見溝通渠道等是否會改變以及如何改變。

（2）產品規劃及新產品發展對人力資源的需求預測。

（3）技術更新對人力資源結構的影響預測。

（4）勞動效率預測。

（5）裁員預測。

（四）決策

決策是計劃的核心步驟，決策過程就是人力資源計劃的編制過程。需要決策的主要問題是：

（1）確定人力資源計劃的目標。

（2）人員增補決策。

（3）職業轉移決策。

（4）企業發展與人力資源增加決策。

（5）員工培訓與發展決策。

（6）勞動力維護決策。

二、員工招聘

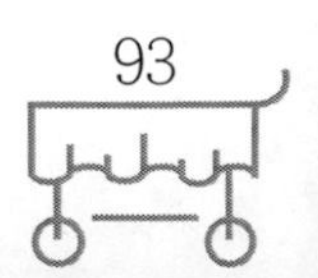

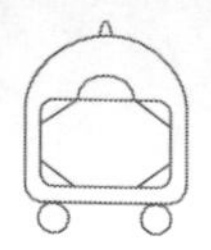

制定了人力資源計劃後一項重要的工作就是挑選、任用一批合格的員工。合格的員工對一個企業的經營成功至關重要。

（一）員工的招聘方式

獲得人力資源的主要方式是招聘，包括內部招聘和外部招聘。

1.內部招聘

指將現有員工作為提升、平行調動或輪換工作的候選人（包括前任職人員，如離職者或退休者），透過職位公開的方法，為員工提供一個公開、公平的競爭機會。

內部招聘是飯店選聘人才的主要方式。做好這項工作，有利於鼓舞士氣，提高員工工作熱情，調動組織成員的積極性。內部招聘也使飯店與被聘者之間有了一個互相熟悉和瞭解的過程，有利於保證選聘工作的正確性，也使被聘者能迅速開展工作。為達到上述目的，飯店必須完善內部招聘制度，真正做到任人唯賢，否則可能造成「近親繁殖」，產生各種矛盾。

2.外部招聘

外部招聘指根據一定的標準和程序，從組織外部的眾多候選人中選拔符合空缺職位工作要求的員工。外部招聘能夠為組織帶來新鮮空氣，而且被聘員工沒有「歷史包袱」，有利於開展工作，也有利於平息和緩和內部競爭者之間的緊張關係。但是，外聘員工不熟悉飯店內部情況，缺乏一定的人事基礎，因此需要一段時間才能進行有效的工作；同時，如果過多招聘外部員工，尤其在較高的職位方面，會對內部員工造成打擊，從而挫傷他們的積極性。

企業應根據自身情況分別採取不同的招聘形式，如在企業平穩發展階段，以內部培養和內部招聘為主；在企業快速發展階段，以外部招聘為主，但應將被聘者安排在職位較低的崗位上，視其工作能力和業績給予相應的升遷。

（二）員工的初選、考試與評估

為保證招聘工作的順利進行，必須對應聘者進行初選、考試與評估。

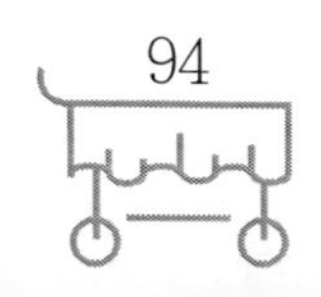

1.初選

應聘者往往人數很多，人力資源管理部門不可能對每一個人進行詳細的考察，否則花費太高，這時需要進行初步的篩選，即初選。內部候選人的初選比較容易，可以根據飯店以往的人事考評記錄進行。對外部應聘者則需透過初步面試、交談、查閱應聘資料等方式，儘可能地瞭解每一個申請人的情況，瞭解他們的興趣、觀點、創造性和性格特徵，淘汰那些不能達到基本要求的人。在初選的基礎上，對合格的應聘者進行考試和評估。

2.考試

考試的方式和內容必須儘可能反映應聘者的技術才能、與人合作的才能、概念的才能和設計的才能。在招聘中經常使用的考試方式如下：

（1）智力與知識測試。包括智力測驗和知識測驗兩種基本形式，這兩種測試與未來管理人員的概念才能和設計才能有關。

（2）競聘演講與答辯。這是知識與智力測驗的補充。僅憑測驗不足以反映一個人的基本素質，更不能顯示一個人運用知識的能力。發表競聘演講，介紹自己任職後的計劃和打算，並就選聘小組的提問進行答辯，可以為候選人提供一個充分展示才華的機會。

（3）案例分析與候選人實際能力考核。這種測試是對候選人的綜合能力的考察。可借助情景模擬或案例分析，將候選人置於一個模擬的工作環境中，如前台、酒吧、商務中心、市場營銷部等，運用多種評價技術考察候選人的工作能力和應變能力，以判斷其是否符合某項工作的要求。

（三）員工的挑選與任用

經過測試合格的候選人通常還要接受體格檢查，因為某些疾病，如傳染性疾病可能不適合飯店工作。所有測試和檢查都合格的候選人將成為被錄用的對象。

挑選工作包括核實候選人資料、比較測試結果、聽取各方意見、同意聘用、發放錄用通知等步驟，最終將合適的被聘者安置到合適的職位上。

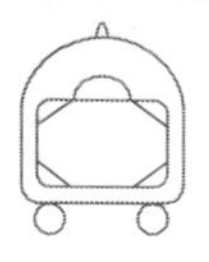

員工被錄用後，首先要接受就職培練。就職培練包括企業的歷史、產品、服務、規章制度、組織機構、福利待遇等具體內容的介紹，也包括企業的價值觀、經營理念、英雄模範行為、工作態度等企業文化方面的教育。職前培練同時也是新員工適應企業環境的過程。工作的輪訓也是一個必不可少的內容，它不但能拓寬新員工的技能和工作經驗，而且也有助於不同崗位員工之間的相互理解，培養他們的合作精神。

經過一段時間的就職培練，新員工才能真正成為企業的一員。人力資源部門可以綜合員工申請的職位、培訓期的表現和個人能力，將其安排到合適的職位上。

三、員工培訓

飯店透過內部招聘和外部招聘可以獲得基本適應飯店服務工作與管理工作的員工。然而，這些員工能否勝任工作，還需要看其是否具備相應的工作能力，這除了自身的天賦和勤奮以外，還依賴於飯店良好的培訓。培訓是對人的潛能的進一步拓展，既對企業有利，也對員工本人有利，更對社會有利，因為社會財富的增長和經濟的發展在很大程度上依賴於該社會成員的能力和素質。

（一）培訓的對象和內容

由於飯店的資源有限，不可能提供足夠的資金、人力、時間作無計劃、無選擇的培訓，因此必須根據組織目標的需求選擇培訓的對象和內容。

1.培訓的對象

一般而言，飯店內有三種人需要培訓：第一種是可以改進目前工作的人，目的是使他們更加熟悉自己的工作，如對西餐廳的員工進行的大陸式早餐服務培訓、對廚師進行的烹飪培訓、對客房服務員的房間服務培訓等；第二種是那些有能力而且有必要掌握另一門技術的人，在培訓後可安排到更重要、更複雜的崗位上，如要求員工掌握一門或兩門外語的培訓；第三種是那些有潛力的人，企業期望他們掌握更多更深層次的管理技能或更複雜的技術，以便日後進入更高層次的

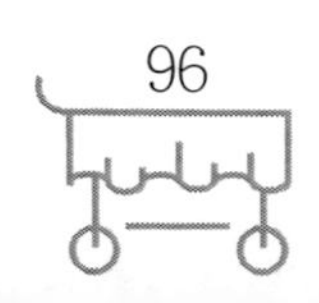

崗位，如南京的金陵飯店每年都選派中、高層管理人員到瑞士、香港等地的大學或飯店學習，以進一步充實飯店的高級管理層。

2.培訓的內容

（1）技術技能的培訓。透過培訓提高員工的技術技能，使其更加勝任所從事的工作。對象是飯店操作層的員工，有時也包括管理人員。如在電腦普遍進入飯店業的今天，管理人員和普通員工都要接受基本的電腦操作培訓，以適應管理訊息化、自動化、國際化的要求。

（2）人際關係技能的培訓。目的在於提高員工合作交往的能力，如學會傾聽意見，善於交流思想等。飯店是一個人力資源密集型的組織，只有懂得合作的人才能做好飯店的各項工作，尤其作為管理人員，必須具備處理人際關係的能力。

（3）觀念技能的培訓。主要針對管理人員而言，要求管理人員瞭解飯店內部和外部的經營環境以及自己在飯店中所處的地位和所起的作用，使他們提高洞察力，認清飯店發展的方向，適應飯店經營環境的變化，處理好飯店與部門以及部門與部門之間的關係。

（二）培訓的方法

飯店培訓可以採取以下幾種主要形式：

1.就職培訓

即為了讓新員工更好地瞭解組織和開展工作而進行的培訓。

2.在職培訓

最常見的在職培訓有兩種：

（1）輪崗培訓。包括管理工作和非管理工作輪崗培訓。前者是指在提拔某個管理人員擔任較高層次職務之前，讓他先在一些較低層次的部門工作，以積累不同部門的管理經驗，瞭解各管理部門在整個企業中的地位、作用及其相互關係；後者是根據受訓者的個人經歷，讓他們輪流在企業的不同部門和崗位上工作

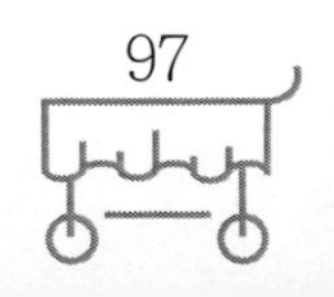

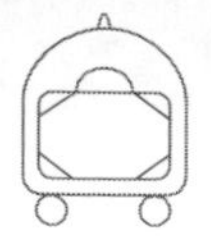

一段時間，以熟悉企業的各種業務。這兩種方法在飯店管理實踐中都被廣泛運用。

（2）見習培訓。見習培訓是新員工向有經驗的老員工學習的一種培訓方法，透過老員工的指導、示範和新員工的觀摩、實際操作來提高後者的技術和技能。國際飯店業在這一方面的培訓過程可以概括為四句話：「告訴你」，就是告訴你如何去做；「做給你看」，就是示範做一遍；「跟我做一遍」；「檢查糾正你」。

3.設立助理職位培訓

即讓受訓者與有經驗的管理者一起工作，後者給受訓者特別的關照。除通常性的工作培訓外，管理者還可以專門安排任務來測試受訓人員的判斷能力。

4.離職培訓

即讓職員離開工作崗位到大學或到其他飯店或本集團內部專職學習一段時間。

四、員工績效評估與激勵機制

績效評估和激勵機制是人力資源管理必不可少的一個重要組成部分。只有對員工的績效作出公正的鑒定和評估，並由合理、公平的激勵機制提供相應的報酬或懲罰，才能充分調動員工的積極性，更好地為組織目標服務。

（一）績效評估

績效評估是評價員工工作績效的過程，即用標準比較員工工作績效記錄及將評估結果反饋給員工的過程，它是飯店對員工作出晉升、離職或調職決定的依據，是給予員工報酬的依據，是評估員工對組織貢獻大小的依據，是員工是否需要培訓的依據，還是制定人力資源計劃和財務預算的訊息依據……。績效評估一直被視為是組織內部進行人力資源管理的重要方法之一。

飯店績效評估的方法如下：

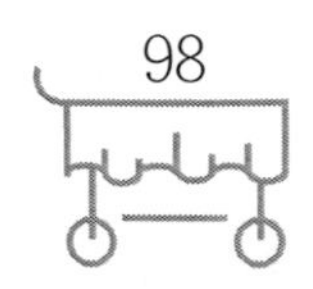

（1）確定績效評估（考評）內容。在飯店中，由於部門不同、職位不同，員工應具有的能力和所作的貢獻也不同。人力資源部門應根據不同崗位的工作性質，設計合理的考評表。具體評估方法有依表評估法、排列評估法、對比評估法和目標管理法等。

（2）選擇考評者。績效評估工作往往被認為是人力資源部門的事。實際上，人力資源部門主要負責績效評估的組織工作，具體工作則由相關人員負責，如考評表應由與考評對象在業務上發生聯繫的有關部門的人員填寫，通常是上級、下屬和業務關係部門。上級人員主要考核和評價下屬的理解能力、執行能力和技術能力；下屬側重於評價管理者的領導能力、概念能力、設計能力和影響力；關係部門則主要評估當事人的協作精神。

（3）分析考評結果。首先挑出那些明顯不符合要求的、隨意亂填的表格，然後綜合各考評表上的成績，得出考評結論，並對考評結論的主要內容進行對照分析。人力資源部門還應注意收集各部門的日常原始工作情況記錄，如出勤率、事故率、投訴率和完成任務情況等記錄，作為核對考評結果的依據。

（4）傳達考評結果。考評結果應及時反饋給有關人員。

（5）根據考評結論，建立企業人才檔案。這為企業制定人力資源政策和員工的培訓與發展計劃提供依據。

（二）激勵機制

稱職的員工必須具備兩個基本條件：具有做好工作的能力；具有做好工作的願望，即人們常說的能幹與肯幹。招聘和培訓工作僅僅解決了飯店選擇合適人選，使其掌握工作技能、具備工作能力的問題，使員工符合了第一個基本條件。員工是否肯幹則取決於飯店管理人員能否把員工的工作積極性調動起來。

激發員工工作積極性是飯店管理人員的重要任務，為此，必須增強飯店的凝聚力，並動用各種切實可行的激勵方式來最大限度地調動員工的工作熱情。

1.增強飯店的凝聚力

增強飯店的凝聚力，是激發員工工作積極性的基礎，為此必須樹立企業精

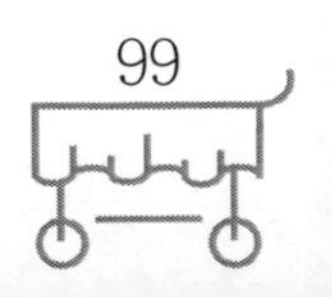

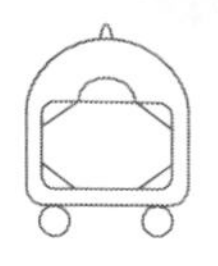

神。飯店的企業精神，或稱企業文化，是飯店管理者根據飯店的特點，為飯店的生存和發展而樹立的一種精神或是為此而提出的口號，它是飯店全體員工所共同認可的奮鬥目標和價值觀念，也是飯店全體員工共同遵守而並不見諸書面的行為準則。企業精神一旦樹立，將對飯店員工產生強大的凝聚作用。

企業精神必須展現員工對飯店的歸屬感、責任感和榮譽感，其核心內容包括：艱苦奮鬥、勤儉辦企業的精神；員工之間、上下級之間平等、理解、信任、團結合作的精神；員工參與管理的主人翁精神；創新與追求卓越的精神。企業精神能否深入人心，不僅需要加大宣傳和普及的力度，更需要管理者提高管理藝術，培養員工對企業的認同感，如開展豐富多彩的健康休閒活動，成立各種興趣愛好團體，關心員工家庭生活等等。

2.建立科學的激勵機制

激發員工工作積極性的過程，實質上就是採用各種激勵方式，促使員工為取得成績而努力工作的過程。美國哈佛大學的威廉・詹姆士曾經指出，絕大多數員工只需要付出自己能力的20%～30%就可以應付企業指派給他的全部工作，如果員工受到有效的激勵，則將付出他們全部能力的80%～90%。由此可知，激勵對員工發揮潛在的工作能力有相當大的推動力。

「需要激勵」是飯店中應用最普遍的一種激勵方式。心理學研究顯示，員工的工作表現由動機所支配，而動機又由需要產生，需要是員工努力程度的原動力。「需要激勵」方式就是透過滿足員工的需要來激勵員工實現飯店的目標而努力工作。實現「需要激勵」的主要途徑是給予員工公正、合理的獎勵。在實施獎勵的過程中，管理人員應注意兩方面的問題：

第一，確保獎勵的公正性，管理人員必須對員工的工作成績有一個公正、客觀的考核方法，根據考核內容制定獎勵標準，並依照考核結果公正地給予獎勵。

第二，發揮獎勵的激發作用。獎勵方法應具有激發積極性的作用，使每個員工認為獎有所值，並會為之努力。員工是否被激勵，取決於兩方面的因素：獲得獎勵的概率和獲得獎勵的效用價值，兩者的乘積決定激發程度的大小。獲獎概率是員工對自己所付出的努力（工作成績和工作表現）能夠獲得獎勵的期望值。效

用價值是員工對付出努力後所獲得的獎勵在主觀上的評價，其高低並不在於獎勵量的大小，而在於員工主觀上所認定的價值。例如，假若員工努力工作的目的是希望得到主管的讚賞和職位的提升，那麼給這位員工以精神獎勵的效用價值就高過給其物質上的獎勵。由此可知，飯店在建立獎勵制度時首先要考慮獲獎概率這一因素，假若獲獎概率很小，即使效用價值很高，大多數員工也會失去努力的動機；同時又要滿足員工的具體需要，員工的需要是多方面的，既有對金錢、物質方面的需要，也有對事業、成就精神方面的需要，在獎勵時應有針對性。

五、飯店非正式組織

飯店組織可分為正式組織和非正式組織。飯店正式組織是經過精心設計而成立的，其目的是組織所有員工為完成企業的目標同心協力地工作。前面的組織理論均針對正式組織而言的。飯店非正式組織的產生則無一定的計劃，也不需花費精力，它是由於人們互相聯繫而自發形成的個人和社會關係網絡，它可能是共同作業的班組、同住飯店宿舍的室友、週末晚上上夜校的夥伴，或者有其他共同興趣的小團體等。非正式組織雖然是自發產生的，但它對正式組織的影響非常大，必須重視對其進行正確引導和管理。

（一）飯店非正式組織的特點

飯店非正式組織是為滿足員工需要而非飯店需要而產生的，它以員工共同的興趣愛好為基礎，還受到諸如地位、能力、工作特點、嗜好、志向等其他因素的影響，表現出以下幾方面的特點：

（1）組織對成員具有社會性的控制作用。組織有要求全體成員必須遵守的規範，它在非正式組織內具有強大的約束力和內聚力。

（2）組織內部溝通順暢。非正式組織成員接觸頻繁，交流廣泛，訊息溝通渠道暢通，傳播速度迅速。這對於飯店管理者瞭解員工心態、需求等有積極作用。

（3）組織的存在對環境的依賴性大。因為工作聯繫多且具有較多的共同語

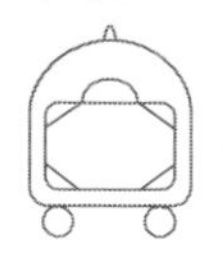

言，非正式組織往往產生於從事相同工作的員工群體中，在相對穩定的環境中生存。因此，非正式組織通常抵制各種環境變化。不能較好適應變化的非正式組織往往因周圍環境的變化而解體，在新的環境下，又會形成新的非正式組織，原非正式組織成員之間的關係隨之發生變化。

（4）組織領袖自然產生。非正式組織的領袖人物自然產生，這些領袖人物在飯店正式組織中不一定有較高的職位，但實際上享有很高的威望。

（二）飯店非正式組織的管理

非正式組織是飯店組織管理的組成部分，它們對飯店目標的實現具有建設性作用，也可能有破壞性作用，管理人員必須充分利用它們的正面效應，防止和消除它們的負面效應。

1.正面效應的利用

非正式組織的正面效應主要表現在以下幾方面：

（1）協助管理。正式組織若能得到非正式組織的支持，則可大大提高工作效率。在正式組織中，領導的權威來自於上司授予的職位，如部門經理或主管的職位。在非正式組織中，權威則來自於個人魅力，透過自然領導人可有效地減少內部分歧和保持凝聚力。因此，與非正式組織建立良好關係可以大大提高正式組織的號召力。例如，為了取得非正式組織對某項政策的支持，飯店管理人員可先將政策內容告知非正式組織的領袖，當然，如果可能，將非正式組織領導人任命為正式組織的領導人則更好。

（2）加強溝通。員工在受到挫折時，非正式組織可為其提供一個發洩的渠道，使其獲得某種程度的安慰與滿足。

（3）糾正管理偏差。非正式組織可促使管理者對某些問題作出合理的處置，發揮制衡的作用。在對待飯店非正式組織這一問題上，日本飯店和美國飯店採取了不同的管理方式。日本飯店對員工進行全面管理。不但對員工在工作時間內的行為進行管理，而且對員工在業餘時間內的活動也進行引導和管理。如在下班後一起娛樂，節日舉辦慶祝活動等，使整個正式組織顯得更融洽和睦。美國飯

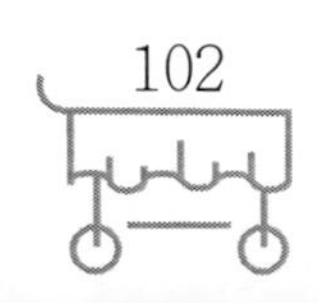

店一般僅對員工在工作時間內的行為進行管理，而不關心員工在業餘時間的活動愛好。顯然，在利用非正式組織的積極效應中，日本飯店的全面管理方式要比美國飯店的片面管理方式更好。

2.負面效應的消除

非正式組織也有其消極作用，主要表現在以下方面：

（1）削弱權力。

（2）滋生謠言。

（3）打擊積極性。

（4）操縱群眾。

但是，非正式組織並非不可控制。這是因為，管理者能夠控制產生非正式組織的環境，可以決定誰和誰在一起工作，在什麼時候和在什麼部門工作。例如，將一個在咖啡廳做早班的服務員調到宴會廳上中班，切斷其與咖啡廳非正式組織的聯繫。此外，飯店還可以透過鼓勵員工合理競爭、獎勵員工個人成就等方式削弱非正式組織成員間的聯繫。

在西方國家的飯店中，工會屬非正式組織，它以提供集體工資福利和工作保障為吸收會員的基礎。顯然，它削弱了飯店正式組織的權利，而又沒有減少飯店正式組織的責任。

在中國國有飯店裡，不僅有以總經理為首的行政組織，而且有以黨委書記為首的黨的組織和以工會主席為首的工會組織。與西方飯店不同，它們都是正式組織。為了防止這些組織之間因關係處理不當而產生正式組織權力被削弱而責任沒有被減少的現象，中國《企業法》規定，企業成立企業（飯店）管理委員會，總經理、黨委書記、工會主席、婦聯主任、共青團書記是這一委員會的當然成員；總經理任委員會主任，如發生爭議，按總經理的指示辦，其他成員可保留意見，向上級組織反映。這樣做就較好地處理了這些組織間的關係。另外，將其他組織納入飯店正式組織的體系中也是一種有效的協調方式，如飯店的黨委書記兼飯店副總經理等。

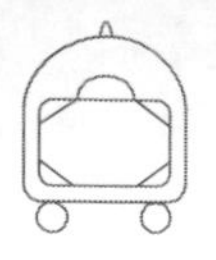

在中國，以「人情關係」為基礎組成的非正式組織給飯店（尤其是國有飯店）帶來的負面效應也較為嚴重，許多飯店甚至只有透過採用聘請外方管理集團的方式才能消除人情關係對管理工作的干擾。因此，對中國國有飯店中的人情關係問題，飯店管理者必須十分重視。

案例

母親節前夕，北京宇洋飯店總經理辦公會議正在熱烈的氣氛中進行著，今天的議題比較新鮮：下周的母親節怎麼過？

母親節，這在西方世界裡已經有九十多年的歷史了，而在中國，許多人才剛知道這個節日。宇洋飯店卻不然，他們把這一神聖節日當做向員工表達愛心的良機。自從開業那年起，每年都要絞盡腦汁，舉行各種活動，過好母親節，讓飯店充滿愛心。

大家在會上七嘴八舌，各抒己見。有的建議送禮品，有的建議搞聯歡，還有的建議請員工家屬到外邊玩玩。在熱烈討論的時候，李總說話了：「我建議今年咱們換個方法過。大家想想看，飯店的成功是誰的功勞？是我們的員工。沒錯，他們沒黑夜沒白天地拚命苦幹才打下今天的『江山』，但他們的靠山又是誰呢？那就是養育和支持我們員工的每一位母親！她們默默無聞、辛辛苦苦、無怨無悔地奉獻著，有了她們才有我們宇洋的今天！」聽到這兒，大家都很感動，有的點頭，有的沉思，有位年長的女士眼裡充滿了淚光，她彷彿看到年邁的媽媽在燈下操勞的身影。

李總深沉地說：「世界上母親最偉大，為了表達對母親的愛，我建議，母親節那天，我們送每位員工一枝康乃馨，請他們敬獻給自己的母親，並轉達飯店全體員工對媽媽們的敬意與祝福！」他的話未說完便立刻被熱烈的掌聲打斷了，大家一致贊成這個提議。伴隨康乃馨送到各位母親手裡的還有兩張價值150元的飯店火鍋城的餐券。

有一批家在外地的員工怎麼辦呢？最後決定，給每位員工發一張等值的電話

磁卡，可以用飯店的長途電話和爸爸媽媽說說心裡話。

5月14日那天傍晚，很多員工攙扶著自己的母親，手拿著鮮紅的康乃馨，步入宇洋飯店的大餐廳。他們說著、笑著、唱著、鬧著，個個臉上泛起紅暈，整個餐廳像一個百花盛開的大花園。

（摘自蔣一㴞：《酒店管理180例》，東方出版中心）

本章小結

飯店組織是飯店運轉的前提和紐帶，對組織成員相互關係的處理、積極性的發揮、工作效率的提高將會有重要影響，並最終影響飯店的服務質量和經濟效益。因此，構建有效率的飯店組織一直是飯店管理者最重要的職能之一。飯店管理者不僅要設置合理的組織機構並為之配備人員，還要明確各部門和人員的責、權、利關係，制定一系列科學的管理制度，更重要的是建立一整套先進的人力資源管理體系，確定員工招聘、完善激勵機制，讓組織中最活躍的因素——人力資源在組織運行中發揮更大的作用。

複習與思考

1.簡述飯店組織的概念及組成部分。

2.簡述飯店組織設計的原則。

3.按需設置原則主要表現在哪幾個方面？

4.簡述分工協作原則的主要內容。

5.簡述命令與指揮統一原則的內容及其重要性。

6.什麼叫管理幅度？確定管理幅度的大小應考慮哪些因素？

7.飯店組織主要有哪幾個管理層次？各自有哪些職責？

8.什麼是飯店組織效能？其評價標準有哪些？

9.什麼是直線－職能制組織結構？採取直線－職能制容易產生什麼問題？

10.什麼是事業部制組織結構？它有哪些優缺點？

11.飯店崗位設計的原則是什麼？設計崗位應考慮哪些因素？

12.飯店的組織制度有哪幾大類？各有什麼主要內容？

13.簡述進行飯店人力資源計劃的步驟。

14.飯店招聘的方法有哪幾種？

15.飯店員工培訓主要包括哪幾方面的內容？有哪些培訓方式？

16.什麼是績效評估？

17.如何有效地激勵員工以提高員工的工作積極性？

18.什麼是飯店的非正式組織？它有哪些特點？

19.如何對飯店的非正式組織進行管理？

第 3 章 飯店產品

章節導讀

飯店產品是飯店企業經營管理的出發點，飯店的一切活動均圍繞著飯店產品進行，正確理解飯店產品的概念及特點，對飯店從業人員至關重要。同時，在競爭激烈的現代飯店業中，飯店產品不能一成不變，必須不斷創新和改進，飯店產品的開發和營銷成為飯店經營活動中永恆的主題。

重點提示

講解飯店產品的定義和構成要素。

講述飯店產品的主要特性。

介紹飯店產品的生命週期及其新產品的開發。

講解飯店營銷活動內容及營銷組合策略。

第一節 飯店產品的定義

在現代社會中，消費者與飯店的接觸機會日益增多，外出遊客大多數要入住飯店，當地居民也常常到飯店進行餐飲、娛樂和健身等消費，這些消費行為的完成過程就是對飯店產品的購買過程。那麼，究竟什麼是飯店產品，這就是本節所要討論的主要內容。

一、飯店產品的定義

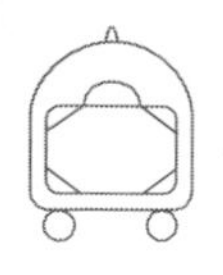

我們從飯店客人的消費行為角度來探討飯店產品的定義。

首先，從產品的功能來看。以住店客人為例，他們除了要飯店提供住宿服務外，還往往希望能在店內用餐、休閒，商務客人還會要求飯店提供商務設施與服務。單個客人對飯店會有多種需求，不同的客人更是需求各異。為了滿足客人多方面、多層次的需要，飯店產品已從單一的住宿產品逐漸發展成為包括餐飲、商務、會議、健身、娛樂等多項功能的綜合性產品。

其次，從產品的形式來看。光滑閃亮的大理石地面、精美雅緻的工藝品、風格各異的大小餐廳、溫暖舒適的客房、器材豐富的健身房等等有形的設施設備都是為了滿足客人的不同需求而出現的新型的飯店產品。這些設施設備發揮功效又依賴於員工的服務，甚至有些服務的提供不必依賴於有形的設施設備，如行李服務。可見，飯店產品是有形的實物產品和無形的勞務服務的總稱。

第三，從產品的檔次來看。雖然飯店的等級檔次相對固定，各檔次的飯店有著與各自等級相應的目標客源市場，但同一市場上的消費者其消費水準仍有差異。為了爭取更多的客源，為其提供更多的選擇，飯店在設計產品時往往是多層次的，既有較低消費層次的產品，也有較高檔次的產品。如三星級飯店中既有標準間也有套房，標準間又有普通標準間和商務標準間之分，套房也有普通套房、商務套房、豪華套房和總統套房等區別。由此可見，飯店產品就是以滿足客人多層次消費需求為特徵，提供多種實物產品和勞務服務的綜合性產品。

二、飯店產品的實質

飯店產品作為一種商品，是以生產者和消費者雙方需求的滿足和利益的實現為存在基礎的。

從飯店產品生產者即飯店從業人員的角度而言，生產飯店產品能滿足兩方面的需要：

（1）物質利益需要。即從飯店產品的生產和銷售中獲取經濟方面的利益。飯店經營者、飯店管理者和飯店員工又有各自不同的利益追求：

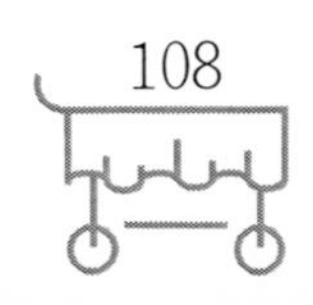

飯店員工：獲得工資、加班工資、獎勵和小費。在中國，員工工資一般按月計算，國外大多數國家則通常以小時計算。

飯店管理者：獲得薪水以及與管理業績相結合的獎勵或營業額提成。

飯店經營者：獲得最終的經營利潤。

由於經營利潤＝營業收入－營業成本－營業稅，而飯店員工和飯店管理者的收入是營業成本的一部分，與飯店經營者的利益衝突。因此，飯店管理的一個重要任務便是協調三者之間的矛盾，並把矛盾轉化為三者共同的利益，即擴大產品的生產和銷售，儘可能地爭取最多的營業收入，使三者共同獲利。

（2）自我實現需要。這是一種超脫於物質方面的精神上的需求，也就是終極性價值的實現。如飯店經營者社會知名度的提高，管理者和員工職位的晉升、自我價值的實現等等。

從飯店產品消費者即飯店客人的角度看，購買飯店產品的過程也就是其完成一次消費行為的過程。在這一過程中，他們期望獲得物質上的享受和滿足，也期待精神上各種需求的實現，如得到尊重、受到關注等。

因此，飯店產品實質上是價值滿足的綜合體。它不僅是產品消費者價值滿足的綜合體，同時也是產品生產者價值滿足的綜合體，如果產品生產者不能從產品中得到價值滿足，這種產品就不會被生產。生產者和消費者的行為都建立在這樣一種預期上：這項產品能實現自我價值。所以，設計和生產飯店產品時必須兼顧生產者和消費者的需要，使飯店從業人員和客人都能從飯店產品的生產、交換和消費過程中獲得價值滿足。

三、飯店產品的構成

任何產品都包括兩個構成要素：一是產品的有形特徵，即產品的物質因素和物理特徵；二是產品透過其物理特徵提供給消費者的各種利益。飯店產品同樣如此。我們通常將飯店產品的這兩個構成要素定義為核心產品、外形產品和延伸產品三個部分（見圖3-1）。

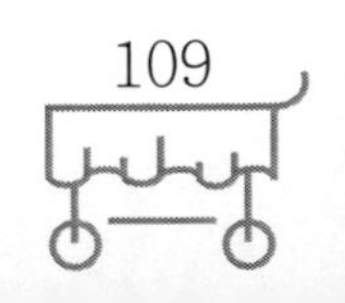

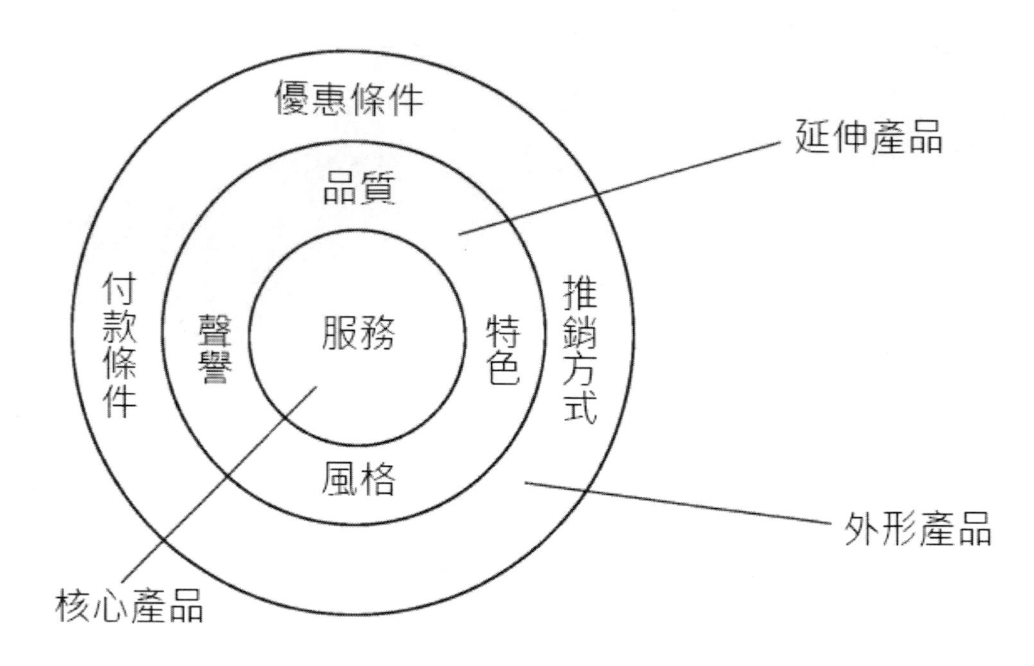

圖3-1 飯店產品構成要素

（一）核心產品

指滿足客人需要的飯店產品的核心效用，是客人所要購買的飯店產品的實質性東西。例如，客人購買客房產品的核心目的是滿足其在旅居期間休息、享受或確保其隱私的需要。飯店營銷的任務就是要瞭解目標市場對產品的真正需要，以便為其提供相應的服務。

但是，核心產品只是一個抽象的概念，同一類型飯店產品的核心效用基本相同，不具備可識別性。比如，五星級飯店的核心產品效用是為客人提供膳宿、娛樂、健身、商務等服務，低星級飯店的核心產品則是清潔、簡單、便利的膳宿服務。因此，飯店產品的核心效用必須透過一定的形式，即飯店產品的外形部分才能出售給客人。

（二）外形產品

指可以感知的飯店產品的質量、特色、風格、聲譽、建築等部分。它是用來說明核心產品的效用及其構成要素的，如飯店的地理位置、建築特色、環境氛圍、服務質量、服務風格等，因此是飯店產品中最為直觀的部分，也是一家飯店產品區別於其他飯店產品的根本特色所在。為樹立飯店良好的形象，外形產品的設計受到飯店經營者的極大重視，尤其是近幾年，CIS形象識別系統理論在各企業得到推廣以來，飯店產品的外形部分日益完善。

（三）延伸產品

指客人在購買飯店產品時得到的附加利益的總和，如飯店為客人提供的優惠條件、價格折扣、特別服務、訊息服務、對兒童和殘疾人的特殊服務等。延伸產品對客人來説並不是必不可少的，但它對飯店產品的完整性及飯店產品的吸引力有很大的影響。在激烈的競爭中，它們往往成為客人選擇飯店產品的重要法碼。許多飯店為保住老客戶、擴大新市場，都把目光瞄準延伸產品，在各種優惠條件、特殊服務上大做文章。

飯店產品的三部分密切結合，構成了飯店產品這一有機整體。其中，核心產品的效用透過外形產品加以展現，外形產品則透過延伸產品得以完善。飯店經營者在進行產品營銷時，應注意發揮產品的整體效能，並在外形部分和延伸部分上形成特色，贏得競爭優勢。許多飯店都把提高產品質量作為吸引客人、應付競爭的有效手段。而延伸產品為客人提供了許多附加利益，能對客人形成獨特的吸引力，有助於飯店保持和擴大市場，因此，從一定意義上説，未來產品的競爭，將集中展現在延伸產品方面。

第二節 飯店產品的特性

飯店產品是有形設施和無形服務的結合，因此它們具有自身的特性。只有深刻理解了飯店產品的特性，才能創造出富有特色的飯店產品，在競爭激烈的市場中占據一席之地。

一、服務性

從本質上講，飯店的主要產品是服務。因為飯店的經營活動以租讓飯店設施

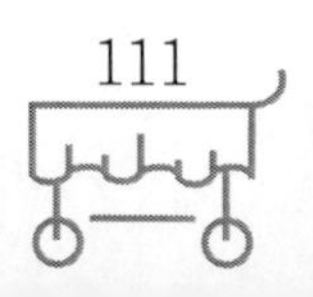

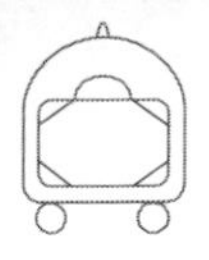

使用權的形式進行，消費者只是在一定時期和空間內購得床位、餐位或其他設施的使用權，而無法占有它們。由此可見，飯店的有形設施不是能夠獲得所有權並可以攜帶移動的實物商品形態，而是飯店服務銷售的輔助形態。這就決定了飯店的核心和本質是提供服務，飯店的產品歸根結底是一種服務產品，由服務項目、服務質量、服務設施及服務環境等部分構成。

飯店產品的服務性，使飯店有別於其他生產和銷售實物產品的企業，也決定了飯店在經營活動上具有一些特殊性。

1.無形性

指的是飯店勞務服務具有看不見、摸不到、非物質化、非數量化等特點。

飯店產品的無形性，使飯店很難向客人描述和展示其服務項目，給營銷工作帶來了很大困難。客人在作出購買飯店產品的決定時，也感到風險較大。對此，飯店經營者要儘量使無形的產品有形化，爭取並創造不同於競爭者、使客人易辨認、為客人所熟悉的飯店的永久性標誌。同時還要研究消費者心理，運用恰如其分的推銷方式。

飯店產品的無形性也決定了產品無專利權的特點，使新產品極易被競爭對手模仿。為了在激烈的競爭中立於不敗之地，飯店經營者應不斷進行產品革新，同時也要善於吸取競爭對手或其他企業產品的優點，為我所用。

2.不可儲存性

也稱勞務服務的即逝性，亦即勞務服務不能被儲存以備後用。

飯店服務是一種行為，不存在獨立的「生產」過程，只有當遊客購買並現場消費時，設施與服務相結合的飯店產品才得以存在。雖然設施設備及勞力可事先準備，但它們僅僅代表了飯店的生產能力或接待能力，而不是服務產品本身。當需求不足時，生產能力超過現有賓客需求量的那部分價值就會白白地喪失；當需求超過供給時，也沒有儲存的飯店產品可以利用。所以，飯店要根據需求提供服務，同時要控制需求，使之與供給能力相適應。

飯店產品的需求量波動較大，一年中有淡季和旺季，一週中有高峰和低谷，

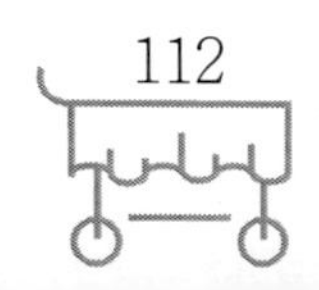

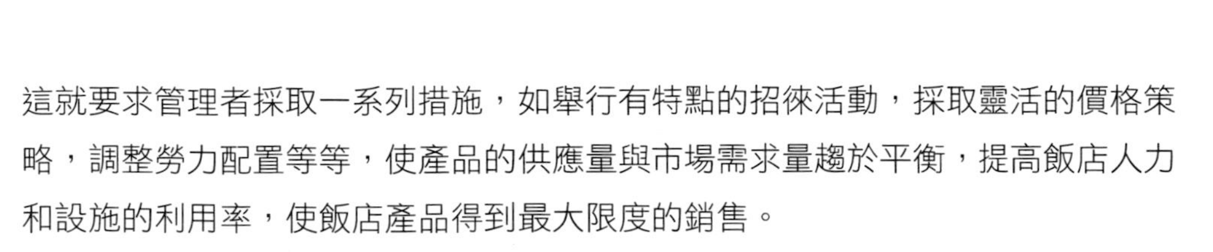

這就要求管理者採取一系列措施，如舉行有特點的招徠活動，採取靈活的價格策略，調整勞力配置等等，使產品的供應量與市場需求量趨於平衡，提高飯店人力和設施的利用率，使飯店產品得到最大限度的銷售。

3.生產與消費的同一性

即只有當客人來飯店消費時，飯店產品的生產過程才開始。飯店產品的這一特點，決定了飯店的規模必然受區域所限，飯店必須根據目標市場的大小設計接待能力，同時要重視完善服務產品的生產和銷售環境，營造良好的消費氛圍。

生產與消費的同一性也使飯店員工的服務行為成為客人消費經歷的組成部分，他們在生產過程中的態度很大程度上影響著客人對飯店產品的滿意度。為提高飯店產品的質量，必須對員工進行認真的培訓，強化他們的服務意識，提高他們的服務技能。

面對面的服務時，服務人員具有雙重身分，即產品的生產者和產品的營銷人員，因此，服務人員既要精於服務，又要善於推銷。他們服務質量和營銷水準的高低，都會成為客人是否重複購買飯店產品的決策依據，並且在一定程度上影響著客人的消費水準。

二、獨立性與組合性相結合

飯店是一個由多個部門組成的多功能綜合性企業，每個業務部門都有自己獨具特色的產品，如客房部的住宿產品、餐飲部的餐飲產品、娛樂部的娛樂產品等，各種產品都具有相對的獨立性。此外，由於飯店產品的生產即服務過程是員工和客人在多個不同的空間面對面進行的，這使得同一部分各單項產品的獨立性更加突出。

但是，從飯店角度出發，一家飯店推向市場的形象只有一個，即飯店形象；產品也只有一個，即整體產品。一位客人旅居生活的圓滿結束，是由各部門提供的各單項產品共同發揮效用實現的。隨著客人的需求向多元化、深層次方向發展，飯店的功能越來越多，分工越來越細，飯店產品的組合性也越來越明顯。客

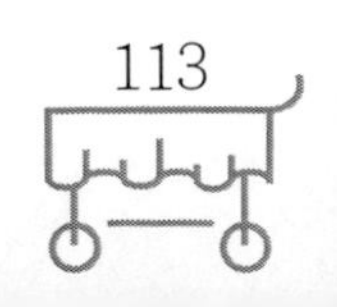

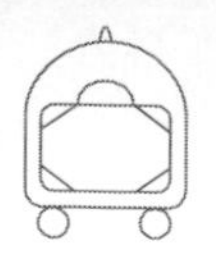

人住房期間會與各業務部門發生聯繫，並享用這些部門生產的產品，各業務部門圍繞著客人活動運轉，各分散獨立的單項產品也就由客人這條主線聯繫成一個整體產品，形成各單項產品之間的緊密組合。因此，飯店產品是獨立性與組合性相結合的產品。

飯店通常要在同一時間的不同空間滿足不同客人的各種需要，也要在不同時間的不同空間滿足同一客人的多種需要，針對飯店產品獨立性和組合性相結合的特點，飯店必須在產品的生產和銷售過程中做好以下幾方面的協調工作：

（1）強調飯店空間布局的綜合協調性

飯店的空間布局既要滿足客人和市場的需要，又要產生良好的經濟效益。在布局時，各種產品都要有一定的比例，具體量值要根據市場和環境定，以求達到最佳的綜合效益。

（2）強調飯店的服務規格和質量的一致性

客人在飯店的不同空間得到的服務，要求有相同的服務規格和質量水準，有和諧一致的文化氛圍，使客人不管享用哪一項單項產品，都能感受到統一的飯店企業文化內涵。

（3）強調飯店單項產品間的緊密聯繫性

飯店各單項產品並不是孤立的，它們有著密切的關聯性。這些產品之間的聯繫是否緊密，直接關係著客人在店內的活動能否順利進行，影響著客人對服務質量的評判，進而會影響飯店的形象和聲譽。因此，飯店必須對產品的生產和銷售實行全過程、全方位的管理，根據客人的活動規律及各部門、各環節、各崗位的特點，分別制定接待服務程序和操作規程，保證業務之間的順利銜接。

飯店是一個系統，飯店產品價值的實現以各單項產品價值總和的形成為基礎。因此，飯店必須做好各單項產品的綜合協調工作，以期以產品的最佳結構形式來達到理想的效益目標。對各部門的產品進行綜合平衡，並不意味著平分秋色，而應以突出某一部門的產品為重點或特色，以重點和特色帶動全局，或以犧牲某些部門的某些利益來確保飯店綜合效益的實現。

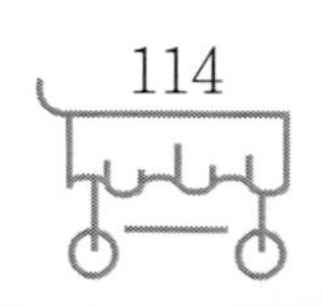

此外，飯店必須重視對員工工作自覺性的培養。飯店產品的獨立性決定了員工有較大的自由支配自己的行為，從而加大了對員工實施人為監督和控制的難度。因此，在生產組合性和協調性很強的飯店產品時，必須強化員工的自我約束意識，使其嚴格按照飯店制度和操作規程規範作業，同時還要注意與各部門、各崗位的業務協調。

三、標準化與個性化相結合

是指用規範化的產品來滿足客人的共性要求，用個性化的產品來滿足客人的個別要求。

飯店產品的生產過程往往是從店員與客人直接接觸開始的，為了確保員工提供質量穩定、快速優質的服務，飯店普遍針對客人經常的、重複的、必然的需求制定出標準規範，員工按標準運作，以有序的服務來滿足各種常規性的需要。這就是標準化服務，其核心是科學化、規範化、制度化、程序化。標準化服務克服了服務過於隨機的弊端，能夠基本保證服務質量，並滿足客人的一般性需求。

但是，客人的情況千差萬別，消費過程中還會隨時發生一些「例外」事件，僅有統一的標準化服務不能解決「眾口難調」這一問題。對客人個別的、偶然的、特殊的需求需要透過標準化之外的服務來解決，由此產生了「個性化服務」這一概念。個性化服務與一般意義上的標準化服務的區別在於，個性化服務更為主動，更為靈活，它是規範化服務的補充和提高，旨在最大限度地滿足客人的個人需要。

現在，大多數飯店已很難透過進一步提高質量、降低成本或提高市場反應速度獲得持續的競爭優勢，飯店服務質量的差別日趨縮小，更何況人們對質量的判斷往往較為主觀，沒有統一的標準，因此，給予客人特殊的關注已成為競爭客源的重要手段，是未來飯店業成功的關鍵。飯店產品標準化與個性化相結合呈不可逆轉趨勢。從總體上看，產品的個性化程度與飯店檔次有直接關係，飯店檔次越高，個性化產品越多，甚至許多個性化產品已被規範化、標準化，如很多高星級飯店規定入住一定次數以上的客人可享受某些特殊待遇。至於中低檔次的飯店，

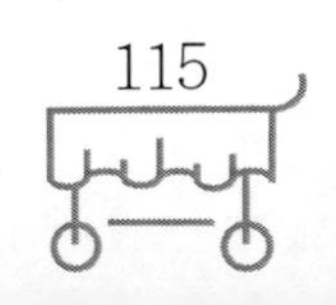

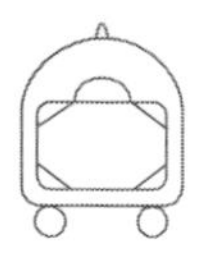

在嚴格推行標準化服務的基礎上，也可適當提供一些力所能及的個性化服務。個性化服務主要有靈活服務、癖好服務、意外服務、心理服務和管家（concierge）服務等。

1.靈活服務

這是最普通的個性化服務。概括地說，不管是否有相應的規範，只要客人提出要求，且是合理的，飯店就應盡最大可能予以滿足。靈活服務對技術技能的要求不高，但卻最不可捉摸，它要求員工具備積極主動的服務意識，做到心誠、眼尖、口靈、腿勤、手快。

2.癖好服務

這是比較規範、有針對性的個性化服務。建立客人檔案是提供此類服務的依據。例如，北京王府飯店有位有潔癖的常客，每次入住前都先預訂，以給飯店足夠的時間徹底打掃房間。為此，飯店專門就他下榻的房間制定了一套特殊的清潔制度，如每天增加清掃次數，且必須當客人面打掃；每天更換沙發套、窗簾、桌布；嚴禁觸摸私人物品；房內所有布件清一色純白，包括地毯都用厚實的白布包裹起來。這位客人感動地表示，他在世界各地住過許多飯店，其中王府飯店最理解他，服務質量也最高。事實證明，尊重客人的癖好，提供有針對性的服務，是保持較高賓客回頭率的重要法寶。

3.意外服務

意外服務並非客人原有的需要，而是在旅居過程中發生了意外事故，客人急需解決有關問題。在這種情況下，「雪中送炭」式的個性化服務必不可少。如客人在住店期間患病或受傷、丟失貴重物品等，若能急客人之所急，想客人之所想，在客人最需要幫助的時候提供到位的服務，客人必將萬分感動。

4.心理服務

凡是能滿足客人心理需求的任何個性化服務都將為客人帶來極大的滿足感，這要求飯店服務人員有強烈的服務意識，主動揣摩客人心理，服務於客人開口之前。例如，餐廳裡若來了一對年輕的情侶，帶位員應該把他們領到僻靜的餐位

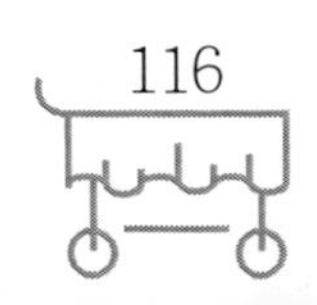

上，服務員在服務時也應注意儘量不要干擾客人，不要長時間站在他們的餐位邊。

5.管家服務

可譯為委託代辦服務，在國際上已成為高檔飯店個性化服務的重要標誌。下面作一簡要介紹。

concierge源於法語，原來是指古時酒店的守門人，負責迎來送往和掌管客房鑰匙，現在專指提供全方位「一條龍服務」的人員。其職責幾乎無所不包，只要不違反道德和法律，對客人的任何要求管家都應盡力滿足。管家已成為高檔飯店個性化服務的重要標誌，是否設置管家很大程度上決定著一家飯店個性化服務的水準。事實證明，管家創造了許多飯店服務的奇蹟，被許多飯店當作一種特色服務來發展。

管家是飯店的精英，他們所承擔的使命和為飯店帶來的聲譽是飯店裡其他任何員工都無法望其項背的。管家的首領被稱為「金鑰匙」，見多識廣、經驗豐富、謙虛熱情、彬彬有禮、善解人意是「金鑰匙」的特有品質。他們穿著燕尾服，上面別著十字形金鑰匙，這是管家的國際組織——「國際金鑰匙協會」會員的標誌。國際金鑰匙組織的要求是：「忠誠」，對客人忠誠，對企業忠誠，對社會、法律忠誠。它要求管家堅持「賓客至上，服務第一」的原則，透過高超的服務技巧和廣泛的聯繫網絡，急客人之所急，解客人之所難，就如萬能的金鑰匙一樣為客人解決一切難題。管家經常不得不對客人說：「對不起，我不知道」，因為客人的需求面太廣了；但他接著必然會說：「我一定設法辦到」，這幾乎是全世界所有管家的職業口頭禪。

1995年11月，來自北京、上海、廣州、南京等地的22家國內高級飯店的代表在廣州白天鵝賓館召開了第一屆中國飯店管家研究會，國際金鑰匙協會主席和數家外國飯店的管家出席了會議。中國第一把「金鑰匙」產生於廣州白天鵝賓館，目前已有數十人被接納為金鑰匙組織成員。白天鵝賓館的首席管家任國際金鑰匙組織中國區的首席代表，這標誌著中國飯店業在與國際服務標準接軌上跨出了一大步。

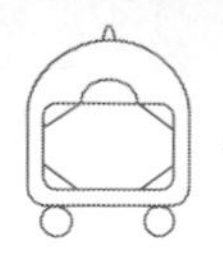

「金鑰匙」們在委託代辦的崗位上創造了難以數計的奇蹟，下面略舉數例：

一位中東客人乘坐私人直升飛機下榻某飯店，他希望改裝一下這架直升飛機，便委託「金鑰匙」承辦此事。完成之後，他又提出將20對寵物送到美國的阿肯色州，「金鑰匙」又乾淨利落地完成了這件差事。

某美國客人在英國倫敦預訂了房間，但他不願意隨身攜帶大堆行李，該飯店的「金鑰匙」立即派人橫渡大西洋去接那位客人。

1995年中國廣交會上，一位泰國客人告訴白天鵝賓館的「金鑰匙」，他想購買2000隻孔雀和4000隻鴕鳥。「金鑰匙」接到任務後，記起數年前新聞媒體曾報導過的「廣州十大傑出青年」中有一位開辦了一家野生動物養殖場，於是他即刻進行聯繫，在客人提出要求15分鐘後就尋找到了貨源，之後，又將這些動物運送到指定的地點。

美國著名學者塔克爾在《未來贏家》一書中，將「便利」和「服務至上」列入未來十大趨勢之中。他認為，任何一個企業，如果它的便利係數和服務質量高過它的同行，那麼它在為客戶提供便利和服務上獲取的利潤將遠遠超過為此所付出的費用，該公司必然成為未來贏家。管家就是一種為客人提供便利和高品質服務的新型服務產品，是符合現代飯店業發展趨勢的最高境界的服務，能很好地滿足客人的自尊心和特殊需求，因此有著得天獨厚的發展優勢和巨大潛力。

以上列舉了五種個性化服務方式。提供個性化服務，一項很重要的基礎工作是建立客人檔案，當然服務人員的素質也很重要。也就是說，各種事情的完滿處理和妥善解決，取決於服務人員的應變能力和技能技巧，而應變能力和技能技巧的運用程度又取決於他們的自覺程度和積極性，因此飯店必須強調從業人員的素質教育：一要對全體員工進行不懈的思想教育，建立有效的激勵機制，發揮員工的主觀能動性；二要透過培訓和實踐，使員工掌握工作規範和操作標準，培養其處理問題的應變能力；三要建立一套完整的考核方法，用制度和規範促使員工進行自我約束。

第三節 飯店產品的開發

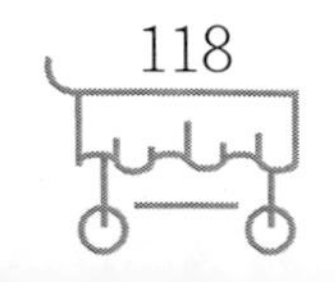

飯店、產品以及客人三者之間的關係是動態的，非固定不變的。客人的需求是不斷變化的，任何受市場歡迎的飯店產品都有被市場淘汰的一天，因此，不斷開發飯店新產品是飯店經營管理永恆的課題。

一、飯店產品的生命週期

每一種產品都是為滿足消費者需求而出現的。隨著社會的發展、人們生活方式的改變以及價值觀念的更新，市場需求會不斷變化，產品的興衰過程由此產生。飯店產品同樣如此，它的生命週期可分為四個階段：導入期、成長期、成熟期和衰退（再生）期。如圖3-2所示：

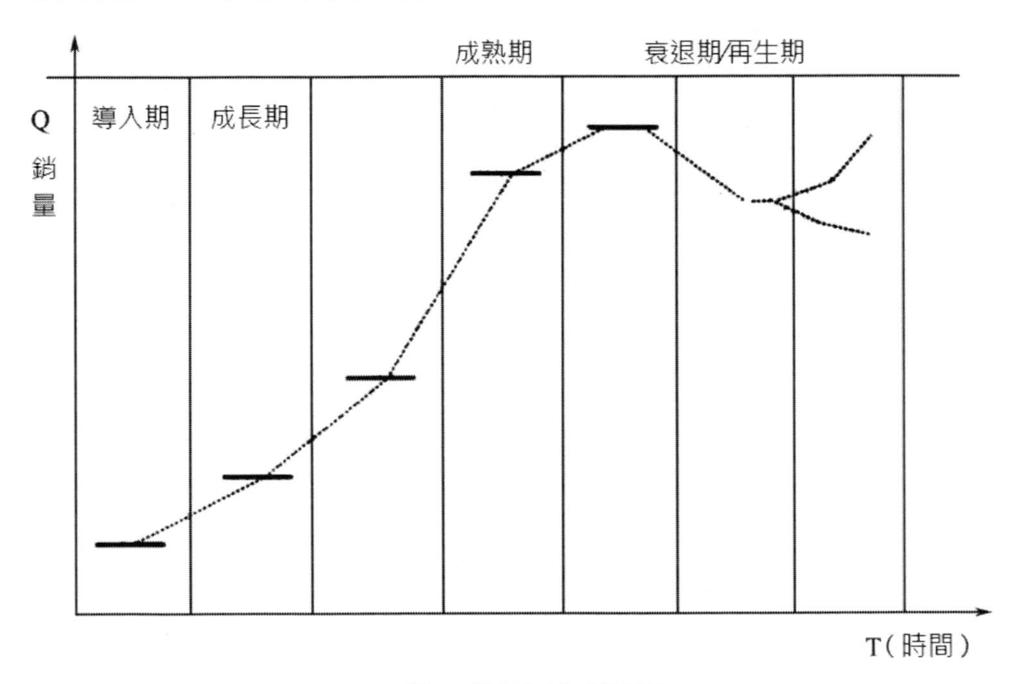

圖3-2 飯店產品生命週期線

（一）導入期

或稱介紹期，是飯店產品的「嬰兒期」。產品在這個階段通常有如下特徵：

（1）產品剛進入市場，尚缺乏知名度，消費者不太清楚產品的特點及效用，所以銷售量上升速度緩慢，銷售額較低。

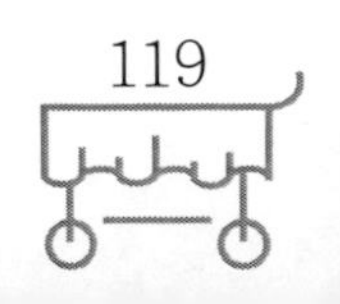

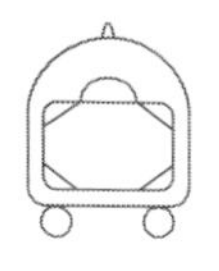

（2）生產費用和營銷費用都較高，因此成本相應增加，利潤偏低，甚至可能出現無利潤或虧本的情況。

（3）飯店面臨的競爭壓力很小，甚至沒有競爭對手。

（4）飯店經營者通常不以高利潤作為追求目標，主要致力於提高新產品的市場知名度，加大廣告宣傳力度，並在質量上不斷完善，以期樹立較好的口碑。產品的導入期不宜過長，以免市場疲軟，經營者要密切關注市場反應，及時改進質量，調整價格與營銷策略。

（二）成長期

經過導入期，消費者對某產品有了一定的瞭解，開始形成需求。當產品基本為市場所接受時，就進入了成長期。此時，產品具有如下特徵：

（1）銷售量穩步上升。

（2）由於客源漸漸穩定，產品已基本定型，邊際成本隨銷售量的上升而逐漸下降，利潤迅速增加。

（3）市場競爭開始，仿效產品出現。

（4）飯店產品的進一步完善主要透過增加服務項目來完成。

（5）經營者應努力在保證產品質量的基礎上，挖掘市場潛力，擴大促銷層面並開始著手推出新產品。此外，由於邊際成本下降，可以適當降低產品的價格以增加競爭力。

為使產品順利地過渡到成熟期，必須在成長期內創出品牌，培養數量可觀的忠誠顧客。

（三）成熟期

當產品銷售量的增長速度明顯放慢，即產品已被大多數潛在的購買者所接受的時候，該產品便進入了成熟期。這一階段產品的主要特徵為：

（1）競爭對手日益增多，市場上不斷出現替代產品和仿效者。

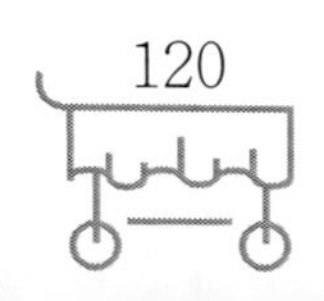

（2）花費在應付競爭對手、維持市場占有率上的費用大大增加，企業利潤率開始下降。

（3）在群雄逐鹿的成熟期，某些產品極有可能被淘汰。

此時飯店的主要任務是努力維持已有的市場占有率，並採取進攻性戰略，發現新需求，開發新產品。為延長成熟期，飯店應保證產品質量，努力提高回頭率；注重內部營銷，加強飯店文化建設；調整營銷組合因素，如運用降價、折扣、拓寬銷售渠道等方法，最大限度地刺激消費。

（四）衰退期

導致產品進入衰退期的原因很多，如新產品的出現、新科技的應用、惡性競爭、市場需求發生變化等。這一階段的特徵主要表現為：

（1）市場出現過度飽和狀態，並被嚴重分割。

（2）產品銷售量的負增長態勢從平緩轉為急速，利潤率很低，甚至無利可獲。

（3）產品失去原有的吸引力，開始被其他產品所替代。

飯店經營者必須留意產品的假衰退現象，如由於營銷策略有誤所導致的銷售量直線下降的情況。此時，飯店若能及時發現癥結所在，對症下藥，銷售形勢仍有望改觀。

對於真正處於衰退期的產品，飯店應當機立斷將其撤出市場，集中力量開發新產品。也有一些飯店在成熟期成功地改進產品，使其進入新一輪生命週期。

飯店的多數產品存在生命週期。生命週期理論可以幫助飯店經營者瞭解一種產品、服務在何時處於生命週期的何種階段，以便採取最佳營銷策略。由於種種原因，一些產品不能按正常生命週期發展，因此，在具體運用飯店產品生命週期理論時切忌死背教條。

二、飯店新產品的開發

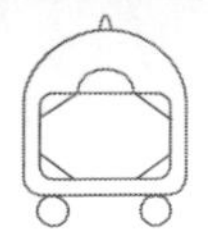

任何產品都不可能經久不衰，飯店的經營者必須經常構思、開發新產品，以取代有潛在危機的舊產品。

（一）飯店新產品的概念

是指與市場上既有產品有一定差別或完全不同的飯店產品。飯店產品整體中任何一部分的創新、更新、改善、重新定位與組合，都屬新產品的範疇，明顯特徵是能帶給消費者新的利益和滿足。

開發飯店新產品往往需要很高的費用，經歷複雜的過程，既要涉及設施設備的更新改造，又要考慮增加服務項目、提高服務質量。因此，開發飯店新產品時，更多的是對飯店產品的某一組成部分進行更新。

更新設施。中國不少飯店為滿足日益增多的商務客人的需要，把標準間改成帶大床的單人間，並在房內增加大辦公桌，加大照明度，增設多種商務辦公設備等。又如推出新菜餚。如前幾年上海許多飯店推出的海派菜，即是在淮揚菜的基礎上結合上海市民近年來崇尚低糖、低鹽、低脂肪飲食觀而開發的餐飲新產品。此外還有透過更新裝潢、開展特殊時段的促銷活動、印發全新宣傳小冊子、制定新的優惠措施等招徠顧客的。

近年來，根據客人需求的變化和科技的發展，高科技產品和個性化產品尤為引人注目。

（二）開發新產品的目的

開發飯店新產品的風險較大，成功率較低。然而，基於種種目的，飯店還是必須研究市場動態，不斷開發新產品。一般説來，開發新產品出於兩大目的：

1.增強競爭力，維持或增加利潤

當飯店原有的產品進入成熟期後期或衰退期，保持其市場優勢已十分困難且意義不大，為了求得生存和發展，飯店必須推出具有特色的新產品。所謂「人無我有，人有我精，人精我特，人特我轉」的經營方針，其實就是一種新產品開發戰略。

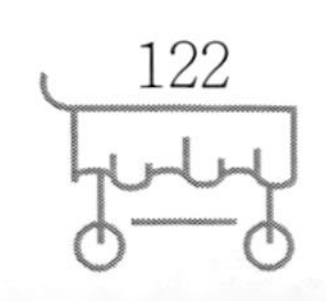

2.避免資源閒置，彌補淡季損失

飯店產品的季節性較明顯，容易造成淡季時人員和設施閒置，為了彌補淡季帶來的經濟損失，不少飯店積極探尋出路，開發新產品，以掀起第二個銷售高潮。例如風景名勝區內的飯店在旅遊淡季推出會議旅遊組合產品，利用價格優勢吸引客源。又如有些飯店在設備、場地及人力閒置的情況下，利用沿街地段開設快餐廳，針對當地大眾，薄利多銷，獲得穩定的收入。

（三）開發新產品的步驟

開發飯店新產品一般有以下六個步驟：

1.分析開發新產品的可行性

飯店經營者需要充分認識三方面的問題：

一是開發新產品的必要性。即透過分析多方面因素，如飯店原有的各種產品分別處於生命週期的哪個階段、競爭對手的產品狀況、新產品與原有產品的關係等等，來確定開發新產品的必要性。

二是開發新產品的意義。即研究新產品將對飯店帶來什麼益處，如是否有助於增加利潤，是否有利於安排剩餘勞動力和利用閒置設施，能否有效抑制競爭對手的強勁勢頭，能否使飯店維持甚至增加市場份額等等。

三是開發新產品的可能性。開發新產品要受多方面條件的制約，如資金、技術、人力、設施設備、空間、訊息、時間等，要對這些因素進行仔細的分析論證。

2.構思開發新產品的方案

開發新產品必須依據市場需求，因此這一階段要透過多種渠道來瞭解客人的需求。常見的方式有兩大類：

一類是直接徵詢意見。如向住店客人發放「賓客意見調查表」，走訪各類企業，邀請旅行社等旅遊企業開座談會等。

另一類是分析客人的抱怨和投訴。多數客人不會特意為飯店開發新產品出謀

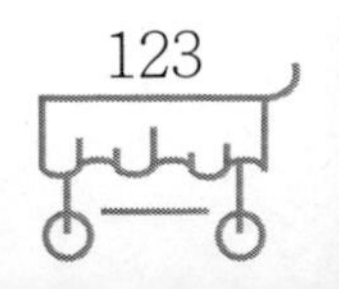

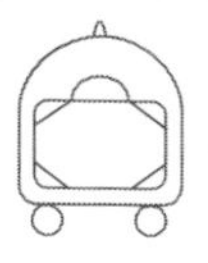

劃策，但是他們對飯店現有產品的評價會對新產品的開發提供有價值的訊息。例如，某飯店接到客人多次投訴，反映風味餐廳服務效率太低。經飯店調查發現，由於風味餐廳特色突出，常常爆滿，客人有時需要等座用餐，高翻台率也使廚師和服務員的勞動強度加大，常常應接不暇，服務質量自然下降。經過慎重研究，飯店擴大了風味餐廳的規模，增加了廚師和服務員，並增設了晚餐歌舞表演。此舉提高了客人的滿意度，也為飯店帶來了更多的經濟效益。

構思開發新產品的方案不是某個人或某部門能夠勝任的，必須依靠飯店全體員工的合作。因為員工是產品的生產者和銷售者，在與客人接觸的過程中能夠得到很多有關產品的意見和建議，飯店經營者應重視這一寶貴的訊息資源，建立必要的獎勵制度，發動全體員工為開發新產品提意見、出點子。

此外，飯店還應密切關注競爭對手的營銷動態，從中提取有價值的訊息。

3.挑選最佳方案

確定開發方案後，還不能馬上投入實施，必須經過進一步分析與研究，從中挑出最佳方案來。在篩選時往往定性分析與定量測算相結合，採用專家評定法、指數加權法、計算總分法、領導選擇法等方法。

4.組織開發新產品

選取了最佳方案後，就進入了產品的實際開發階段。主要工作有籌集資金、購買並安裝設備、招聘與培訓員工、組織新產品生產等；與此同時，還應制定相應的營銷計劃，以保證產品順利推向市場。

5.試銷新產品

為降低新產品的經營風險，飯店應先有選擇性地開展一些小規模的試銷活動，以觀察新產品在市場中的反響，估計新產品正式上市後的銷售量、市場占有份額與主要市場的構成。同時摸索新產品正式上市後飯店人力、財力、物力等資源的合理配置方案。

6.正式推出新產品

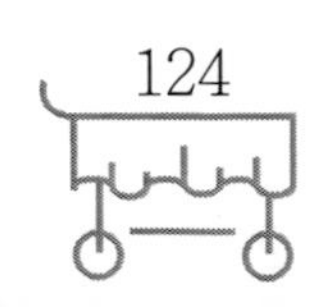

新產品經試銷後，飯店經營者要根據試銷結果對產品進行進一步調整與改進，然後選擇適當的上市時間，針對合適的目標市場，採用適當的營銷組合將產品推向市場，使新產品進入生命週期的第一階段。

以上是開發飯店新產品的六個階段。飯店經營者應該密切注意市場需求的發展趨勢，採用合理科學的方法與手段，開發出更有價值、更能滿足需求的新產品。

三、飯店產品的組合

近年來，為了挖掘飯店產品的潛力，增加產品的吸引力，飯店開始開發各種組合產品來吸引不同的客人。所謂組合產品，就是把兩個或兩個以上的飯店產品或服務項目組合起來，以綜合包價銷售給客人。

（一）組合產品分類

飯店開發的組合產品雖然多種多樣，但其開發原則都是相同的，即為客人提供方便並在給予客人利益的同時提高飯店產品的銷售額。根據飯店開發組合產品的側重面不同，可將組合產品分為兩大類。

1.針對目標市場及客人的消費活動組合產品

飯店針對特定的目標市場，結合飯店產品的特色，以客人的消費活動為主線，將多種產品組合在一起。常見的有：

（1）商務組合產品

即將住宿產品和某些特殊服務組合在一起提供給商務客人。例如，購買三晚商務樓層的住宿產品，可附加得到免費自助早餐、房內一籃水果、免費洗衣服務、隨意使用康樂中心內的設施、免費酒吧娛樂和迪斯可舞廳活動、免費租用電腦及結帳時間延長至下午2時。

（2）會議組合產品

一般包括使用會議廳，會議休息時間免費供應咖啡、茶水和點心，使用會議

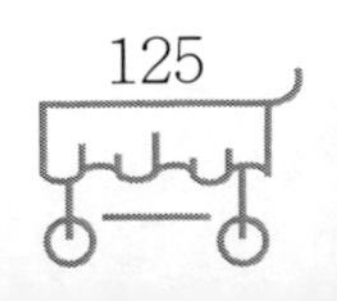

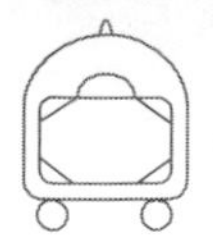

設備如幻燈、投影儀，以及提供會議期間的工作午餐。有的飯店還提供會議祕書服務、會議協調服務等。

（3）家庭組合產品

強調以經濟、實惠吸引觀光渡假的家庭遊客。產品中應包括為小孩提供的優惠服務項目，如18歲以下的未成年孩子與父母同住免加床費，提供看管小孩服務，小孩免費使用康樂設施和遊戲室，免費組團帶客人去動物園遊覽，餐廳提供兒童菜單和兒童餐椅等。

（4）婚宴組合產品

主要針對當地居民市場，強調喜慶氣氛，並儘量減少婚禮主持人的麻煩。例如新加坡文華酒店的婚宴組合產品包括以下內容：豪華級京式或廣式筵席；免費提供軟性飲料；四層精美結婚蛋糕一個；以鮮花和雙喜橫幅隆重布置婚宴廳；以乾冰效應製造婚宴氣氛；播放婚禮進行曲；免費贈送婚宴請柬；免費提供一晚新婚套房，內有鮮花、水果和香檳酒，次日提供免費床前美式早餐。該婚宴組合產品30桌起訂，每桌360新幣，深受新加坡高檔消費者的歡迎。

2.根據銷售需要，按不同時間組合產品

飯店出於銷售上的需要，為了提高淡季客房出租率而根據不同時間設計種種組合產品來吸引客源。此類組合產品往往強調價格優勢和超值服務，常見的有：

（1）淡季渡假產品

為促進淡季銷售，將7～10天的住宿加膳食以包價形式提供給客人，並提供免費娛樂活動。如義大利某飯店位於避暑勝地，冬季時為促進銷售，飯店推出了7日的「白雪周」組合產品，這個21萬里拉的包價產品包括：7日食宿，免費接送客人去滑雪地，免費使用滑雪地纜車，聘請滑雪教練提供免費培訓服務。這項產品吸引了不少滑雪愛好者，使飯店冬季出租率大大上升。

（2）週末組合產品

週末包價產品的特點是吸引客人在一週工作之餘來飯店休息和娛樂，達到放

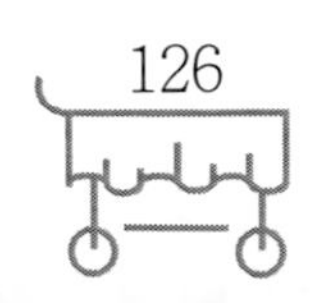

鬆身心的目的。這類產品一般包括娛樂或體育活動，如週末晚會、週末釣魚、週末雜技演出等等，將娛樂性活動加上飯店的食宿服務組合成價格便宜的包價產品，以提高商務型飯店的週末客房出租率。

（3）節日組合產品

這類產品主要是結合當地節日的特殊節慶活動，把節日食宿和慶祝活動組合起來銷售，使客人既能瞭解當地傳統風俗又能分享慶祝的氣氛，如龍舟節組合產品、木偶節組合產品、中秋賞月組合產品等。在中國，近年來湧現出一種典型的節日組合產品，即新年組合產品，內含除夕大餐、除夕晚會、標準房或套房住宿、自助餐等內容。

（二）開發組合產品的要素

開發組合產品涉及多方面的要素，必須綜合考慮。

1.銷售目的

飯店必須明確開發某一組合產品的目的，比如是為了增加銷售量，或是提高淡季設施利用率，抑或為了鼓勵某一市場購買。

2.銷售對象

在開發組合產品時，飯店必須明確目標市場是誰。例如福建泉州建福大廈考慮到當地許多企業經營者在夜間忙於業務應酬而無暇收看晚間電視新聞的情況，推出了「新聞早茶」組合產品，將晚間新聞錄製後於次日早茶時間在餐廳播放，並發送當日報紙。此項產品迎合了目標市場的需要，因此大獲成功。

3.組合產品的內容

組合產品既要滿足目標市場的需要，也要考慮費用問題以及飯店在經營上的可行性。比如某飯店在設計商務組合產品時，曾考慮免費提供祕書服務、影印服務、電傳服務等，但研究後發現，這樣會使服務成本居高不下，從而必將導致包價的高價格；此外，並非所有商務客人均需要這些服務，因此最終將這些內容撤下。

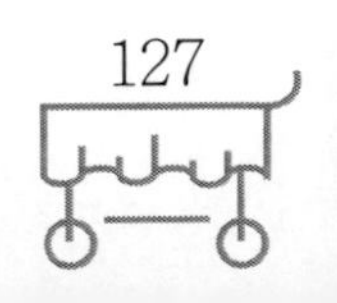

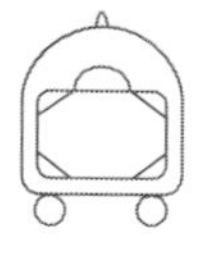

4.組合產品的價格

一般應比客人購買單項產品的價格之和略低，使客人感覺合算，並使中間商有利可圖；同時還要考慮競爭對手的價格，當然飯店本身也應得利。

5.推出的時間

應選擇在飯店需要增加營業量或市場出現新的機會時推出。針對不同類別的組合產品和目標市場，應採取不同的訊息傳遞方式，如：商務組合產品主要採取銷售人員訪問的形式，婚禮組合產品以當地報紙為主要推廣媒介，餐飲組合產品可採用大幅廣告來吸引客人。

第四節 飯店產品的營銷

飯店的營銷工作貫穿飯店經營活動的始終，它是為滿足客人需要和實現飯店經營目標而進行的一系列變潛在交換為現實交換的有計劃、有組織的活動。

飯店營銷活動所含的內容可用圖3-3表示。

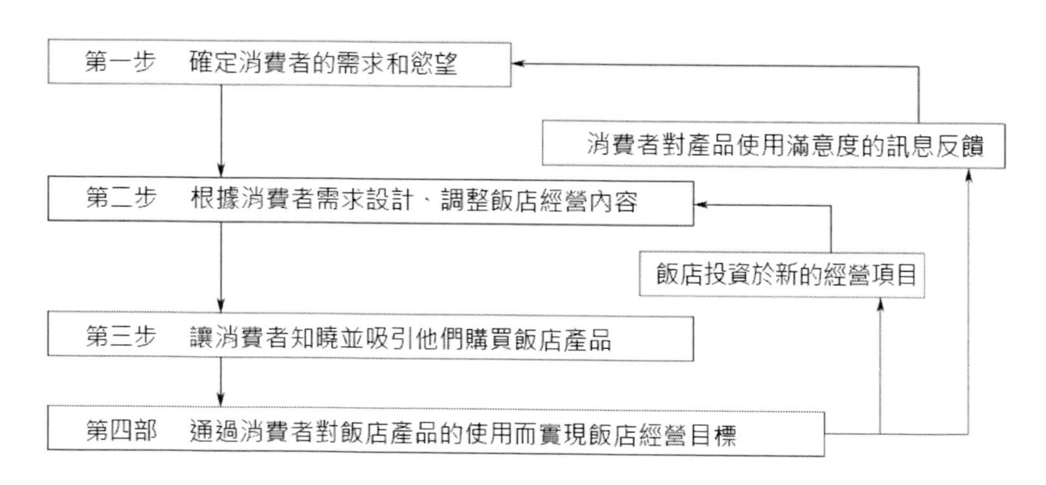

圖3-3 飯店營銷活動內容

一、飯店營銷任務

即採用多種手段來調節市場需求，促進飯店產品的銷售工作。

不同的需求狀況，有不同的營銷任務，歸納起來主要有以下六種：

（1）無需求。即目標消費者對飯店產品毫無興趣或漠不關心。如飯店推出一項新式餐飲服務、娛樂項目或客房服務，許多消費者因不瞭解這種服務而處於無需求狀態。在這種情況下，飯店營銷的任務是刺激市場，大力促銷，或採用其他措施設法把產品能提供的服務與目標客源市場的自然需求和興趣聯繫起來。

（2）潛在需求。即目標消費者可能對飯店的產品有強烈需求，但現有產品或服務無法滿足大多數人的這種需求。一般來說，人們對價格適中、經營項目靈活多樣的飯店產品有較強的潛在需求。飯店營銷的任務便是瞭解潛在市場的範圍，開發有效的服務項目來滿足這種需求。

（3）下降需求。即目標消費者對某一個或幾個飯店產品和服務的需求量呈下降趨勢。在這種情況下，營銷的任務是分析需求衰減的原因，改進產品質量，以重新刺激需求；或透過再營銷或開發飯店新產品扭轉需求下降的趨勢。

（4）不規則需求。即飯店產品需求量隨時間、季節的不同而發生變動。不規則需求不利於飯店經營活動的開展，營銷的任務是儘可能地改變需求時間的模式，可透過靈活定價、淡季促銷或較低價出租長包房等方式來完成。

（5）充分需求。即飯店所提供的產品和服務項目能充分滿足消費者的需求。飯店營銷的任務就是在入住客人的偏好發生變化、競爭日趨激烈時，努力保持目前的需求水準。飯店各部門必須協同一致，保證服務質量，保持客人較高的滿意度，以確保飯店擁有恆久的競爭力。

（6）超飽和需求。即飯店面臨的需求水準有時會高於其預期水準。例如，在重大節慶活動、大型世界性體育賽事期間，飯店的客房往往供不應求。這時，營銷部門可以透過提高價格、減少推銷活動和服務等手段抑制。

二、飯店營銷過程

飯店營銷的全過程包括分析市場機會、選擇目標市場、制定營銷計劃、規劃

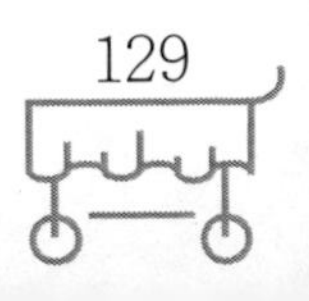

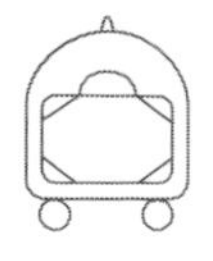

營銷策略以及控制營銷活動五個步驟。

（一）分析市場機會

1.營銷環境分析

飯店營銷環境是指影響飯店營銷活動的內部因素和外部因素所構成的系統。

飯店組織機構、飯店企業文化和飯店資源是評判飯店營銷環境的三類重要的內部因素。從組織機構看，飯店決策層人員的經營觀念與素質、部門的設置和分工協作、中層管理人員的素質和基層員工的職業形象等諸多因素是衡量飯店營銷優劣勢的重要內容；飯店企業文化，即全體員工的信念、期望、價值觀及職業化工作習慣的表達方式，是評判飯店營銷優劣勢的另一重要依據；此外，包括人力、物力、財力、時間及管理經驗和技術等內容在內的飯店資源也非常重要。飯店經營管理者透過對這些因素的分析，能夠明確自身優劣勢，制定出切合實際的營銷戰略。影響飯店營銷環境的外部因素通常包括市場、客人、競爭者、供應商、中間商、勞動力市場以及國際國內經濟、政治、文化及技術等眾多因素。具有良好營銷意識的經營人員通常都有審視營銷環境的洞察力，並善於發現和捕捉各個重要機會。

2.消費者行為分析

消費者行為受個人因素、社會因素及環境因素等眾多因素的影響，要想使消費者作出選擇本飯店產品的決定，飯店經營管理者就必須善於分析各類消費者的行為及影響其行為的各種因素。

首先是對內在原因進行分析。主要包括對消費者的需要、愛好、興趣、動機等個人因素進行分析，從中找到消費者選擇某一飯店的內在原因，以便飯店投其所好，提供相應的產品、服務和價格；其次還要分析外在原因，諸如團體、家庭、文化以及飯店各種促銷宣傳活動等對消費者行為的影響。

（二）選擇目標市場

雖然飯店消費市場極為廣大，但任何一家飯店都不可能占領全部市場，而只能根據自身的優劣勢和特色，有目標、有選擇地針對最適合自身條件的一個或幾

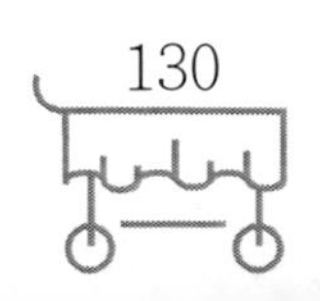

個細分市場開展營銷工作。選擇目標市場包含兩個重點：首先是對飯店目標市場進行評估，然後是選擇覆蓋目標市場的策略。

1.目標市場評估

一個細分市場能否成為目標市場，首先應判斷它是否具備下列特徵：

（1）可衡量性：即用來衡量細分市場大小的標準具有確定性。

（2）可達到性：即衡量進入某細分市場並占有一定市場份額的可能性。

（3）實際價值性：即細分市場的規模要大到足夠獲利的程度。

（4）行動可能性：即開發細分市場的系統性計劃具體可行。

2.目標市場覆蓋策略選擇

在選擇飯店目標市場時，通常有三種覆蓋策略（如圖3-4所示）。

（1）無差異營銷策略。即以飯店市場的共性為主要依據設計飯店營銷組合方案，是一種求同存異的營銷策略，在供小於求的賣方市場具有一定的生命力。然而從企業經營的長遠角度看，採用這種策略的飯店嚴重缺乏個性特徵。

（2）差異化營銷策略。是指在細分市場的基礎上，飯店經營者選擇多個亞市場作為目標市場，並針對各目標市場分別設計和構思不同的營銷組合方案。這種策略通常能做到有的放矢、對症下藥，在滿足目標市場的需求方面遠勝於無差異營銷策略，為許多飯店所採用，但其營銷成本較高，因此，採用時必須權衡市場及營銷組合差異化到何種程度對飯店最有利。

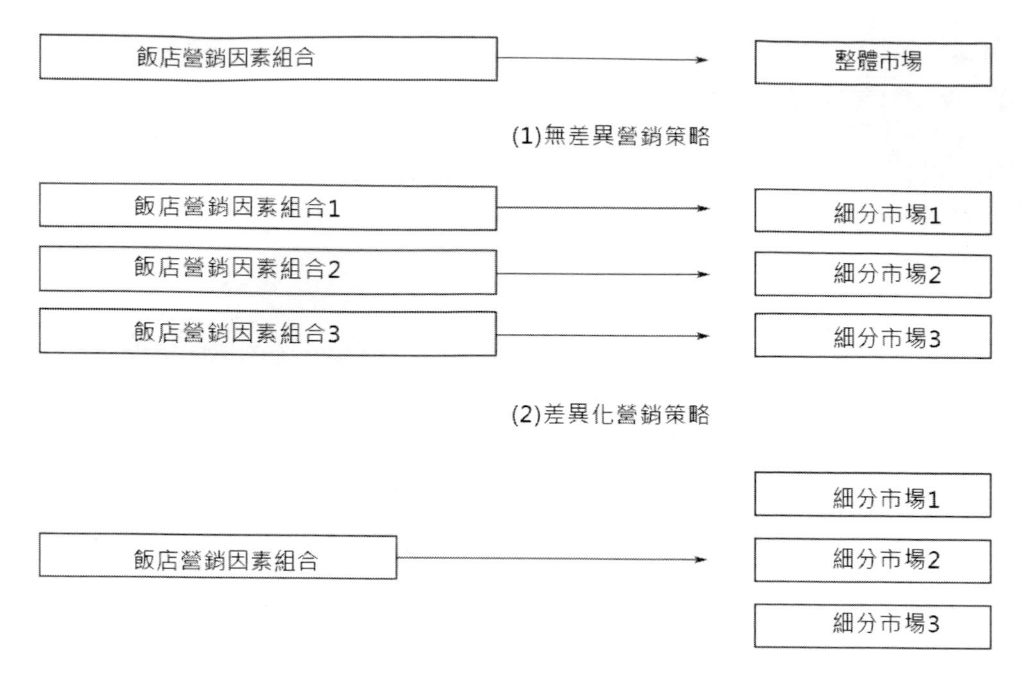

圖3-4 目標市場覆蓋策略的三種類型

（3）集中性營銷策略。指飯店經營者選擇一個或幾個需求相近的亞市場作為目標市場，制定出一套有別於競爭對手的營銷組合方案，集中力量爭取在這些亞市場上占有相對大的份額，而不求在整個市場上占有較小的份額。它有利於飯店深入瞭解特定亞市場的需求，實行專門化經營，節省費用，增加盈利，也有利於提高飯店及產品的知名度。這種策略尤其適用於資源有限、實力不強、規模小的飯店。當然，為減少風險，目標市場不宜過分集中。

以上介紹了目標市場的三種覆蓋策略，飯店經營者在為本飯店選擇策略類型時，應視其產品和服務的特點以及具體市場情況，如飯店的資源情況、產品與服務特色、競爭對手的策略、消費者要求等而定。

（三）制定營銷計劃

營銷計劃是指飯店為實現營銷目標而制定的一系列活動計劃。它由在預期環境和競爭條件下的飯店營銷支出、營銷組合和營銷分配決策等構成。

（四）規劃營銷策略

營銷策略主要包括產品（Product）策略、價格（Price）策略、分銷（Place）策略和促銷（Promotion）策略，也即通常所說的4P策略。

（1）產品策略。即針對現有或潛在客人的需求，作出提供什麼飯店產品（服務）的決策，包括產品（服務）特色、產品組合、產品類型、飯店新產品開發與創新、產品生命週期等。

（2）價格策略。定價目標、定價方法、新產品定價以及價格調整等方面的內容。

（3）分銷策略。即如何將飯店產品銷售到用戶手中，包括銷售渠道的結構、中間商的選擇以及銷售渠道的管理等內容。

（4）促進策略。即能夠造成促進銷售作用的各種手段和方法的總和，包括兩種類型、四種方式，即直接促銷（人員促銷）和間接促銷（廣告、公共關係和營業推廣）。

（五）控制營銷活動

為了確保營銷目標的實現，飯店應該對營銷活動進行有效的控制。飯店營銷控制通常包括以下方面：

（1）對專職營銷部門的控制

設立專職的營銷部門對於飯店開展營銷活動十分重要，它在一定程度上直接影響著飯店經營業績的好壞。因此，對飯店營銷部門進行定期評估與檢查是飯店營銷控制的重要內容，它包括對部門工作的整體檢查與對營銷人員個人業績的考核。

（2）對飯店其他部門的控制

營銷部門必須得到其他相關部門的密切配合與支持，才能順利開展工作。因此，賦予有關部門相應的營銷權利與職責並予以檢查落實是實現飯店營銷目標的重要環節。

（3）對飯店中間商的控制

對於飯店而言，中間商主要指各類旅行社、航空公司、旅遊代理商等，飯店應該認真選擇自己的中間商，對於業績好的中間商，應予以獎勵；對於不守信用的中間商，應採取對策甚至終止與他們的業務往來。

飯店營銷控制主體應該透過營銷訊息系統，及時對飯店營銷活動的成果進行總結，並將營銷業績與既定目標進行對比分析，找出差距和原因，提出解決方案，以利於營銷活動的及時調整與正常開展。

三、飯店產品價格策略

價格是左右消費者購買產品的最敏感的因素，也是飯店獲取利潤的最主要手段，因此，飯店產品價格策略是營銷策略中的一項重要內容。

（一）影響飯店產品價格的因素

1.成本因素

成本是給產品定價的起點和主要依據，通常以固定成本和變動成本為主要參數來定價。飯店能夠接受的產品價格的最低線是保本價，即收入與成本相抵、利潤為零時的價格。

2.需求因素

市場需求變化對飯店產品定價的影響主要表現為：

（1）需求的波動性。飯店產品的市場需求呈波動性變化，與之相適應，飯店產品的定價也應靈活多變，具體應採用多種定價方法，如在淡季將房價下調，或採用隱性調價法，即提供給消費者額外的優惠，使他們覺得物有所值。

（2）需求的價格彈性。不同目標市場的客人，對價格的反應程度不一，也即需求的價格彈性不同。具體情況如下表所示：

目標市場	商務市場	觀光市場	渡假市場	散客市場	旅遊團隊	…
E_P	≤1	>1	>1	>1	>1	…
定價策略	不調價格或調幅不大，但往往採用其他營銷策略	適當調整，以平衡需求	適當調整價格。	靈活定價，因時而異	協議優惠價，調幅較大	…

3.產品本身

具有不同特點的產品對定價的影響不同。

（1）特色產品。經營獨一無二產品的飯店，對定價有較大的支配自由度。如繁華商業街區的飯店，因其地段好，往往供不應求，定價的自由度很大；相反，市場上相似的產品多，面臨的競爭壓力大，定價自由度就小。

（2）知名產品。那些具有聲望的知名飯店，因其品牌本身展現了一種優越感，無形價值大，因而定價的自由度也大。

（3）特殊產品。節假日和特殊活動舉辦期間推出的與該背景相適應的產品或服務項目，往往也有較大的定價空間。

4.飯店行業的規模與結構

不同國家、地區的飯店行業，其規模與結構有很大差異。行業規模涉及飯店從業人數、投資額、總床位數等指標，結構則涉及不同類型飯店的分布情況。飯店行業規模越大，競爭越趨激烈，飯店定價的主動權越小；結構合理的飯店業，因產品能有效地針對客源市場的需求差異，定價的自由度相應就大。從國際飯店業的經驗來看，合理的飯店行業結構應如圖3-5所示。

5.競爭因素

給飯店產品定價時要考慮競爭對手的產品價格策略，但切忌盲目照搬照抄，而應該結合自己的產品定位和特色，制定出具有競爭力的價格來。如，1990年市場需求走低，北京某五星級飯店便採取降價策略，意在招徠客源，但客源反而減少。究其原因，該飯店的高檔目標市場的客人見房價跌至100元以內，感到大失身分，紛紛另尋他處。

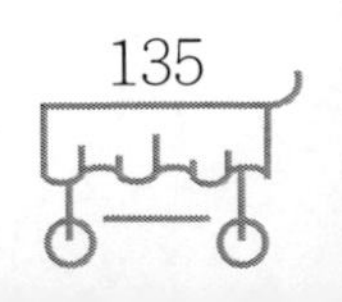

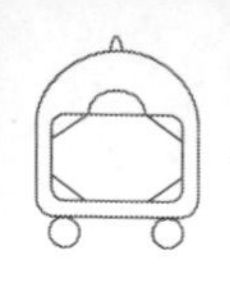

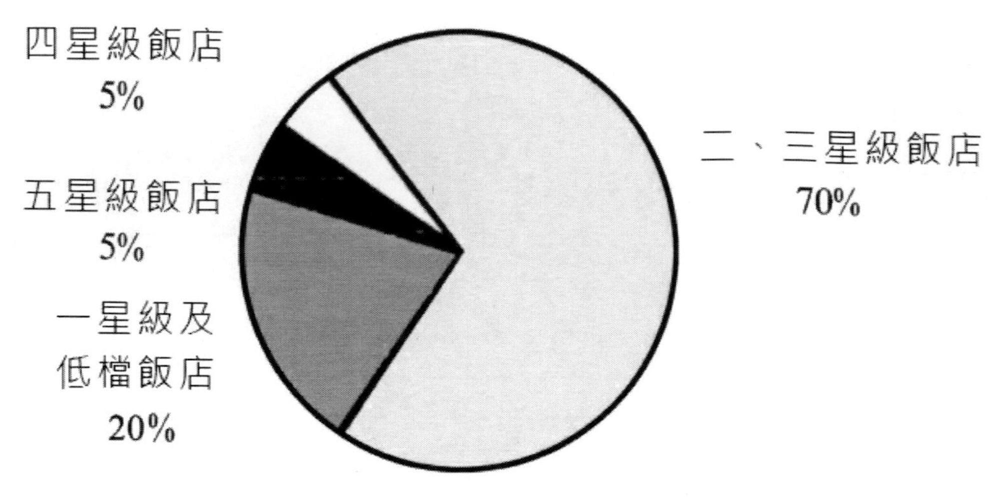

圖3-5 飯店行業合理結構圖

（二）飯店產品的定價方法

1.成本導向定價法

這是一種以賣方意圖為中心的傳統定價方法，即先收回成本，再考慮希望獲得的利潤。具體有成本加成法、目標收益法、邊際效益法、盈虧平衡點分析法等。成本導向定價法明顯帶有計劃經濟的痕跡，沒有考慮到市場競爭和需求，因而較少被採用。

2.競爭導向定價法

即主要依據飯店面臨的競爭環境進行產品定價。最常見的是隨行就市法，也稱追隨定價法。它是指以市場上占競爭主導地位的企業的產品價格作為本企業定價的主要依據。隨行就市法在中國飯店業曾被普遍採用，存在產品價格差異時更是如此。例如，H市有一家名為「新友」的三星級飯店，在同類飯店中處於經營優勢地位，其標準客房價為488元，那麼別的競爭飯店就可能會以428、458元等房價對外經營。

僅僅以競爭因素作為定價依據，不利於飯店經營人員開拓新的經營理論。隨著營銷觀念的引入，競爭導向定價法逐漸為營銷導向定價法所取代，從而使定價依據轉向了非價格競爭因素。

3.營銷導向定價法

指從營銷的角度制定飯店產品的價格，包括營銷導向定價法、聲望定價法、率先定價法和心理定價法等。

（1）營銷導向定價法。適用於多渠道銷售及消費者相對成熟的飯店，具體採用時要考慮很多因素，如成本、需求水準、需求性質、需求時機、定價目標、消費者的主觀認知、賓客價值、營銷渠道、促銷手段等。營銷導向定價法可使產品具有真正的競爭力，不易被競爭對手仿效和跟隨，是一種較成熟的定價方法，但因定價時考慮的因素面廣、繁雜，故難度較大、耗時長。

（2）聲望定價法。根據飯店產品在市場上的聲望和客人對飯店產品質量、服務、形象的總體評價確定產品價格，常為知名飯店採用。定價的關鍵在於準確確定飯店產品的最高市場可接受價範圍，在此範圍內儘可能制定高價。高檔飯店內的特色餐廳往往採用這種定價法。

（3）率先定價法。適用於經營多種產品，且低價和高價產品同時經營的飯店。即只對低價產品進行宣傳，儘可能吸引更多的客源，以此帶動高價產品的銷售。例如，有些飯店專闢針對勞動階層的大眾餐廳，在淡季促銷；同時，又適時推銷較高檔的菜餚，有效地帶動需求的增長。使用這種方法有一定冒險性，它容易使那些常以產品價格作為衡量產品質量標準的客人對飯店形象作出錯誤判斷。但只要做得適當，對銷售飯店產品還是能造成積極的作用。

（4）心理定價法。即針對不同客人的不同消費心理進行飯店產品定價，是一種靈活、無固定規範可循的定價方法。實際採用時應認真調查賓客的文化背景，以客人對產品形象的認知、對質量的判斷標準、客人滿意度，以及對價位的反應等訊息為定價基礎。

飯店產品是一種基於較高層次需求的產品，影響它的因素相當多，它們或多或少都對產品的定價有一定的影響，不同的飯店應根據具體情況採用一種或多種定價方法。

四、飯店產品分銷渠道

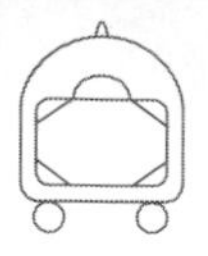

飯店產品分銷渠道是指用來讓消費者更易得到或瞭解飯店產品而在飯店與消費者之間建立的由批發組織、代理商、經銷商或零售商等組成的一種機構，或指飯店為把飯店產品（服務）銷售出去而在飯店與消費者之間建立的各種分銷途徑或經營結構。飯店外部的任何組織或個人，只要能為飯店推銷產品，並使消費者方便地得到飯店產品，均可成為飯店的分銷渠道。

（一）分銷渠道的類型

飯店產品的分銷渠道有兩種：直接分銷渠道與間接分銷渠道。

1.直接分銷渠道

是指飯店產品不經過任何中間媒介、直接從飯店銷售給客人的一種途徑。具體方式為：飯店直接出車到機場、車站、碼頭等地方招徠客人；客人直接主動到飯店購買飯店產品；客人直接向飯店預訂飯店產品；由銷售人員直接向大公司、大商社、大型消費群體組織客源。直接分銷渠道有利於飯店直接獲取消費者的意見和要求，省去中間商的中介費用或價格差，對以商務市場為目標客源的飯店而言，是一種尤為有效的銷售方式。

2.間接分銷渠道

即飯店產品經由若干個中間商轉移到客人手中，主要包括旅行社、飯店代理商、旅遊批發商、航空公司、旅遊協會、旅遊訊息中心或其他形式的分銷機構與組織。

間接分銷渠道是直接分銷渠道的有力補充。飯店中間商的存在，既提高了飯店產品的銷售速度，也方便了消費者得到飯店產品；既能向消費者提供有關飯店產品的各種訊息，便於消費者作出購買決策，又能將從消費者那裡得來的消費訊息反饋給飯店營銷人員，有利於飯店開展營銷活動；它還能避免飯店產品生產與消費的同步性對銷售造成的不利影響，為消費者提供預先購買的服務。因此，飯店透過中間環節能更有效地銷售飯店產品。

飯店使用間接分銷渠道後，原來直接由飯店完成的全部銷售工作，現在改由（或部分改由）中間商承擔，使飯店在以一定的支出（付費）為代價後，能更加

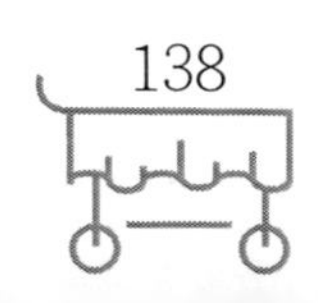

專注於內部其他事務的管理，並且這種支出低於直接銷售所需的花費，因此中間商成為許多飯店進行產品銷售時的必然選擇。

飯店選擇的中間商主要有以下幾種：

（1）旅遊批發商

他們預先以較低的價格大量預訂飯店的客房，然後與交通、遊樂設施、旅遊景點、旅遊路線等結合起來，組成一整套旅遊產品，透過其他中間商或直接將該旅遊產品銷售給遊客。旅遊批發商透過合約形式得到大量客房，價格優惠往往可達25%～45%，但比旅遊零售商要承擔更大的風險。飯店應根據自身實際情況，選擇適合銷售本飯店產品的某一類型的旅遊批發商。

（2）飯店代理商

業務包括：向消費者提供飯店產品的諮詢服務，替飯店進行產品宣傳，代理預訂客房，向飯店反饋客人意見等。它與批發商的區別主要在於：批發商擁有產品的使用分配權；而代理商主要提供服務，不向消費者收費，因而不擁有飯店產品的使用分配權，其收入主要來自被代理飯店支付給它的傭金或手續費，約占總銷售額的15%。

（3）旅行社

亦稱飯店零售商，是飯店主要客源的提供者之一。他們既可在銷售包價旅遊線路中銷售飯店產品，也可以根據客人要求單獨替客人預訂飯店客房。旅行社為飯店提供客源，一般收取手續費。飯店選擇旅行社時，原則上應多家並選，以保障充足的客源，同時還應考慮旅行社的傭金、業務網絡以及服務質量等因素。

（4）飯店聯合組織

指由一些飯店企業透過某種方法組成的相互支持的跨地區或世界性的集團。選擇聯合經營，能幫助飯店在全面提高素質的同時，獲得穩固的分銷渠道。飯店聯合組織中設有一個專為各成員飯店提供客源的預訂系統，該系統對提高客房出租率、分析有關數據及方便客人預訂有良好的作用。

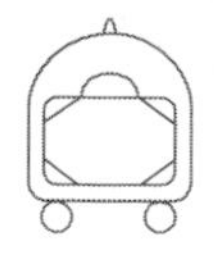

（5）旅遊訊息中心

主要向客人提供飯店住宿訊息服務、預訂服務、旅遊路線的推薦服務等，在每次預訂中都要收取一定費用。類似的旅遊訊息中心在英國、美國等發達國家很多。

（6）航空公司

許多飯店都與航空公司之間有合作關係，互相作為對方的分銷渠道成員。此外，出租汽車公司、鐵路服務處等也都可以成為飯店的分銷渠道成員。

（二）分銷渠道的組建與設計

飯店分銷渠道有直接和間接之分，各飯店的經營性質、規模、地理位置、目標市場等也有所不同，因此在組建和設計分銷渠道時，尤其要注意合理搭配分銷渠道。具體應考慮以下幾個要點：

（1）根據客源市場的類型選擇合適的中間商，組建不同的分銷途徑。

（2）注意各分銷渠道的銷售量和銷售能力。經營者要定期分析總結各分銷渠道為飯店提供的客源數量、質量及為飯店帶來的經濟效益和利潤，同時還應考察各分銷渠道組織客源能力的強弱、銷售網絡是否處於客源豐富的地區等。

（3）注意分銷渠道的組成結構。分銷渠道可分為豪華、中檔及經濟等三大類，經營者應根據客源層次選擇相應檔次的分銷渠道。同時應兼顧諸如航空公司、旅行社、旅遊批發商、旅遊訊息中心等各種類型的中間商，以免漏掉有效的銷售空間。

（4）注意分銷渠道的信譽。經營者應瞭解中間商償還債務的能力及其是否有過拖債賴帳的資信情況。飯店應選擇信譽好的中間商作為合作夥伴，才有可能減少不必要的損失。

（5）注意分銷渠道的傭金制度。即組建分銷渠道時應考慮中間商提出的報酬或傭金、價格折扣率及付款方式等因素。

此外，選擇分銷渠道成員的標準還有：是否同時推銷替代產品，是否為飯店

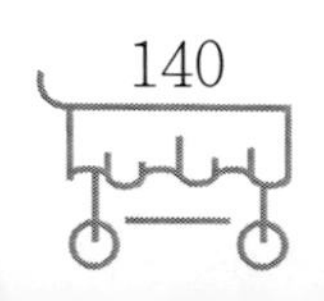

作宣傳，屬唯利是圖型還是容易滿足型等。總之，在選擇分銷渠道成員時，應統籌兼顧各方面的因素，以期達到理想的銷售結果。

五、飯店產品促銷策略

飯店產品促銷是指飯店營銷人員為刺激需求或抑制需求，確保飯店產品交易成功進行，向現有或潛在的需求市場傳遞和溝通供需訊息的一系列活動。許多飯店依靠強有力的促銷，贏得了市場，確立了競爭優勢。

（一）促銷任務

1.提供訊息

飯店必須與中間商、消費者和其他民眾溝通訊息，以便讓更多的消費者瞭解產品，引起注意，以提高產品的知名度，為實現銷售和擴大市場做好輿論準備。

2.突出特點，增強競爭實力

透過促銷活動，可宣傳本飯店產品與競爭對手產品的差異，突出特點，讓消費者感知到從中可獲得獨特利益，以形成本飯店產品新的形象，從而增強競爭實力。

3.刺激消費，擴大有效需求

透過滿足消費者的特殊需要，可使其在對可供選擇的飯店產品進行比較後，選中他們認為會帶來最大利益的飯店產品，從而擴大飯店產品的有效需求市場。

4.穩定銷售，鞏固市場

由於各種原因，客房出租率波動幅度很大，市場地位常不穩定。透過促銷活動，可以培養穩定的消費群體，達到鞏固客源市場的目的。

（二）促銷策略

1.間接促銷策略

包括廣告、營業推廣和公共關係等形式。

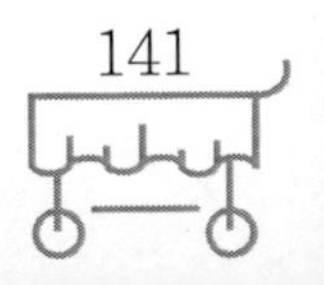

廣告是透過購買某種宣傳媒介的空間或時間，來向飯店周圍的民眾或特定市場中的潛在市場進行推銷與宣傳的一種營銷工具。可分為大眾傳媒廣告（報紙廣告、雜誌廣告、電視廣告、電台廣告），戶外廣告（戶外道路指示牌廣告、建築物廣告、交通工具廣告、氣球廣告等），直接郵寄廣告（飯店商業信件、宣傳小冊子、明信片）三類。

飯店廣告通常由四部分組成，即廣告標題、正文、插圖和識別標記。一個好的廣告標題必須新穎、獨特，能引起潛在客源的需求慾望和好奇心，能吸引讀者閱讀廣告的其他內容：廣告正文用來陳述飯店廣告所要宣傳的內容，較詳細地解釋廣告標題，並為潛在客源提供具體的產品和服務訊息，它是決定飯店廣告成敗的關鍵因素；廣告插圖作為視覺語言，能具體地傳達廣告所要宣傳的內容和用語言難以表達的思想，其重要性有時甚至超過廣告標題和正文；廣告的識別標記可以用口號或商標等來展現，如假日飯店集團以「賓至如歸，應有盡有」這一口號作為其熱情周到的服務的象徵。商標多用視覺標記（幾何圖案、符號）來表示，世界上不同的飯店、賓館、大酒店等都有其獨特的廣告識別標記。

營業推廣多用於一定時期、一定任務的短期推銷活動中，優點是刺激需求的效果明顯，花費較少。具體形式有三類：針對消費者的優惠卡、貴賓卡、免費早餐券、附贈品、不滿意退款、免費嘗試入住等；針對旅遊中間商的價格折扣、折讓、合作廣告、展銷會、推銷競賽、內部刊物、宣傳小冊子、幻燈片等；針對推銷人員的獎金、推銷會議競賽等。

公共關係是指組織或個人與其他有關民眾或團體建立的相互瞭解和信賴的關係，以此獲得對自身有益的資助與合作機會。良好的公共關係可使飯店加強與民眾的聯繫，提高知名度，樹立良好的市場形象，並透過社會輿論，影響遊客的購買行為。需要強調的是，公共關係宣傳所製造的效應，能以其社會性、文化性、公益性、情感性、新奇性，造成一般飯店促銷方法難以奏效的深刻、廣泛、長遠和持續的效果。

2.直接促銷策略

又稱人員推銷，是最基本的一項營銷活動，其特點為：與客人直接接觸，方式靈活；培養感情，建立穩固的關係；及時成交，訊息反饋速度快等。人員推銷做得成功，必然有助於飯店經營的成功。

有效的人員推銷，需要飯店營銷部門全體工作人員的共同努力，尤其需要那些直接面對顧客進行推銷的人員的配合。推銷人員不僅要熟悉各類客戶，瞭解他們的需要、購買動機與消費行為，瞭解競爭對手的策略；而且必須掌握一定的營銷技巧和各種禮儀禮節；並要善於交際，談吐文雅，善於判斷；此外，還需有較強的語言和文字表達能力，思維敏捷，精力充沛，有廣泛的知識面。

有效的人員推銷，還需要飯店全體員工的共同努力。因為飯店提供的服務更多地是靠各部門各級員工來直接面對客人完成的。因此，一線服務人員也要具備一定的營銷技能，各部門之間還要高度協調與緊密配合。這就需要切實提高各部門各級工作人員的營銷素質，加強基本服務、操作技能的培訓，疏通各級員工之間、部門之間的訊息溝通渠道，以發揮整體營銷功能。

案例

每年7月7日、8日、9日三天是高中畢業生進行高考（中國所有大學招生的統一入學考試）的日子。隨著生活水準的提高，近年高考期間，很多考生家長都喜歡在考場附近找一家飯店，讓自己的孩子在舒適的環境中休息好、複習好，考出好成績。因此在考場附近的各大飯店在高考前一星期客房出租率總是很高。上海的M飯店是一家以二星級標準建造的飯店，它的價格、設施、餐飲都十分適合高考生複習迎考所需，但是由於從該飯店到考場步行需要半小時，以前高考期間幾乎沒有考生住宿。1998年初M賓館銷售部決定抓住高考帶來的市場機遇，開展營銷活動。主要方案如下：

（1）把回滬知青子女仍在外地借讀的考生作為第一目標市場。因為這類考生父母仍在外地，通常家庭經濟條件較好，回上海複習迎考時若借住親戚家很不方便。

（2）針對路遠不方便，用專車在飯店和考場之間免費接送考生和家長，使

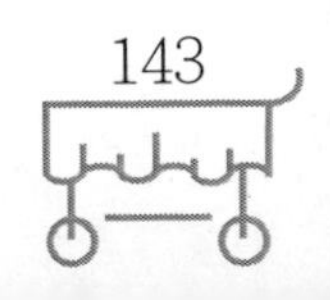

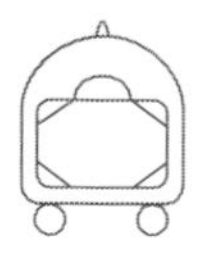

路上所花費的時間由半小時縮短到十分鐘之內。這也對在考場的其他考生和家長做了一次較好的廣告宣傳，提高了飯店知名度。

（3）特別推出「高考房」、「高考菜」、「高考夜宵」，為考生提供全面服務。

（4）在各區招辦張貼飯店的宣傳資料。

（5）在2月分和5月分考生集中在區招辦報名和填交志願表時，到現場派送飯店宣傳資料，並接受現場預訂。

（6）6月底7月初在考場周圍張貼飯店宣傳資料。

（7）5月分開始在《教育報》的「招生專版」刊登飯店廣告（因考慮費用因素，所以不在電視台做廣告）。

透過這次營銷活動，M賓館1998年7月上旬的客房出租率由往年的40%左右提高到86%，在7月6日、7日、8日三天達到了100%。

本章小結

綜上所述，飯店產品是多種實物產品和勞務服務相結合的綜合性產品，具有自身的特性。客人透過消費各種飯店產品來滿足各種需求，飯店透過提供滿足客人需求的產品實現自身的經營目標，獲取利潤。因此，飯店產品是飯店企業經營管理的出發點，也是飯店營銷組合中的一個最主要的、決定性的因素。飯店管理者必須對飯店產品的內涵、特性有清楚的認識，並結合市場需求積極研究飯店產品的開拓與創新，運用科學的市場營銷戰略，選擇合適的時機，以合適的價格、渠道和促銷手段向特定的目標市場進行銷售。

複習與思考

1.什麼是飯店產品？它由哪三部分構成？

2.如何理解飯店產品所具有的服務性？

3.對飯店產品獨立性和組合性相結合的特點，飯店應做好哪幾方面的協調工作？

4.簡述標準化服務和個性化服務兩者之間的關係。

5.個性化服務主要表現在哪幾個方面？

6.在生命週期的不同階段，飯店產品各呈現出什麼特徵？

7.飯店新產品的概念是什麼？開發新產品包括哪些步驟？

8.飯店組合產品分哪幾類？飯店開發組合產品要考慮哪些要素？

9.簡述飯店的營銷任務。

10.飯店營銷過程包括哪幾個步驟？

11.影響飯店產品價格的因素主要有哪些？飯店產品定價的方法有哪些？

12.飯店產品的分銷渠道有哪幾種類型？應如何組建和設計分銷渠道？

13.飯店產品促銷策略主要有哪幾種？

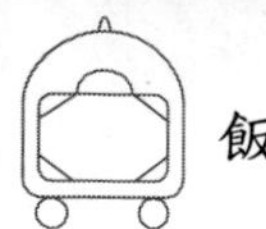

第 4 章　飯店從業人員的素質要求

章節導讀

飯店產品是服務產品，其產品的特殊性對從事飯店工作的人員提出了較高的要求。一方面，飯店從業人員必須樹立正確的工作觀念，用以指導自己的行為；另一方面，飯店從業人員還應具備良好的素質修養，力求提供完美無缺的服務。對此，本章節從飯店從業人員的基本工作觀念、基本素質和基本禮貌修養等方面進行闡述。

重點提示

講述飯店從業人員應樹立的基本工作觀念。

講解飯店從業人員應具備的基本素質。

詳細說明飯店從業人員應培養的禮貌修養。

第一節 飯店從業人員的基本工作觀念

觀念作為一種意識，是透過具體行為加以展現的。客人能否感受到賓至如歸、優質服務、物有所值，關鍵在於飯店從業人員是否樹立了正確的工作觀念，是否真正用其指導自己的行為。

當然，不同的飯店工作崗位有不同的工作觀念。管理人員的工作觀念側重於飯店經營管理方面，服務人員的工作觀念側重於服務方面。飯店從業觀念的形

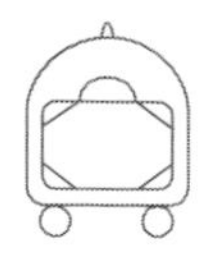

成，一方面要透過有意識的灌輸、培訓；另一方面要依靠員工不斷地體會、研究。飯店從業觀念一旦形成，將會變成員工的習慣思維和習慣行為，共同的意識、信念、行為融進飯店的企業文化後，就成為企業文化的一個組成部分，對飯店的發展具有積極的作用。

飯店從業人員應主要樹立商品、市場、服務、質量、效益等基本工作觀念。

一、商品觀念

飯店行為是一種企業行為。飯店耗費各種勞動和原料，生產能滿足客人需要的住宿、餐飲和娛樂等飯店產品，這些產品具有使用價值，客人使用產品時應為生產這些使用價值的勞動的耗費付費補償。於是，在產品的提供和消費過程中出現了價值、使用價值、交換價值、價格、交換等等商品屬性。飯店產品具有商品的一般特徵，因此它是一種商品，賣方出售後獲取利潤和其他利益，買方購買後獲取使用價值。在飯店產品處在買方市場的當今社會，飯店必須完善飯店產品的生產、交換、消費等一系列過程。

作為服務產品，飯店產品又是一種特殊商品，其特殊性就在於這一商品是有形產品和無形服務的結合。有形產品是看得見的、客人直接享用的實物，如客房設施、娛樂設施、菜餚酒水等，它們是服務工作的基礎和憑藉；無形服務是服務人員為客人提供的勞務服務，如廚房加工、餐廳服務、客務接待、客房清理等活動，這些活動是服務的基本內容和表現形式，其質量的優劣以服務人員的職業道德、禮貌修養以及心理素質等方面作為保證。從整體上講，客人在飯店消費時，除了在餐廳用餐時的菜餚以外，他並未帶走諸如沙發、桌椅、餐具等實物產品，但這不等於說他就沒有得到商品，他不僅得到了，而且就地消費了，這就是飯店服務產品的生產、交換、消費在時空上的一致性。以在餐廳用餐的客人為例，他享受到的除了美味佳餚外，更重要的是食物的色、香、味、形，餐廳的格調氣氛以及服務員的熱情服務給予的感官和心理上的滿足，而這一切都是無形服務的結果。飯店產品在其生產、交換、消費過程中有其自身的特殊性，飯店從業人員必須充分認識到這一點。

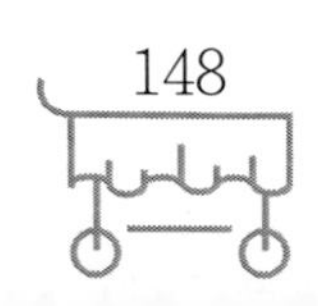

商品觀念是飯店從業人員應樹立的首要工作觀念，它是樹立其他一切觀念的基礎。

二、市場觀念

商品的出現必然導致市場的產生。在市場經濟中，飯店只有遵循市場規律，積極參與市場競爭，才能在競爭中求生存、求發展。因此，飯店從業人員必須樹立正確的市場觀念。

1.以市場為經營決策的依據

飯店服務作為一種商品提供給客人，其使用價值是為了滿足客人的需要。不適合客人需要的使用價值不可能成為商品，也不可能實現市場價值。因此，飯店對經營內容的設置、對飯店產品的設計是以適應客人的需要和市場的需求為依據的，是飯店去適應客人，而非客人來適應飯店。飯店經營決策的依據是客人的需求而不是飯店自身的主觀臆測。為使飯店產品適銷對路、富有特色，要積極主動地研究客人的消費心理，研究市場需求。

為了吸引更多的客人，許多飯店都想方設法增加各種便利客人的服務項目。以當今世界各國單身外出旅遊的女性日益增多的情況為例，如何吸引女性客人，成為不少飯店經營者關注的問題。經過對女性客人心理需求的專門調查研究之後，一系列專為女性客人設計的服務項目和服務設施紛紛亮相：美國的克雷斯特大飯店專闢女性客房，內備非常女性化的裝飾設施，如穿衣化妝鏡、華貴的成套化妝用具、洗滌劑、淋浴用芳香泡沫劑、女性閱讀的雜誌等。雅加達和新加坡的希爾頓酒店對女性客人實行特別保安措施，儘量將她們安排在靠近電梯的房間；若她們的房間較為僻靜，飯店則派專人送她們回房；此外，鮮花、化妝用品、女睡衣、浴衣、女性雜誌等都成為必備物品。日本箱根的小酒園飯店考慮到女性一般對口味要求較高而又怕發胖的特點，餐飲部注意在菜餚的「少而精」和「色、香、味」上下功夫。諸如此類的例子，林林總總，不勝枚舉。這些以客人為中心、儘量為客人著想的富有特色的服務，越來越受到女性客人的青睞。

2.產品不斷推陳出新

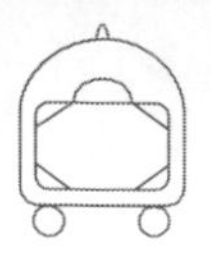

飯店產品和任何產品一樣，都有生命週期。生產力水準的發展、科技的進步、人們生活需求的變化，都會使產品從成長期、成熟期走向衰退期。因而，飯店要經常注意客人的需求變化，不斷向市場推出新的產品。事實證明，那些有著完美的使用價值和低廉價格的產品具有明顯的競爭優勢，而這些產品的推出，完全憑藉經營管理者對市場的深入瞭解。

某地一家餐廳為了滿足客人對服務質量的要求，將貼在餐廳門口的「賓至如歸」條幅換成了如下內容的告示：（1）進門一分鐘內服務員不接待你，用餐半價；（2）碗筷沒洗乾淨，杯碟有缺口，用餐半價；（3）菜單上便宜的菜如果沒有或是售完了，客人點其他菜一律以便宜菜計價。此後客人紛至沓來，營業額直線上升。

告示中幾句話看似很普通，實則擲地有聲，是餐廳對客人在服務質量上的鄭重承諾。在日益成熟的消費者面前，它無疑比空洞的「賓至如歸」更有説服力。

3.重視全員促銷

市場營銷是飯店在瞭解和分析市場的前提下，對飯店產品進行組合、生產、銷售的過程。雖然市場營銷的主力軍是飯店的銷售部門，但全體飯店從業人員都必須樹立全員促銷意識。

全員促銷的含義為：第一，促銷活動是有組織、有領導的活動，以總經理為首的業務指揮系統是促銷的領導系統。第二，促銷活動包括內外促銷。飯店外促銷的目的是開拓市場，增加客源，宣傳自己，樹立形象；飯店內促銷是指以優質服務爭取回頭客，並透過回頭客樹立飯店的良好口碑。第三，全員促銷要求每個員工都自覺參與促銷活動，不僅要恰如其分地做好推銷工作，更要做好本職工作，以優質服務樹立飯店品牌。

4.增強競爭意識

競爭是市場經濟的必然產物，其核心是優勝劣汰。由於飯店都希望自己的產品在市場上實現價值，獲得並擴大市場份額，因此，飯店市場充滿競爭。飯店從業人員，尤其是飯店管理人員，應有強烈的競爭意識。

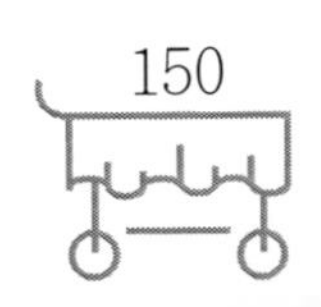

競爭的手段主要為價格競爭和非價格競爭。價格競爭主要表現為以價格競爭手段（運用高價或低價策略）擊敗對手。由於受到多方面規定的制約，價格變動範圍有限，因此價格競爭的餘地不大。從國際飯店業競爭情況來看，價格競爭通常表現為低水平的初級競爭，而且常常會引發不正當的削價競爭，最後使得兩敗俱傷。

在市場日趨規範和法制化的背景下，非價格競爭取代價格競爭成為競爭的主要內容。非價格競爭指在產品質量、產品品牌、產品特色、服務方式等方面的競爭。而所有這些非價格因素的競爭，成敗的關鍵很大程度上取決於人的素質、管理水準和創新精神。從這個意義上講，非價格競爭就是人才競爭。飯店有一支高素質的、富有強烈創新意識和責任心的員工隊伍是確保市場競爭獲勝的關鍵所在。

三、服務觀念

現代營銷理論告訴我們，產品的構思、設計、生產、提供和評估都要以客人的需求為依據；服務是飯店的主要產品，向客人提供滿意的服務是飯店開展一切工作的生命線。飯店從業人員必須樹立正確全面的服務觀念。

1.尊重自我，尊重客人

尊重自我是飯店從業人員樹立服務觀念的出發點。各行各業的從業人員都是社會分工中的一員，沒有地位的貴賤和人格的高低之分。飯店服務工作既是社會責任的展現，也是本身價值的展現，和其他任何工作一樣都是平凡而崇高的，因此，應該摒棄服務工作低人一等的觀念。

客人享受飯店的服務，是因為他為此支付了費用。因此，我們必須認識到兩點：一是客人付了費，在交換中他應該得到物有所值的服務；飯店收取了客人支付的費用，就應該向客人提供相應的服務，這是享受權利和履行義務的關係。二是客人是飯店的衣食父母，是飯店賴以生存和發展的條件，為客人服務理所當然地成為飯店的自覺要求。充分尊重客人，為客人提供良好的服務，也會贏得客人的尊重，尊重他人和被人尊重是相輔相成的。

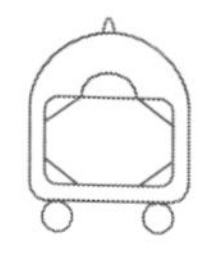

2.「賓客至上，服務第一」

在歐洲，許多商店的店規裡寫道：「1.客人永遠是對的。2.如果客人錯了，請參閱第一條。」客人的地位由此可見。

客人到飯店花錢圖的是舒適、享受和被尊重，飯店必須為其提供優質的產品與良好的服務，把客人的需要作為工作的內容和中心。每一位員工都必須設身處地為客人著想，變「我想怎樣」為「客人會怎樣認為」。

一位來自紐約的客人在週五住進泰國曼谷的東方飯店，基於宗教原因，他不便在週五乘坐電梯，飯店便細心地將他的房間安排在二樓靠近樓梯的地方，這樣主動周到的服務讓客人倍覺溫馨。

飯店員工要有強烈的「角色」意識，遵循「客人永遠是對的」的服務準則，維護客人的合法利益，滿足他們的合理要求。從某種意義上講，維護了客人的利益，實際上也就是維護了飯店的利益。在某些特殊場合，飯店員工應放下個人尊嚴，自覺地站在客人的立場上，設身處地，換位思考，把理「讓」給客人。飯店員工有了這種立場觀點，那麼即使面對愛挑剔的客人，也能從容大度，處理得當。

在某飯店餐廳，一位丹麥客人點了一份鄉下濃湯，由於湯的表面浮著一層紅油，不見熱氣冒出，客人以為湯不熱，要求回爐熱一下。服務員剛想解釋，很快便改變了主意，說了一聲「對不起」，便把湯端回廚房，兩分鐘後復又端出輕輕放在客人面前，客人以為服務員在欺騙他，正待發作時只見服務員用隨手帶來的一把湯勺伸到碗底攪拌了一下，一股熱氣頓時冒了出來。服務員朝客人甜甜一笑，說聲「請慢用」後退下。在多數飯店裡，碰到這樣的事情服務員常常都會用婉轉的語氣向客人作一番解釋，而這位服務員卻不如此，因為她認為任何解釋都隱含著「客人判斷錯了」的意思，於是她選擇了無聲的語言向客人清楚地表示：飯店沒有過錯。

3.來者都是客，一視同仁

曾有一則關於美國前國務卿季辛吉和耶路撒冷一家西餐酒吧芬克斯的軼事。

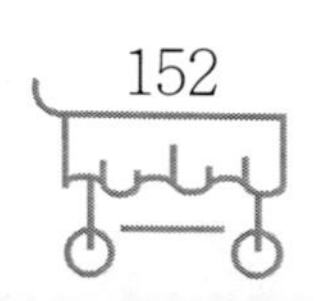

1970年代，為中東和平而奔走的季辛吉來到耶路撒冷時，想造訪名聲在外的芬克斯酒吧，於是親自打電話給芬克斯老闆，自我介紹後說：「我有幾個隨從人員，他們也將隨我一同前往貴店，到時希望謝絕其他客人。」不料老闆非常客氣地回答：「您能光顧本店，我感到莫大的榮幸，但是，因此而謝絕其他客人，是我所不能做的，因為他們都是老主顧。」第二天傍晚，季辛吉又一次去電，說只有三個隨從，只訂一桌，且不必謝絕其他客人，卻還是碰了壁，「因為明天是星期六，本店的例休日。」芬克斯的可貴之處是真正一視同仁地對待每一位客人，始終把絕大多數客人和員工的利益放在首位，而不輕易為了某一個人損害大多數人的利益。芬克斯成功的經營管理之道，加之美國輿論界對季辛吉和芬克斯之間軼事的渲染，使這個極為普通的酒吧連續3年被美國《每週新聞》雜誌選入世界最佳酒吧的前15名。

可見，不管客人的背景、地位、經濟狀況、外觀衣著有何不同，只要其按規定取得了對飯店產品的消費權，飯店從業人員就應該一視同仁地為其服務，為了保證服務質量，必須嚴格地按照服務規程去做。

4.樹立雙重服務觀念

這主要是針對飯店管理者而言的。一方面，作為飯店的一員，管理者要樹立為客人服務的觀念，並透過自身行動經常向員工灌輸服務意識；另一方面，對於下屬，管理者既是領導者又是服務者，還要樹立為下屬服務的觀念。

為下屬服務主要包括兩層含義：第一，管理本身包含著服務，管理者不僅應給下屬安排工作，還應注意合理地組織勞動以減輕員工的勞動強度，並且向他們提供指導，幫助他們以較少的時間與精力完成任務。這對於新員工尤為必要。第二，管理者應關心下屬的思想、工作、生活與學習，做好各種輔助和後勤工作，在力所能及的範圍內解決他們的後顧之憂。此外，在適當的時候，也可以在飯店或部門內開展一些活動，讓管理者真正為員工做些服務工作。這不是管理者的主要職責，但可以造成很好的示範作用，並增強管理者與員工之間的凝聚力。例如寧波東港大酒店曾一連數月開展「禮儀禮貌周」活動，由飯店最高管理層輪流充當示範員，在員工通道上禮貌迎送過往的員工，讓員工體會做「上帝」的滋味。

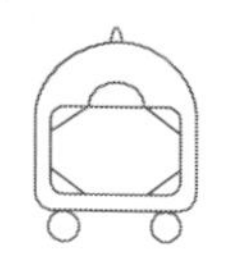

四、質量觀念

飯店出售的是以服務為主的產品，其質量的優劣維繫著飯店的生命，從長遠利益來看，只有以優質的服務作為保證，飯店才有信譽、有市場、有效益，這就需要飯店從業人員樹立牢固的質量觀念。

首先，在概念上應對飯店產品的質量有正確的認識。

飯店產品的質量有硬體與軟體質量之分。硬體質量主要指飯店的服務設施設備和實物產品的質量，硬體質量的高低決定著飯店產品供給能力的大小；軟體質量則是指飯店提供的各種勞務活動的質量，表現為客人享受這種勞務活動後的心理體驗與感受，是飯店產品質量的主要組成部分。

其次，要認識到飯店服務質量的特殊性和整體性。

就特殊性而言，飯店產品具有生產與消費的同時性，如果服務出現了質量問題就不可能重新再來，只能在事後盡力補救；同時，飯店產品的無形性給飯店產品的質量評估工作帶來很大的困難，因為無論是實物產品還是服務產品，其質量最終都由客人的主觀感受來評判，由客人的滿足度來決定。因此，服務人員必須重視每一次服務，嚴格遵循飯店的服務規程，以儘量減少服務的隨機性和差錯。

就整體性來說，飯店產品的質量是一個整體，它由眾多方面綜合而成，任何細小的失誤或質量缺陷都會危及整體。正如飯店業人人皆知的一個公式：100－1＝0，即個別員工的不負責任會把全體員工辛勤工作的成果一筆勾銷，所以在質量問題上不能有絲毫僥倖心理，飯店經營者必須幫助員工樹立起牢固的質量意識，使其自覺保證服務質量，協助飯店做好質量控制工作。

正如國際上以優質服務著稱的麗思卡爾頓飯店集團，為確保其所屬飯店的服務質量，全力推行全面質量管理，制定出黃金標準激勵和約束員工。黃金標準包括一個信條、一句座右銘、三步服務和20項要求。

信條是：「在麗思卡爾頓，真誠的關心與客人的舒適是我們的最高宗旨，我們發誓為我們的客人提供最個性化的設施與服務，讓客人享受溫暖、輕鬆而高雅

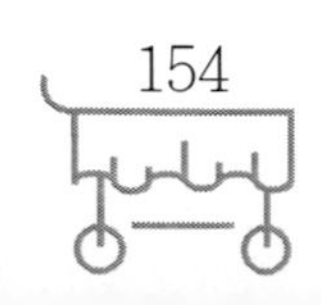

的環境。麗思卡爾頓的經歷使客人充滿生機，給客人帶來幸福，滿足客人難以表達的願望與需要」。

座右銘是：「我們是淑女和紳士，為淑女和紳士服務」。

服務的三個步驟為：（1）熱情真誠地迎接，儘可能稱呼客人的姓名。（2）預期並滿足客人的需要。（3）深情地向客人告別，熱情地道再見。

飯店強調員工要以最快的速度對客人的要求作出反應，並隨時將客人的喜好訊息輸入飯店電腦系統的客人檔案中。飯店質量管理主任說：「我們的獨到之處是員工能在個人層次利用客人訊息資料來為客人提供最優服務，我們的管理系統是由一個個的員工驅動的，業務的運轉源於最基層。」麗思卡爾頓飯店認為，服務差錯應遏制在源頭，質量問題越早解決越好。他們有一個「1－10－100法則」，即問題出現後當天解決只需1美元，拖到第二天解決要10美元，再拖幾天可能就要100美元的成本了，因此，「當天的問題當天解決」成了麗思卡爾頓飯店一條鐵的規定。據統計，麗思卡爾頓飯店集團所屬飯店中，客人對員工的滿意度達97%，對設施情況的滿意度達95%。這一切都與員工有牢固的質量意識、堅持優質服務密切相關。

五、效益觀念

現代飯店的最基本任務之一是追求最大化的銷售額，提高經濟效益，為飯店積累資金，為員工創造較高的工資福利待遇。

飯店的經濟效益表現在有效成果與各種消耗的比值上，飯店從業人員應從效益觀念出發，努力增加有效成果，降低消耗。尤其是飯店管理層，要積極開拓財源，採用有效手段提高客房出租率，推出特色餐飲產品，開展多種經營和多渠道促銷等；同時還要積極降低成本與消耗，發動員工從能源、採購、勞動力安排等方面為降低消耗出謀劃策。

樹立效益觀念還應時刻注意飯店的社會效益，生產能滿足社會需要的飯店產品。作為社會的一員，飯店還應關心社會的發展，自覺維護社會的整體利益，為

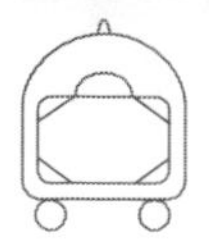

人類社會的發展作出應有的貢獻。

第二節 飯店從業人員的基本素質

飯店產品的質量問題歸根結底是飯店從業人員的素質問題，提高管理人員和服務人員的素質是飯店長遠建設的一項重要內容。飯店工種很多，由於各項工作的性質、內容、任務和環境條件不同，對各個崗位的素質要求也不一樣。下面僅對飯店從業人員應具備的基本素質作一闡述。

一、思想道德素質

聯合國科教文組織曾邀著名專家就「21世紀需要什麼樣的人才」進行研討，專家們一致認為，「高尚的品德永遠居於首位」，可見，在任何時代、任何國家，人的思想道德素質總是處於最重要的地位，飯店業同樣如此。飯店從業人員必須具備的思想道德素質主要表現在以下幾個方面；

（一）優秀的道德品質

道德是一種社會意識形態，是在一定的社會中調整人與人之間以及個人與社會之間關係的行為規範的總和。它以善與惡、正義與非正義、公正與偏私、誠實與虛偽等道德觀念來評價人們之間的關係。職業道德則是把一般的社會道德標準與具體的職業特點結合起來的職業行為規範或標準。中國飯店從業人員的職業道德規範可概括為如下六條：熱情友好，賓客至上；真誠公道，信譽第一；文明禮貌，優質服務；不卑不亢，一視同仁；團結協作，顧全大局；遵紀守法，廉潔奉公。

（二）高尚的情操

情操是一種感情和操守相結合的不易改變的心理狀態，高尚的情操是飯店從業人員必備的素質之一。飯店從業人員要不斷學習，提高思想覺悟，努力使個人的追求和國家的利益相融合；提高判斷是非、識別善惡、分清榮辱的能力；培養

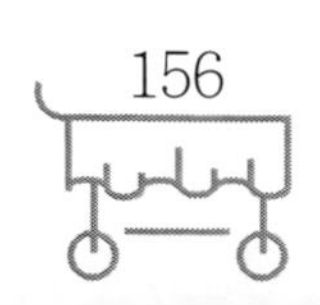

自我控制的能力，自覺抵制形形色色的精神汙染，始終保持高尚的情操。

（三）強烈的事業心

飯店從業人員應該熱愛本職工作，具有很強的事業心，有自己的事業追求。只有這樣，才會努力鑽研業務，不斷進取，完善服務技能；才會精力充沛地投入工作，積極發揮自己的聰明才智和主觀能動性，熱忱為客人提供優質服務。

（四）遵紀守法

遵紀守法是每個公民的義務，從事涉外工作的飯店從業人員更要樹立高度的法紀觀念，遵守國家法紀法規和各種條例，遵守社會公德，遵守飯店的規章制度，並且牢記「內外有別」原則，嚴守國家機密，維護國家利益。

二、業務素質

業務素質是飯店從業人員做好本職工作的基礎，具體表現為三方面：

（一）豐富的文化知識

飯店工作是一項勞動密集型的服務工作，優質的飯店服務工作同時還是一項知識密集型、高智慧型的工作。這是因為飯店接待來自世界各國的客人，客人的興趣愛好、工作特點、風俗習慣、宗教禁忌等使他們有著不同的需求，也使得飯店的服務工作更加複雜化。為滿足客人的各種需求，提供主動周到的服務，飯店從業人員必須有豐富的文化知識，如語言知識、政策法規知識、社會知識、國際知識和心理學知識等等，這就要求其在平時要勤學好問，注意知識的積累與運用。

（二）良好的禮貌修養

禮貌修養是指在人際交往過程中，自覺按照社會生活準則要求自己，在不斷地提高自我修養的過程中形成的一種在待人接物時所特有的風度。良好的禮貌修養是促使人際關係和諧的潤滑劑，在飯店這種提供面對面服務的行業中，禮貌修養已融合在服務人員向客人提供的飯店產品中，成為飯店產品的一部分，在客人評判飯店產品的質量時具有重要的作用。

在禮貌修養方面應具備的基本素質大致有以下幾條：

（1）遵守社會公德。這是每一個公民為了維護社會正常秩序而要共同遵循的最起碼的公共生活準則。

（2）遵時守信。在接待服務工作中，要信守對客人作出的承諾，在規定的時間內做好服務工作，確保工作效率。

（3）真誠謙虛。要誠心待人，善於聽取別人的意見和建議，只有虛懷若谷，才能不斷進步。

（4）理解寬容。要經常從對方的角度理解對方的立場、觀點和態度，尤其在非原則問題上，應學會能夠原諒別人的過失。

（5）互尊互助。要與他人相互尊重，相互幫助，樹立「我為人人，人人為我」的思想。

禮貌修養的塑造過程是一個自我認識、自我提高的過程，是透過有意識地學習、仿效、積累逐步形成的。良好的禮貌修養是事業發展的基礎，飯店從業人員必須主動接受禮貌教育，學習禮貌禮節方面的知識，並積極參加社交實踐活動，逐步養成文明禮貌的習慣。

（三）全面的服務技能

由於分工不同，每一個工種所需掌握的專業服務技能也有所不同。這裡主要從全體飯店從業人員的角度出發，闡述具有普遍性的幾種服務技能。

1.交際能力

在飯店這樣一個人力密集型企業，任何員工都會與客人、同事、上級、下屬等有多方面的接觸，其交際能力強弱，影響著溝通渠道的暢通程度。尤其在與客人接觸時，要在短時間內傳遞大量的服務訊息，表達友好歡迎的態度，就必須善於交談，以便在融洽的氣氛中完成服務工作。

2.應變能力

在對客服務中，突發事件時而有之，而且往往需要就地及時解決，這就要求員工應具備較強的應變能力，有設身處地地為對方著想以及緩和突發事件形成的緊張氣氛的能力。根據服務的宗旨，員工在處理各種意料不到的事件時必須遵循「客人永遠是對的」這一基本原則，而且必須努力使飯店由此所受的損失減少到最低限度。

某飯店住進一位有潔癖的英國太太。一天，她報修房內的電源開關，當電工前來修理時，她執意要電工脫鞋進去。但是，赤腳操作是違反電工安全操作規則的，雙方一時相持不下。客房部經理聞訊趕來，先請客人到咖啡吧小坐，平息客人的怒氣，然後向客人耐心解釋電工安全操作規則，並且建議在房間地毯上鋪上一條報廢床單，電工站在床單上操作，待修理完畢再撤走床單，這期間客人可以在一旁監督。這個建議獲得了客人的同意，於是客房部經理迅速安排各項工作，並且囑咐電工主動跟客人打招呼，禮貌服務，一場風波很快平息。

3.觀察能力

為客人提供主動、周到的優質服務，不僅需要飯店員工有足夠的工作熱情，還應善於觀察，想客人所想。雖然有一定的難度，但一旦做到了，就會達到事半功倍的效果。

北京一家飯店西餐廳的早餐時間，服務員注意到，一位年歲較大的歐洲客人吃煎蛋時先用餐巾紙將煎蛋上的油小心吸掉，又把蛋黃和蛋白用餐刀切開，再就著白麵包把蛋白吃掉，而且沒有像其他客人那樣在雞蛋上撒鹽。服務員揣摩客人可能患有某種疾病。第二天，當這位客人再來吃早餐時，服務員送上煎蛋只有蛋白而沒有蛋黃，令客人特別驚喜，原來這位客人患有頑固型高血壓症。

4.記憶能力

在服務工作中，常常有一些細節問題需要重視。例如客務接待員應記住常客的姓名和特殊習慣，以便再次光臨時能用姓氏稱呼並提供個性化的服務；餐廳酒水服務員應記住每一位客人所點的酒水種類，以便準確無誤地送到客人面前而無需再問一遍；客房服務員應記住每一間房當天的房況及住客情況，以便更好地對客服務。當然，飯店每天人來人往，服務對象更換頻繁，要在短時間內記住很多

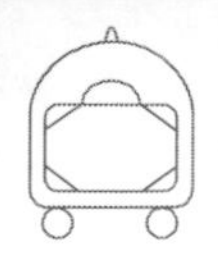

內容有一定的難度，這就需要員工在實踐中逐步摸索，善於總結經驗，尋找規律。

5.推銷能力

銷售工作儘管有主次之分、專職與兼職之分，但是，銷售工作的全員性是毫無疑問的。為了增加飯店的銷售收入，服務人員不能坐等客人來店消費，也不能只為客人指定的消費內容進行服務，而要善於挖掘客人的消費潛力，積極推銷飯店產品，以最大限度地提高客房出租率，增加綜合銷售收入。要做到這一點，就要充分瞭解飯店的各種產品與服務，善於觀察、分析客人的消費心理，區分不同類型的客人及其特點和需求，兼顧飯店和客人的利益，恰到好處地宣傳、推銷飯店的產品。

客人清晨入住時，前台服務員為其安排好房間後可提醒他到自助餐廳用早餐；客人在餐廳用餐時，服務員應熱情地為其介紹本飯店的名菜；針對商務客人對價格敏感度低的特點，可積極推薦客人改住價位高的房間。事實上，恰到好處的推銷不僅能增加飯店的收入，對於客人而言，也會使他們感受到更為熱情、優質的服務。

三、心理素質

飯店從業人員應具備的心理素質，通常包括吃苦耐勞、任勞任怨、能承受委屈和心理疲勞、果斷處事以及寬容他人、不畏艱難、開朗進取等。

飯店從業人員絕大部分時間都要同人打交道，相互發生誤解的機會很多，這要求服務人員必須具備善於忍耐、寬容他人的心理素質。

飯店工作都很瑣碎，容易惹人厭煩，感到心理疲勞，而工作要求又如此之高，因此服務人員必須努力克服厭煩情緒。

飯店的服務對象是人，要求從業人員必須具備開朗、外向、熱情的性格。

第三節 飯店從業人員的禮貌修養

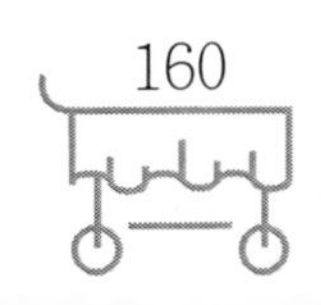

由於行業的特點，飯店從業人員必須具有較高的禮貌修養。本節專門從儀容儀表、語言和行為舉止三方面對這一問題進行闡述。

一、儀表儀容

儀表即人的外表，一般來說，它包括人的容貌、服飾、個人衛生和姿態等方面，是一個人精神面貌的外觀展現。儀容主要指人的容貌。

飯店從業人員必須注重個人的儀表儀容，這不僅是自尊自愛的需要，更是工作的需要。首先，飯店服務接待工作是直接面對客人的工作，從業人員的儀表儀容在一定程度上展現了飯店的服務形象，客人一進飯店，最先感受到的就是員工的形象，良好的儀表儀容會產生積極的宣傳效果，還可能彌補某些服務設施方面的不足。其次，飯店從業人員的儀表儀容還在一定程度上反映了飯店的管理水準和服務水準。此外，注重儀表儀容也是尊重客人，是講究禮貌禮節，其儀表儀容能滿足客人視覺美方面的需要，同時又使客人感到置身於整潔、端莊、大方的服務人員之中，自己的身分地位得到了應有的承認，求尊重的心理也會得到滿足。

飯店對從業人員的儀表儀容主要有如下基本要求：

（一）服飾方面

飯店員工在工作崗位上要著工作制服。從某種意義上講，飯店制服是一個國家政治、經濟、科技文化、地域、宗教、民俗等自然與社會大背景下的企業形象定位，包含著一定的文化品位和管理思想。飯店制服因工作崗位不同而不同，但仍有規律可循。如門童、行李員、西餐服務員、廚師等的制服款式在國際上已約定俗成，門童的制服多為西服或制服，色彩醒目，裝飾華麗。正規西餐服務員多著黑色燕尾服，內穿戴領結的白色襯衫和馬甲。中國飯店的中餐廳員工多穿民族服裝，尤其是女服務員，服裝色彩鮮艷，民族特色濃郁。迎賓員則一律穿旗袍。

由於制服各異，細節要求也不一樣，下面是飯店對員工服飾的普遍要求：

（1）制服應乾淨、整齊、筆挺。

（2）非工作需要，不得在店外穿著制服。

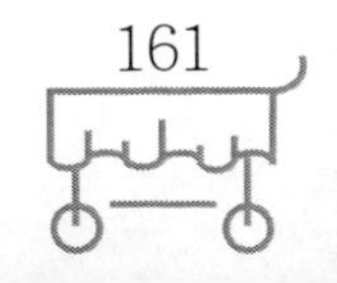

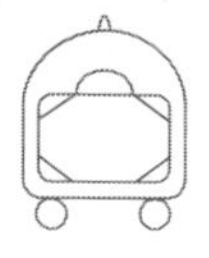

（3）紐扣要全部扣好，穿西裝制服時，不論男女，第一顆紐扣須扣上，不得敞開外衣或捲起褲腳、衣袖；領帶必須結正。

（4）制服外衣衣袖、衣領處以及制服襯衣領口處，不得顯露個人衣物；制服外不得顯有個人物品，如飾物、筆、紙張等；制服衣袋內不得多裝物品。

（5）把工號牌端正地佩掛在左胸前。

（6）員工上班時只準穿飯店配備的鞋、襪，其他色彩的鞋、襪一律不准穿。襪子不得露出裙腳，不得有破洞。要求穿皮鞋的崗位必須保持皮鞋乾淨、光亮。

（7）不得穿背心、短褲進入營業、公共場所。

（8）不准光腳或穿拖鞋進入營業、公共場所。

（9）戴白色手套的崗位，必須保持手套整潔。

（10）保安員、行李員、廚師上崗時必須帶上工作帽，帽子必須整潔。

（二）修飾方面

飯店從業人員的儀容儀表也是服務產品的組成部分，適當的修飾令人有賞心悅目之感，從而增加客人對飯店產品的滿意度。但是過分的修飾又會影響客人的情緒。飯店對員工在修飾方面的要求具體規定如下：

（1）保持頭髮清潔整齊，男員工頭髮後不過領，側不過耳；女員工不得披過肩長髮，束髮時不得使用鮮艷的花式髮夾或髮帶；男女員工均不得染黑色頭髮以外的顏色。

（2）面部要潔淨，男員工不准蓄鬍鬚，女員工必須化淡妝，但不得濃妝艷抹，不得使用有異味的化妝品。

（3）保持手部乾淨、無汙垢；指甲修剪整齊，不得留長指甲或塗帶色指甲油。

（4）在佩戴飾物方面，可戴一隻手錶和一只婚戒，但均不可過於貴重；女員工可戴長度不超過耳垂的耳環一副，但不得戴大耳環和華麗顯眼的手鐲、項鍊

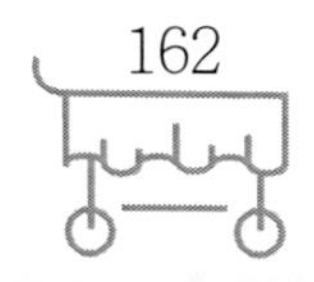

等。

（三）個人衛生方面

因工作性質所定，飯店服務人員要特別注意個人衛生：

（1）勤洗澡，避免產生異味，不用味道過濃的香水。

（2）勤刷牙，保持口腔清潔，上班前不吃帶刺激性、有異味的食物。

（四）儀態方面

儀態指人在行為中的姿勢和風度，姿勢包括在站立、就座、行走時的樣子和各種手勢、面部表情等；風度是一個人德才學識等各方面修養的外化，是人的舉止行為、待人接物時的一種外在表現方式。優美的儀態給人以端莊、典雅、大方、自然的印象，這在飯店等服務行業顯得尤為重要，它需要在日常工作和生活中有意識地逐步培養。

飯店員工在儀態方面應努力做到：

（1）良好的站姿。飯店的大部分崗位需要站立服務，服務時應做到直立站正，頭正肩平，兩眼自然平視前方，挺胸收腹，雙臂自然下垂或在前或在後交叉放置，不得叉腰，不得將手交叉胸前、插入衣褲或隨意亂放。男性雙腳與肩等寬，女性腳跟併攏，腳尖自然分開。取低處物品時，不要撅臀，而應半蹲和屈膝拿取物品。

（2）端正的坐姿。入座時，坐滿椅子的三分之二。頭部端正，面帶微笑，雙目平視，雙肩平正放鬆，挺胸立腰，雙臂自然彎曲，雙手放在膝上。兩腿自然彎曲，雙膝併攏，雙腿正放或側放（男性雙腿可略分開）。雙腳平落在地上，可併攏也可交疊。

（3）穩健優美的走姿。行走時，上身要直，身體重心可稍向前，頭部端正，雙目平視，肩部放鬆，挺胸立腰，腹部略微上提，兩臂自然前後擺動，男性步伐要輕穩雄健，女性要行如和風。兩腳行走線跡應正對前方成直線。步幅不要過大，步速不要過快。上下樓梯時，腰挺、背直、頭正、胸微挺、臀微收，手不

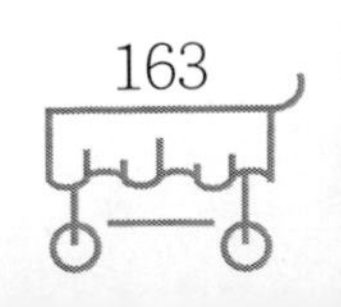

扶樓梯欄杆。

（4）微笑的表情。微笑是良好服務態度的重要外在表現形式，能給人親切、和藹、禮貌、熱情的感覺，每位員工都必須微笑服務。

二、語言

語言是人們用來表達意願、交流思想感情的工具。不同職業的人員都有適用於自己職業特點的語言，許多用語是在工作實踐中自然產生、逐步積累、形成規範而發展起來的。飯店服務人員在語言上要談吐文雅，語調親切，音量適中，語句流暢；問話和回答問題簡明、準確、規範。

（一）語言要親切文雅

親切文雅是一種行為方式，以知識和教養為背景，是善與美的統一。親切文雅的語言並不簡單地等於有禮貌，它的內涵更豐富。親切文雅的語言，隱含著說話人溫和、善良的品格和恭敬他人的態度，並遵循著一定的語言規範。在飯店業，親切文雅是工作人員語言表達中必須達到的基本要求，為此，飯店制定了一系列服務用語規範。

飯店員工在服務工作中應做到「五聲」，即：

客人來時要有迎客聲：「您好，歡迎光臨」，「先生，早上好！需要幫助嗎？」等；

遇到客人時要有稱呼聲：「早上好」，「您好」等；

受人幫助時要有致謝聲：「給您添麻煩了」，「謝謝您的幫助」等；

麻煩客人時要有致歉聲：「打擾您了」，「實在很抱歉」，「對不起」等；

客人離店時要有送客聲：「歡迎您下次再來」，「一路順風」，「再見」等。

（二）要講究語言藝術

講究語言藝術應從三方面著手：

一是要做到得體。也就是要隨時注意說話的場合、對方的文化背景等，運用恰如其分的語言。

二是要委婉靈活。即要根據不同的地點、場合和具體情況靈活使用語言。例如客人在餐廳吃完飯，沒結帳就離桌而去，這時服務員不能直截了當地說「怎麼不付錢就走」，更不能用「想吃白食啊」這種字眼。不講究說話的藝術，事情會很難辦。假若這時服務員叫住客人，輕輕地說：「先生，實在抱歉，今天比較忙，沒有及時把帳單送給您，這是帳單，麻煩您結一下帳好嗎？」那麼，相信客人會比較配合，一件棘手的事就得以圓滿地解決。

三是要幽默風趣。如果說，委婉靈活是談話中的「軟化劑」，那麼幽默就是談話中的「潤滑劑」，它可以使緊張的氣氛變得輕鬆，比直截了當的話語更能為人接受。例如一家飯店有一位外國客人，在臨離店時將客房的針織用品幾乎席捲一空，提著塞得滿滿的編織袋蹣跚而去。客房服務員查房後立即通知客務部。當時由於客務客人較多，為顧及影響，客務部服務員沒有大肆張揚，而是走到這位客人面前，面帶微笑說道：「先生，您能下榻我們飯店，已是我們的榮幸了，往洗衣房送這些東西本是我們的責任，您就不必代勞了。」話已至此，這位客人就很配合地交出了飯店的物品。

三、行為舉止

飯店服務員在與客人交往時，除了要注重儀容儀表，運用恰當的語言外，還必須在行為舉止上按服務規程行事，做到得體大方。

具體講，應熱情、親切、真誠、友好，必要時還要有動作表情。常用的一些行為舉止規範如下：

（1）介紹。服務人員因工作關係需自我介紹時，應準確清晰地報出自己的姓名和所在的部門，並向客人表示非常願意為其服務。在為他人進行相互介紹時，要注意先後之別，一般是先將飯店同事介紹給客人，將身分低者、年輕者介紹給身分高者和年長者，將男性介紹給女性。

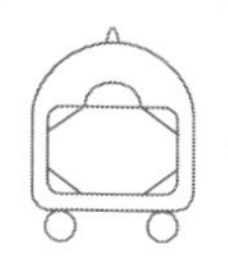

（2）鞠躬。是服務人員向客人致意的常用方式。鞠躬時，應立正站好，保持身體端正，雙臂自然下垂，雙手貼在兩側褲縫（男士常用），或在體前搭好；右手搭在左手上（女士常用），面帶微笑，身體上部向前傾斜15°～30°，目光向下，同時問候「您好」、「您早」、「歡迎光臨」等，而後將身體恢復到原姿態，目光移向對方。

（3）握手。在行握手禮時，與客人距離一步左右，上身稍向前傾，伸出右手，四指齊並，拇指張開，輕微一握。若和女士握手，不要滿手掌相觸，輕握手指部位即可。握手要講究先後次序，應由主人、年長者、身分高者、女士先伸手。飯店服務人員一般不主動與客人握手，應待客人先伸手。握手時應摘掉手套，雙目安然注視對方，並微笑致意。

（4）面談。與客人面對面交談時，一般應距客人約一步半，應集中注意力，目光注視對方，表情要自然大方，可以伴有適當的手勢，但運用時要規範和適度，避免給人以手舞足蹈的感覺。需要用手掌時，掌心應向上，以肘關節為支點在小範圍內活動，不要握緊拳頭或用手指對客人指指點點和為客人指示方向。說話時聲調要自然、清晰、柔和、親切，不要裝腔作勢或以生硬口氣和客人說話，聲量不要過高或過低，以免客人因聽不清楚而造成不必要的誤會。使用語言要準確、清楚，回答問題不能模棱兩可。使用禮貌用語，如「您好」、「請稍等」、「對不起」、「謝謝」等。不要和客人開過分的玩笑。不得以任何藉口頂撞、諷刺和挖苦客人。

（5）行走。在飯店內，服務人員應靠右行走，行走迅速，但不可跑步。如遇客人，應自然注視客人，主動點頭致意或問好，並放慢行走速度以示禮讓；如因急事需超越前面的客人，應先致以歉意。

（6）接聽電話。接聽電話語言要清楚，態度要和藹，要用禮貌用語，如「您好」。此外，接聽外線電話應報出飯店名稱和部門或崗位名稱，接聽內線電話則報出部門或崗位名稱。通話結束後，要等對方放下電話後再掛斷。

（7）交物件。給客人遞交物件時應雙手奉上，接物件時也應雙手接住。請客人填寫表格時應將表格正面遞交客人，遞筆時筆桿一端朝向客人。

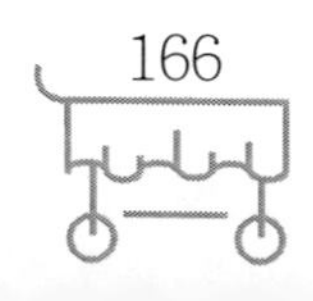

（8）敲門。有事到房間找客人時，要敲門進房。以手指關節力度適中、緩慢而有節奏地敲門，每次一般為三下。敲門時要自報身分，敲門後退離門前1公尺處等候，若無人應答，中間稍作停頓，再上前敲一次，一般不超過三次；若按門鈴，鈴響三下後應稍作停頓。

（9）引領客人。引領客人時，應走在客人斜前方邊側二到三步左右處，並照顧到客人的走路速度。走樓梯時，上樓梯請客人在前，下樓梯請客人在後。乘電梯時，在梯外按住電梯按鈕，請客人先進電梯，到達所需樓層後，先出電梯，在梯外按住電梯按鈕，再請客人出電梯。

（10）其他。避免在客人面前與同事說客人聽不懂的方言；在客人面前不得撓頭、抓癢、挖耳、摳鼻孔，不得敲桌子或玩其他物品；不得在客人背後做鬼臉、擠眉弄眼或議論客人；不得在行走時哼歌曲、吹口哨或跺腳；不得隨地吐痰，亂丟雜物；不得當眾整理個人衣物、化妝等；咳嗽、打噴嚏時應轉身向後，並說「對不起」。

本章小結

綜上所述，飯店業是一個特殊的服務行業，它要求從業人員樹立起一切圍繞市場、賓客至上、質量第一的工作觀念以及好的思想道德素質和禮貌修養，學習掌握高超的業務知識和技能，滿懷熱忱地為客人提供優質的服務。為此，飯店管理者在努力完善自我的同時，還應著力營造積極向上、公平愉悅的企業氛圍，引導員工奮發進取，以最佳狀態投入到工作中去。正如一些國際著名飯店管理專家們的至理名言所述：

愉快的客人是由愉快的員工服務的；

你關心員工，員工就會關心你的客人；

飯店管理者如果理解員工，員工便會理解客人；

客人第一＋員工第一＝最佳飯店。

……

複習與思考

1.飯店從業人員應掌握哪些基本工作觀念？

2.商品觀念的主要內容是什麼？

3.市場觀念有哪些主要內容？

4.飯店從業者應該樹立什麼樣的服務觀念？

5.質量觀念有哪些主要內容？

6.飯店從業人員應具備哪幾方面基本素質？

7.思想道德素質包括哪幾方面的內容？

8.業務素質展現在哪幾方面？

9.飯店從業人員應掌握哪些服務技能？

10.對飯店從業人員的儀容儀表有哪些具體要求？

11.飯店從業人員在語言的運用方面應注意哪些問題？

12.對飯店從業人員在行為舉止方面有哪些禮貌要求？

第 5 章　飯店服務質量管理

章節導讀

飯店出售的是服務產品，服務質量的優劣維繫著飯店的生命。事實證明，在當今市場上，只有以優質的服務作為保證，飯店才有信譽、有市場、有效益。

飯店服務質量管理是一種內部管理，目的是透過飯店質量標準體系及相關措施來檢查和控制飯店產品的質量，以減少投訴，提高客人滿意度。本章節主要介紹服務質量的含義和飯店全面質量管理的內涵。

重點提示

解釋服務質量的含義、方法和標準。

介紹改善和提高飯店服務質量的途徑。

講解飯店全面質量管理的內涵。

第一節 飯店服務質量

服務質量不同於實物產品的質量，有其特殊性。在研究飯店服務質量管理之前，首先必須瞭解飯店服務質量的含義、評價方法和標準。

一、服務質量的含義

關於什麼是優質服務，學術界爭論頗多。其中一個重要原因在於服務產品是

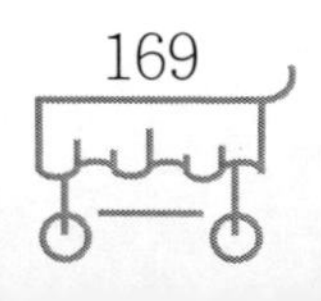

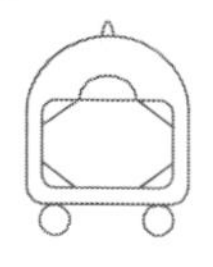

一種不同於實物產品的產品形式，傳統的質量觀念無法全面解釋服務產品質量。

（一）服務質量的定義

在服務質量的各種定義中，比較常見的定義有兩個。①生產導向的定義：優質指服務符合規格。根據這個定義，飯店必須確定服務質量標準，使所有服務工作都符合質量標準。②市場導向的定義：優質指服務符合客人的需要，適於客人使用。這個定義強調服務的使用價值和客人的滿意程度，要求飯店根據客人的需要確定服務質量標準，為客人提供滿意的服務。

我們認為，將這兩個定義的內容合而為一，才是比較全面的服務質量的定義，即服務質量應是服務的客觀現實和客人的主觀感覺融為一體的產物。飯店為客人提供正確的服務，並做好所有服務工作，才能提高客人感覺中的服務質量。

（二）服務質量的組成

服務質量既有硬體質量也有軟體質量。

1.硬體質量

凡是與飯店設施設備等實物有關的並可用客觀的指標度量的質量統稱為硬體質量。飯店產品的硬體質量主要指飯店的服務設施、設備和實物產品的質量，硬體質量的高低決定著飯店產品供給能力的大小。在客人消費過程中，硬體是客人的主要消費對象，是滿足客人需求的物質基礎，因此，硬體質量構成飯店產品質量的憑藉與依託，是飯店產品質量的重要組成部分。

2.軟體質量

軟體質量則是指飯店提供的各種勞務活動的質量，表現為客人享受這種勞務活動後的心理體驗與感受。軟體質量是飯店產品質量的主要組成部分。

飯店服務質量是以上兩方面的密切結合，在服務設施、設備等硬體質量既定的條件下，服務活動等軟體質量的好壞就成為衡量飯店服務質量的關鍵。

二、服務質量的評價

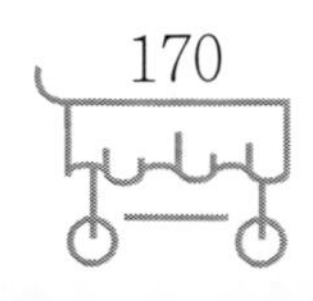

長期以來，人們一直認為以人的活動作為產品的質量是難以度量的，其實不然，在經過大量的調查研究後，人們發現，服務質量特別是軟體質量並不只是一種主觀感受，它同樣是一種客觀存在。雖然服務質量與消費者的主觀評價密切相關，但是，由於消費者具有共性，這種主觀的評價中就必然包含著共同的標準。客人感覺中的服務質量是由可感知性、可靠性、反應性、情感性和可控性等五類屬性決定的。

1.可感知性

這是就服務產品的有形部分而言的，如各種服務設施、環境氛圍、服務人員的服裝儀表、促銷資料等。都是可以感知的。

服務從本質上說是一種活動過程，具有非實體性，客人通常是借助服務產品的有形部分來對服務質量作出相應的認識與評價的，為此，飯店經營者常常在服務設施、飯店建築等硬體上下功夫，力求給客人以美感。但是，如果過分追求形式美，不充分考慮硬體與軟體的密切結合，飯店服務質量依然是無法提升。

2.可靠性

指飯店在服務中履行自己事先作出的各種承諾，為客人提供正確、安全、可靠的服務的概率。可靠性要求飯店嚴格按照服務規程操作，減少發生差錯的可能性，確保客人的消費權益不受損害。

可靠性是客人評價飯店服務質量的又一重要標準，凡經營業績突出的飯店都十分重視這一點，如在世界各地出售的麥當勞的漢堡，其大小、分量、規格、味道是完全一樣的。

3.反應性

指飯店對於客人服務需要的反應速度，其度量標準是飯店的服務效率。

研究顯示，等候服務的時間長短是關係到客人感知服務質量優劣的重要因素，尤其在時間就是財富和生命的當今社會，服務效率低下可能會讓飯店失去已有的客人。因此，飯店應當在如何儘可能減少客人等候時間上下功夫。例如，希爾頓飯店集團的服務特色就是一個「快」字，這種高效率的服務迎合了現代社會

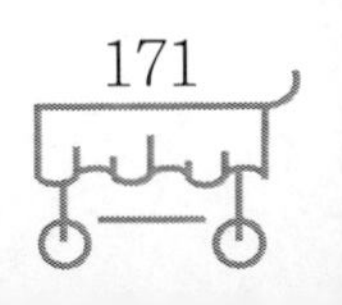

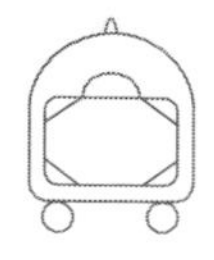

消費者的需要。

4.情感性

即飯店對客人的關心體貼與尊重程度。服務員態度友好，對客人關懷備至，就能夠最大限度地滿足客人情感上的需要，反之則會讓客人感到不快與失望。

從飯店是客人的「家外之家」開始，飯店經營者一直倡導服務的情感色彩。例如，萬豪國際集團就是以高超的管理水準和細緻周到的服務贏得客人好評的。

5.可控性

指服務人員的知識、技能和禮節使客人產生信任感的程度。

需要指出的是，服務質量並不直接等於客人的主觀感知質量，它還與客人對服務產品的預期質量有關。預期質量受客人的個人需求、消費經驗以及服務價格等因素的影響。所謂服務質量的優劣其實是客人將自己的質量感知與質量預期相比較的結果。

服務質量＝感知質量－預期質量

如果感知質量低於預期質量，客人就會對服務表示不滿意，這樣的服務可以視作劣質服務；反之，當感知質量超過預期質量，客人對於服務就會表示滿意，此時的服務就是優質服務。

優質服務，究其實質就是一種超值服務。

三、服務質量的標準

有效的服務質量標準應有以下一系列特點：

（1）滿足客人的期望。管理人員應透過營銷調研，瞭解客人對各類服務屬性的期望，再根據客人的期望，確定各類服務屬性的質量標準。

（2）具體、可衡量。管理人員應確定具體的服務質量標準，以便服務人員執行。如「電話總機話務員必須盡快接聽電話」，這是含糊不清的質量標準；「話務員必須在15秒鐘之內接聽電話」，才是具體、明確的質量標準。

（3）員工接受。員工理解並接受服務質量標準，才會照章執行。管理人員發動員工參與制定服務質量標準，不僅可確定更精確的標準，而且可得到員工的支持。

（4）強調重點。過於煩瑣的質量標準，反而會使全體員工無法瞭解管理人員的主要要求。必須重點突出、切實可行。

（5）及時修改。管理人員應經常考核員工的服務質量，並將考核結果反饋給有關員工，幫助員工提高服務質量。同時還應根據考核結果，修改不合理的服務質量標準。

（6）既切實可行又有挑戰性。如果管理人員確定的質量標準過高，員工無法達到管理人員的要求，必然會產生不滿情緒。既切實可行又有挑戰性的服務質量標準，才能激勵員工努力做好服務工作。

第二節 飯店服務質量的改善

改善飯店服務質量，首先應落實服務項目設計、服務現場管理和關鍵時刻管理。

一、服務項目的設計

服務項目是指包含若干核心服務、並有輔助服務與之配套的服務組合。與傳統的實物產品一樣，服務產品也需要進行科學的開發與設計，這是保證服務產品質量的前提。飯店設計一個服務項目通常需要做這幾項工作：

（1）進行市場調研，確認目標市場。新增服務項目原則上應與飯店已有客源市場的需求相一致，或者是現有客源市場中的一部分，一般不宜撇開原有客源市場另設新的服務項目。

（2）根據目標市場的需要，確定新增服務項目中的核心服務內容。核心服務應該最大限度投客人所好，有新意，有前瞻性，有技術上的可行性。

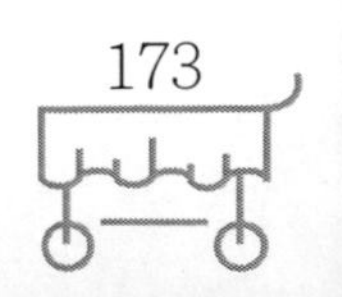

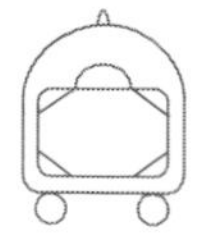

（3）在核心服務內容確定以後，飯店還應根據自身特點，確定與之配套的輔助與便利服務。這些服務不僅有利於客人消費與享受，而且還應為核心服務增加較為可觀的附加價值。

（4）協調飯店內部管理，統一飯店企業形象。

二、服務現場的管理

服務現場是服務的第一線。一般來說，它需要具備四個要素：（1）服務對象，即客人。（2）服務者，即飯店工作人員。（3）設備和材料。（4）服務場所。

在飯店業，服務現場有直接服務現場和間接服務現場兩大類。

1.直接服務現場

指面對客人的服務活動現場，如客房、餐廳、客務、商場、健身中心等等。直接服務現場是飯店的服務窗口，是綜合反映一家飯店總體服務水準的場所，同時也是各類矛盾的發生地。

直接服務現場的核心是「人」，這可以從兩個方面來理解：一是服務活動是以客人為中心進行的，離開了他們，任何工作都是沒有意義的；二是服務是透過服務人員來實現的，在和客人的關係中服務人員處於主導地位，他們的言行代表了飯店的形象，直接影響著客人對飯店服務質量的評價。

2.間接服務現場

指不直接面對客人的服務現場，即我們常說的飯店的二線部門和一線部門中的二線部位，如採購供應、工程維修和廚房製作現場等。

間接服務現場的活動是為了保障直接服務現場活動能夠正常和有效地進行。管理者必須加強對兩類服務現場的管理力度，才能有效保證飯店總體服務水準。

三、關鍵時刻的管理

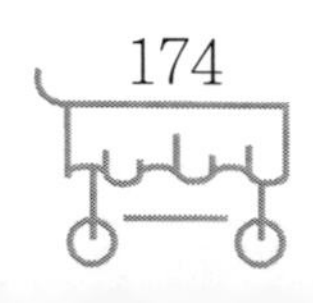

對於服務產品而言，其軟體質量的重要性通常要高於硬體質量，且硬體質量的改進比較容易實現，要提高軟體質量則比較困難。

客人對於軟體質量的感知始自於服務的關鍵時刻。所謂關鍵時刻是指飯店在接待客人的過程中直接與客人打交道的時刻。與關鍵時刻相應的還有服務的關鍵崗位，通常被稱為一線部門。由於客人對服務質量的評價主要取決於關鍵時刻在關鍵崗位上的員工的表現，因此，做好關鍵時刻的服務工作是提高飯店服務質量的關鍵。

一般來說，飯店服務中的關鍵時刻包括客人入住與離開飯店，以及在客房、餐廳等營業性場所享受服務的過程。因此，加強對前台、客房以及餐廳等部門的管理是提高飯店整體服務質量的重中之重。

（一）前台服務質量管理

前台是飯店服務的窗口，是飯店組織各項服務活動的神經中樞。客人來到飯店首先接觸的是前台服務人員，最後道別的還是前台服務人員，前台肩負著迎來送往、接待登記、分配客房、付費結帳的責任，同時還承擔著解答客人詢問，安撫客人抱怨與投訴，負責與旅行社、航空公司等方面的對外聯繫工作。

作為前台的服務人員，應該具有一定的業務技能與銷售藝術。首先，要有較高的語言水準，最好能夠熟練掌握一到兩門外語。其次，要熟悉飯店接待業務，做到快速、熱情、準確、有效的服務。再者，應有較強的應變能力，能妥善處理各種問題。

根據客人入住飯店的活動規律，前台服務人員應該在住宿登記、推銷客房、建立帳戶、收銀結帳等方面練好基本功，以提高自己的服務質量。

（二）客房服務質量管理

客房服務是飯店服務的主要內容，客人的消費主要是透過客房的服務來實現的。

客房服務與前台服務不同，服務員通常不必與客人直接接觸，而主要透過自己的勞動為客人提供整潔、舒適、乾淨的客房。為此，客房服務員常被人們稱作

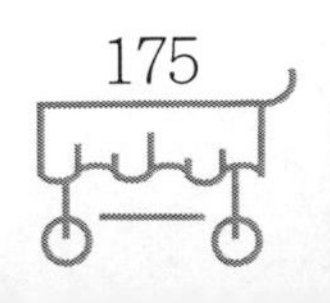

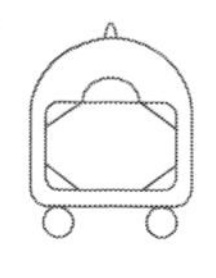

幕後英雄。

客房除了硬體設施舒適、安全、美觀外，還應突出淨、暖、靜的特點。乾淨，強調的是客房作為客人外出旅行的臨時之家，其設施用品都應該整潔衛生；溫暖，要求客房服務員對客人熱情、周到與尊重；清靜，則強調客房周圍環境應該寧靜，以保證客人有較為理想的休息場所。

（三）餐廳服務質量管理

餐廳是飯店服務的重要場所，飯店應著重從以下三個環節加強對餐廳服務質量的管理力度：

（1）引座。服務人員應面帶微笑，致禮問候，歡迎客人前來用餐，並帶領客人到恰當的位置入座。

（2）桌面服務。餐桌前服務是整個服務的核心部分，要求服務人員不僅具備良好的語言表達能力、高超的服務技巧和較強的應變能力，同時還應熟悉餐廳提供的各種菜餚與酒水知識，瞭解烹製方式及其營養價值。

（3）上菜。上菜服務員為桌面服務員輸送客人所需的菜餚，要求其與廚房服務人員合作，快速、準確地輸送菜餚，為餐桌服務員當好助手。

第三節 飯店全面質量管理

全面質量管理的概念是由美國質量管理專家費根堡與朱蘭等人提出的，在1970年代，美國、日本等發達國家將其引入第三產業，取得了較好的成效。全面質量管理是飯店綜合利用自己的經營方式、專業技術以及思想教育等手段，形成從市場調查、產品設計到服務消費的一個完整的質量體系，使飯店服務質量管理進一步標準化與科學化的過程。全面服務質量管理要求飯店以客人需求為中心，以全員參加為保證，以服務技能和科學方法為手段，實現飯店最佳的經濟效益與社會效益。飯店全面服務質量管理改變了傳統的質量管理思想，把質量管理的重點放在以預防為主上，從以檢查服務結果為主轉變為控制服務質量問題產生的因素為主。

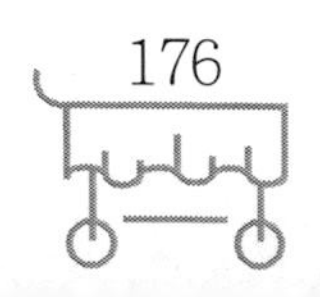

一、全面質量管理的含義

（一）全方位的管理

飯店服務質量的高低取決於各部門每一位員工的工作結果，因此，飯店的每一個崗位都應參與質量管理。

服務工作全面質量管理的對象是全面的，即廣義的質量概念，不僅要對客人的需求質量進行管理，而且要對全飯店的各種工作的質量進行管理；不僅要對物質需求質量進行管理，而且要對精神需求質量進行管理；不僅要對功能性質量進行管理，而且要對經濟性、安全性、時間性、舒適性和文明性等方面的質量進行管理；不僅要對物進行管理，更重要的是要對人進行管理。總之，服務工作的全面質量管理是全方位的質量管理。

這種管理要求我們不能只把視線集中到一個或幾個領域，因為這樣不可能解決提高飯店服務質量的根本問題。

（二）全過程的管理

這個全過程是指服務工作的全部過程，包括服務前、服務中和服務後三個階段，它不僅僅是面對客人所進行的服務，而且還包括了這之前所做的準備工作和善後工作。

一些飯店管理人員對於這種全過程的管理缺乏明確的認識，便出現了幾重幾輕的局面：

（1）重服務操作，輕服務前的準備和服務後的善後工作。其實，很多服務過程中暴露出來的問題，其根本都在於前期準備不夠充分。如：廚房出菜不及時，可能是營業前的加工準備不夠所致；宴會服務零亂，可能是人員安排、分工不當所致；給大型團隊辦理入店手續速度慢，可能是前期排房或其他準備工作不足所致。

（2）重營業高峰期，輕營業低谷期。

（3）重迎來送往，輕服務過程。

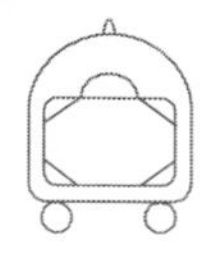

（三）全體人員參與的管理

我們所說的服務質量管理，實際上是指工作標準的確立和以此為根據來指導檢查工作結果，並對工作結果進行分析。如果符合標準，應考慮是否還需要繼續改進；如果不符合標準，應及時明確是標準問題還是員工的問題。如是前者，則應修訂標準；如是後者，就要對員工進行培訓和調整。

總之，飯店的全面質量管理，是涉及飯店每一個崗位、貫穿每一項工作始終和每一個人都要參加的質量管理活動。

二、服務過程的質量管理

如前所述，飯店服務的過程包括服務前、服務中和服務後三個階段，它不僅是面對客人所進行的服務，而且還包括服務前所做的準備工作以及服務後的一切善後工作，這三個階段的工作構成了一個不可分割的整體。服務過程的質量管理對服務質量的提高至關重要。

（一）服務質量的差距分析

差距分析是1980年代末出現的一種用於尋找產生服務質量問題的根源、改善服務質量途徑的基本方法。該方法認為，飯店服務質量差距來自以下五個方面：

1.服務質量的認識差距

這些差距主要是因飯店管理者對於客人需求與服務質量預期的錯誤理解造成的。形成這種差距的主要原因有：

（1）管理者從市場調研中獲得的訊息不準確。

（2）市場訊息雖然基本準確，但是分析理解出現偏差。

（3）一線員工報告的訊息有誤或者沒有報告。

（4）飯店機構設置不合理，傳遞的訊息失真。

要克服管理層的認識差距，最有效的辦法是多作調查研究，以便能夠不斷加

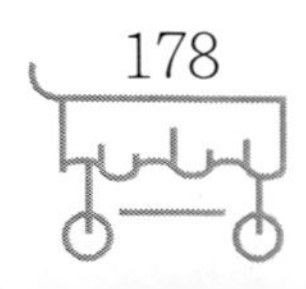

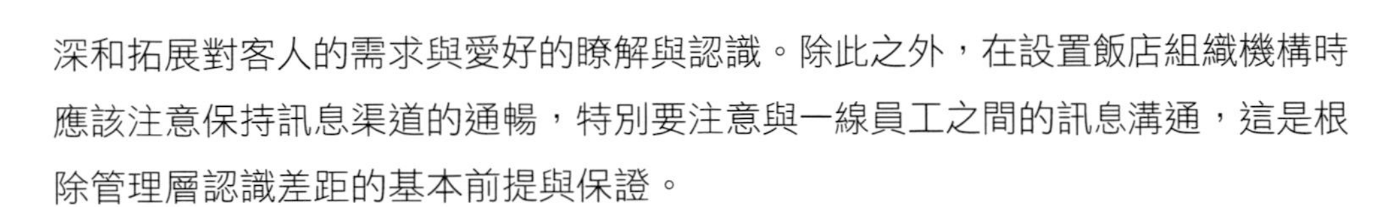

深和拓展對客人的需求與愛好的瞭解與認識。除此之外，在設置飯店組織機構時應該注意保持訊息渠道的通暢，特別要注意與一線員工之間的訊息溝通，這是根除管理層認識差距的基本前提與保證。

2.服務質量的標準差距

這是由飯店制定的具體質量標準與管理層對客人的質量預期認識不吻合造成的。這種差距產生的原因是：

（1）飯店制定服務質量標準的核心概念有誤。

（2）管理層對於服務質量標準化工作重視不夠。

（3）服務質量標準要求太低或者模糊不清。

（4）標準制定太具體，制約了一線員工的主觀能動性。

3.服務質量的供給差距

供給差距是指在飯店服務中供給的服務質量水準達不到制定的服務質量標準。形成這種差距的主要原因有：

（1）一線員工不瞭解或者不認可飯店服務標準。

（2）新的服務質量標準違背了人們的價值觀念與行為習慣。

（3）服務設施設備達不到標準要求。

（4）服務過程管理不善。

要縮小這種差距，飯店除了進一步完善質量管理體制，充分發揮管理者的積極作用，重塑飯店企業文化以外，還要加強對員工，特別是一線員工的培訓與教育，使按照飯店服務質量標準行事成為員工自覺的行動。

4.服務質量的傳播差距

指飯店向市場提供的訊息與質量允諾和飯店實際能夠提供的服務質量之間的差距。造成這種差距的主要原因在於：

（1）飯店缺乏對市場營銷與服務生產的統一管理。

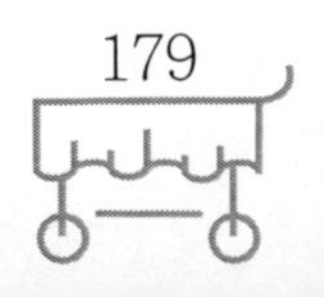

（2）飯店為了增加對市場的吸引力而誇大其辭。

（3）飯店服務質量在各個部門不平衡。

要消除以上差距，飯店除了要在內部建立起一整套有效的管理體制外，還應該對飯店的各種承諾進行控制與管理，而不是脫離飯店實際對客人進行不切實際的許諾。

5.服務質量的感知差距

這一差距主要是由客人對質量的預期與實際感知不同所致。通常，這類差距會造成：

（1）客人因為自己體驗到的服務質量太低而拒絕再接受飯店的服務。

（2）客人將自己在服務消費中的親身經歷向親朋好友訴說，由此形成負面的口頭傳播效應。

（3）客人口頭傳播的負面效應積累到一定程度則會破壞飯店的總體形象。

（4）企業形象的破壞不僅會使飯店現有客人逐漸流失，也會使潛在市場對飯店望而卻步。

（二）服務質量的過程管理

飯店服務質量管理貫穿在客人到飯店之前的準備階段、客人在飯店停留的接待階段以及客人離開飯店的結束階段。

1.準備階段的質量管理

飯店服務質量管理工作始自各部門在客人來店之前做好物質與精神方面的充分準備。重點應該檢查兩方面的工作：其一是要求每個服務人員精神飽滿，思想集中，穿著整潔，規範操作；其二是應該事先瞭解客人的生活習慣，以便提供有針對性的服務。

2.接待階段的質量管理

這一階段的質量管理工作是服務全過程質量管理的關鍵環節。主要應做如下兩方面的工作：加強飯店服務現場管理，特別是關鍵崗位與環節要進行重點控制，發現問題及時糾正；要充分利用飯店質量訊息反饋系統蒐集有關訊息，找出質量問題產生的原因，制定進一步改進的措施。

3.結束階段的質量管理

這是飯店服務質量管理的最後環節。主要內容包括：主動向客人徵求意見，對於服務工作中存在的不足表示歉意，高度重視客人的投訴並及時予以處理；掌握客人離店的具體時間，認真核對客人帳單，及時結帳；客人離開飯店時，應主動告別，並歡迎客人下次光臨；如果客人有物品遺忘應該想方設法送還。

三、服務質量的標準化

如果說，飯店服務質量的過程管理是以飯店服務活動的時間作為坐標來加以考察與分析的，那麼，服務質量標準化則強調的是飯店各部門服務質量標準的集中與統一。

（一）標準化的概念

1983年中國頒布的「國家標準」對標準的定義是：標準是對重複性事物和概念所作的統一規定，它以科學、技術和實踐經驗的綜合成果為基礎，經有關方面協商一致，由主管機構批准，以特有的形式發布，作為共同遵守的準則和依據。同年7月，國際標準化組織對標準這一概念進行了如下定義：由有關方面根據科學技術成就和先進經驗、共同合作起草、一致或基本上同意的技術規範或其他公開文件，其目的在於促進最佳公共利益，並由標準化團體批准。

以上定義從不同方面揭示了標準這一概念的含義：

第一，制定標準的出發點是建立最佳秩序，取得最佳效益。

第二，標準的產生基礎是科學技術新成果與先進實踐經驗的結合，標準不應該只是局部片面的經驗，也不能僅僅反映局部利益，而應該是經過各有關方面認真討論、充分協商一致、從全局利益出發作出的規定。這樣的標準才能展現其科學性與民主性，在執行中才有權威。

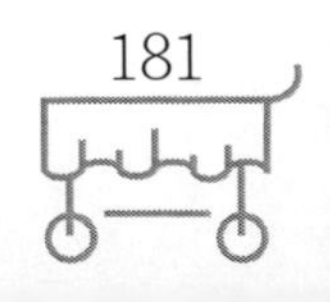

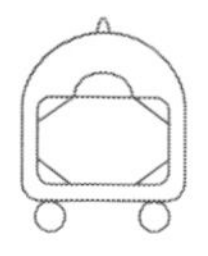

第三，制定標準的對象為具有多樣性、相關性特徵的重複事物與概念。對重複性事物和概念制定標準的目的是總結經驗，選擇最佳方案，作為今後的目標與依據。這樣做可以最大限度地減少不必要的重複性勞動。

第四，標準化的本質是統一，即不同級別的標準在不同的範圍內實現統一。

第五，標準有自己的一套統一格式與獨特的頒發程序，這樣做既可以保證標準的質量，又可以展現標準的嚴肅性。

標準化是在實踐活動中對於重複性事物與概念實施統一標準以獲得最佳秩序與社會效益的活動。因此，對於飯店來說，標準化不是一個階段性工作，而是一個循環往復的過程。飯店的各項標準將在標準化活動過程中得到不斷的完善與提高。

飯店的標準化工作不同於其他行業，尤其是以實物產品為對象的工農業標準化。飯店標準的對象是服務，服務產品的顯著特點是無形性，如果說，工業產品的質量好壞可以透過事前的一系列物化指標進行客觀檢驗，那麼，飯店產品質量的優劣卻只能在客人消費過程中進行展現與證明。飯店產品的無形性以及不可儲存性使得產品質量不易被跟蹤，指標不易量化，事前不易檢驗，事後不易彌補。

儘管飯店產品的標準化工作目前存在著許多難題，但是，應該看到，它對於提高飯店服務質量有著重要意義。

第一，標準是評價和反映飯店服務質量的尺度，又是進行質量管理的依據。如果沒有質量標準，飯店的質量管理就是一句空話。需要指出的是，任何標準都存在著一個從不完善到逐步完善的過程，飯店的服務標準也不能例外，只有具備標準，飯店服務質量管理才有基礎。表5-1是飯店部分崗位工作效率標準。

表5-1 飯店部分崗位工作效率標準

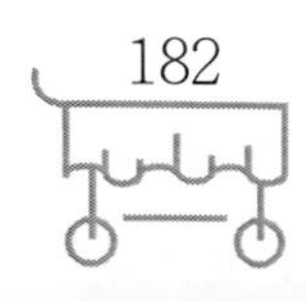

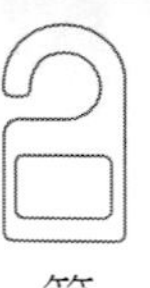

序　號	工作內容	標　準	序　號	工作內容	標　準
1	大廳櫃台登記	4分鐘	2	續房手續	1分鐘
3	大廳櫃台收銀	3分鐘	4	電腦查詢	1分鐘
5	物品保管	4分鐘	6	電腦輸單	4張/分鐘
7	行李存取	4分鐘	8	漢字輸入	70字/分鐘
9	漢字差錯率	1%	10	處理傳真	3分鐘
11	退房衛生	30分鐘/間	12	住房衛生	25分鐘/間
13	空房衛生	5分鐘/間	14	新客入住	3分鐘
15	更換菸灰缸	滿3支菸	16	清洗地毯	30分鐘/間
17	接電話	3秒	18	點菜	5分鐘
19	上菜	8分鐘	20	配菜	2分鐘/道
21	烹飪	4分鐘/道	22	送餐服務	12分鐘
23	維修到位	5-8分鐘	24	消防安全到位	2分鐘
25	滅火	3分鐘	26	安全檢查	4次/日

第二，正確制定標準是提高飯店服務質量的關鍵環節。質量標準是對客人需要的集中展現，也是飯店提供服務的藍圖。

第三，質量管理的核心是制定、貫徹、檢查、修正各項服務標準，使飯店服務質量得到不斷的改進與提高。質量管理始於制定標準，並按照標準進行檢查，找出服務質量問題，採取相應措施，修訂標準，貫徹落實。

（二）制定飯店服務質量標準的依據

制定飯店服務質量標準主要應考慮以下三個方面的問題：

（1）設施設備的質量標準必須和飯店星級、檔次相適應。星級越高，飯店服務設施越完善，設備越豪華舒適。因此，飯店服務質量標準要有不同的層次，層次相差越多，飯店服務標準差別就越大。

（2）服務質量標準必須和產品價值相吻合。飯店服務質量標準展現的是飯店產品價值含量的高低。與其他產品一樣，客人消費飯店產品也應該符合物有所值的要求，服務質量標準包括物資設備價值和人的勞動價值兩部分。由於關係到消費者和飯店雙方的利益，標準應該定得準確合理。標準過高，飯店要虧本；標準過低，客人不滿意，會影響飯店聲譽。

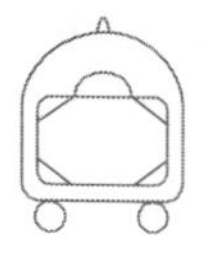

（3）服務質量標準必須以客人需求為出發點。服務中包含的人的活動質量展現在服務態度、服務技巧、禮節禮貌、清潔衛生等各個方面，其質量高低取決於客人的心理感受，因此，任何脫離客人需求的服務標準都是沒有生命力的。

（三）飯店服務質量標準的分類

制定飯店服務質量標準是一項非常複雜的工作。由於飯店服務項目多，各種崗位的服務操作方式又不同，質量標準也不一樣。總的來說，飯店服務質量標準大致包括以下幾類：

1.設施設備質量標準

該標準應分別規定不同星級、檔次飯店的設施設備的數量與質量，其中包括一線服務設施和後勤保障設施等，還包括設施設備的舒適程度、完好程度與允許損壞程度。

2.服務程序標準

根據客人在飯店的活動規律，規定從客人入店到離店全過程中各項服務的具體要求與操作規程。

3.餐飲產品質量標準

根據飯店餐飲業的有關要求規定產品的成本消耗、生產工藝流程、烹飪技術要求，以滿足客人需要。

4.安全衛生標準

安全衛生是服務質量標準的重要內容，安全包括客人的人身安全、財產安全、隱私安全等等內容。衛生包括客房衛生、餐飲衛生、公共環境衛生與食品衛生等各個方面。飯店要根據各部門、各環節的具體情況制定安全與衛生標準，標準要具體，便於檢查。

5.服務操作標準

根據各部門、各環節、各崗位的具體活動特點規定服務人員的操作規程，這些規程為服務人員提出了具體要求，為服務質量提供了基本保障，同時也是對服

務人員進行考核的重要依據。

6.禮節禮儀標準

禮節禮儀貫穿在服務過程的始終，這類標準應對員工在禮節禮貌與儀容儀表方面提出具體要求，透過創造良好的服務氛圍給客人以舒適美觀的感受。

7.語言行為標準

該標準應規定員工必須掌握的禮貌用語、微笑服務和坐立行走的姿態動作等等。

8.服務效率標準

提高服務效率是客人的基本要求，飯店要根據各種服務勞動的具體要求規定完成的時間，以提高服務效率。

四、質量管理基本方法

（一）PDCA方法

PDCA方法是飯店服務質量管理的基本程序。該方法由四個管理階段構成：第一階段是計劃（PLAN），提出飯店在一定時期內服務質量活動的主要任務與目標，並制定相應的標準。第二階段是實施（DO），根據任務與標準，提出完成計劃的各項具體措施並予以落實。第三階段是檢查（CHECK），包括自查、互查、抽查與暗查等多種方式。第四階段是處理（ACTION），對發現的服務質量問題予以糾正，對飯店服務質量的改進提出建議。PDCA方法是一個不斷循環往復的動態過程，每循環一次，飯店服務質量通常都進入一個新的水準。運用PDCA方法解決飯店質量問題可按照圖5-1所示具體步驟進行：

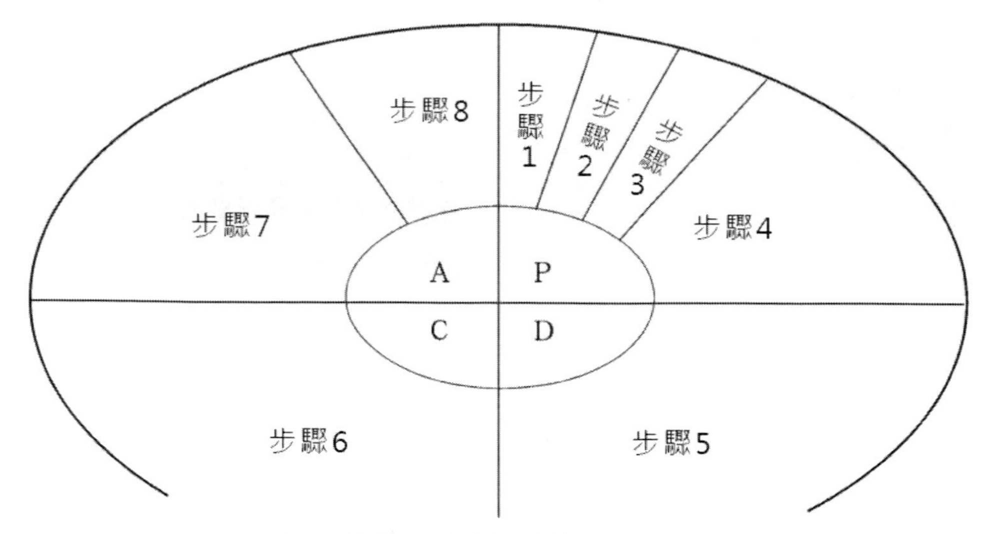

圖5-1 運用PDCA方法解決飯店質量問題具體步驟

1.計劃階段

（1）對飯店服務質量現狀進行評估，從中找出對飯店質量影響最大的主要問題。

（2）運用因果分析法分析質量問題產生的原因。

（3）從各類原因中找出主要原因。

（4）找出首先要解決的質量問題，明確解決這些問題要達到的目標和要求，提出解決問題的具體措施。

2.實施階段

按照改進服務質量的目標和措施落實計劃。

3.檢查階段

運用各種方式檢查服務質量是否提高，分析改進服務質量的各種措施實施的效果。

4.處理階段

（1）對已解決的問題提出鞏固措施，並使之標準化。對未解決的質量問

題，總結經驗教訓，提出改進意見。

（2）提出新一輪未解決的重要服務質量問題並將這些問題轉入下一個循環解決過程。

（二）服務質量問題分類

對服務質量進行分類多採用ABC分析法。所謂ABC分析法是指按問題存在的數量和發生的頻率把質量問題分為A、B、C三類：A類問題的特點是數量少，但發生的次數多，約占總數的70%；B類問題的特點是數量較多，發生的頻率相對較少，占總數的20%～25%；C類問題的特點是數量多，但發生次數少，占總數的5%～10%。這樣，先致力於解決A類問題可使飯店服務質量有明顯提高。

ABC分析法以「關鍵的少數，次要的多數」這一原理為核心概念，透過對影響飯店服務質量諸因素的分析，以質量問題的重要性與質量問題發生的可能性為指標進行定量分析，先得出每個問題在飯店全部質量問題中所占的比重，然後按照一定的標準把質量問題分成A、B、C三類，以便找出對飯店服務質量影響最大的問題加以控制與管理，從而實現服務質量的有效改進與提高，使質量管理既保證解決重點質量問題，又能照顧到一般質量問題。

（三）質量問題成因分析

影響飯店服務質量的因素是錯綜複雜的，並且是多方面的。要解決這些問題，必須對質量問題產生的原因進行系統分析，其中常用的方法是因果分析法，即把產生質量問題的各種原因羅列出來，分析其中包含的本質聯繫，提出解決問題的思路。

因果分析法的步驟包括：

（1）透過ABC分析法確定要解決的服務質量問題。

（2）尋找A類質量問題產生的原因。在尋找原因時，應該邀請有關方面的專業人員共同參加，聽取不同的意見。對原因的分析應深入、細緻、具體，直到對引起質量問題的各種原因找到相應的對策為止。

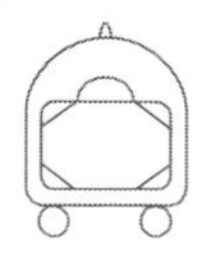

菜餚質量差這一質量問題產生的原因是多方面的，可能是廚師的烹調水準低，也可能是採購的原料差，或者是飯店廚房設備質量不過關……等等。而造成設備問題的原因又可能是設備太陳舊，或者是使用不當……等等。應從各種原因中找出主要原因，然後採取具體措施加以解決，如設備陳舊可以更新，對設備使用不當可以透過培訓解決……等等。

（3）將找出的原因進行整理歸納，確定服務質量產生的主要原因，並針對主要原因制定對策。

案例

北京某飯店在控制客人投訴率中，使用了一個管理方法，叫做「解剖麻雀」。

一天，一名英國航空小姐向值班經理投訴説，住在飯店「沒有安全感」，理由是在她的房間內，發現一雙男士黑襪。總經理聽到這個投訴後，認為事情並非如此簡單，為什麼做床時連襪子都沒有發現？於是決定對此投訴案進行「解剖」。

原來空姐是2月5日入住的。當她外出購物回來到大廳櫃檯取鑰匙時，鑰匙怎麼也找不著了，急得當班接待員滿頭大汗，空姐心裡也忐忑不安。接待員到收銀前台尋找也毫無蹤跡，後來又回到了大廳櫃檯接待部，在無可奈何的情況下，只好一個鑰匙盒一個鑰匙盒地去翻，終於在鄰近的鑰匙盤中找到了那把鑰匙。

本來心情就不佳的空姐，剛剛打開房門卻又在床頭櫃下發現了一雙男士黑襪，而且上面還有兩片開心果殼皮。她馬上警覺起來，認為有男人進過她房間，且在屋裡吃過東西，於是出現了開頭的投訴事件。

鑰匙怎麼會放錯了位置呢？一問主管，她馬上道出了原委。為了讓客務關係部新員工熟悉業務，每兩週有一人到接待部輪訓一次，而培訓員工的第一項工作就是把客人交來的鑰匙按房間號碼放入盒內，這是接待部最簡單、也是最容易出錯的工作。幾百間客房的鑰匙盒，密密麻麻地排在一起，稍一疏忽就會張冠李

戴。空姐入住的那天，恰恰是培訓的第一天，無疑是新員工的差錯。主管又回憶起，以前也曾發生過類似的事情。

那麼男襪又是怎麼回事呢？原來空姐入住的前一天，在該房間入住的一位日本男士離店。負責臥室做房的員工是來店培訓的實習生，雖說已任職了半年，但工作馬虎，為此已開了兩次過失單。這天做房未將床屜拉出，所以沒能發現客人丟在床屜底下的男襪，領班檢查也沒到位。

空姐入住以後，輪到和實習生「配對」的小夏做臥室，她是個非常認真的老員工。當她「翻箱倒櫃」時，發現了床底下的黑襪。她認為這肯定是住店客人掉下的，於是按照規範要求，折疊好放在比原來更加明顯的位置上。萬萬沒想到，這一規範操作卻招來了客人的投訴。

事情的來龍去脈弄清以後，總經理室即刻召開了由客務部、客房部經理和主管參加的分析會。經過兩小時的討論，大家一致認為：

問題雖然發生在員工身上，根本卻在管理幹部。第一，接待部已經發現培訓員工錯放鑰匙問題，卻未採取防範措施；第二，既然客房實習生已經記了兩次過失單，為什麼還不調換工種？第三，客房部領班和主管在房務例行檢查中存在漏洞。

鑒於以上情況，總經理室會同有關部門制定了以下措施：

（1）凡是新員工上崗，應選派優秀老員工「傳幫帶」，手把手地教，直到能獨立操作為止。

（2）客房部員工做房，必須強調「認真」兩字，做到「一絲不苟」。

（3）發現屢犯差錯的員工，應及時採取處理措施。

（4）強化領班、主管的查房制度，如事後發現問題須承擔領導責任。

在大家取得共識的基礎上，上述意見形成了文件，並通報了全店。

這一分析方法，被員工們形象地稱為「解剖麻雀」，實行兩年以來，在降低飯店投訴率方面收到了很好的效果。

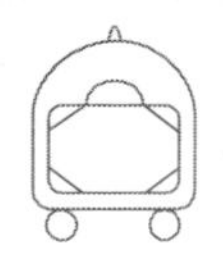

本章小結

飯店的服務質量管理工作是飯店的核心工作，飯店不僅要改善和提高服務效率和成效，還應控制好服務過程。在消費者需求快速變化和市場競爭日益激烈的環境下，飯店不僅要提供標準化的服務，還要提供個性化的服務，融合了標準化和個性化的服務才是高質量的服務，才能更好地滿足客人的需要，提高客人的滿意度。

複習與思考

1.簡述飯店服務質量的定義。

2.飯店服務質量由哪兩部分組成？兩者之間有什麼聯繫和區別？

3.服務質量具有哪幾種屬性？

4.有效的服務質量標準應具有哪幾個特點？

5.飯店進行一個服務項目的設計通常需要做哪幾項工作？

6.服務現場分為哪兩個方面？應該如何對其進行管理？

7.什麼是關鍵時刻？如何對關鍵時刻進行管理？

8.全面質量管理的含義可以從哪三個方面來理解？

9.服務質量的差距主要來自哪五個方面？

10.簡述服務質量的過程管理。

11.什麼是標準化？標準化對提高飯店服務質量有什麼重要意義？

12.飯店服務質量標準制定的依據有哪些？

13.飯店服務質量標準大致包括哪幾類？

14.簡述PDCA質量管理法。

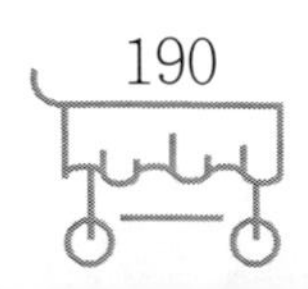

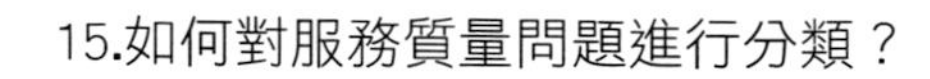

15.如何對服務質量問題進行分類？

16.簡述因果分析法的步驟。

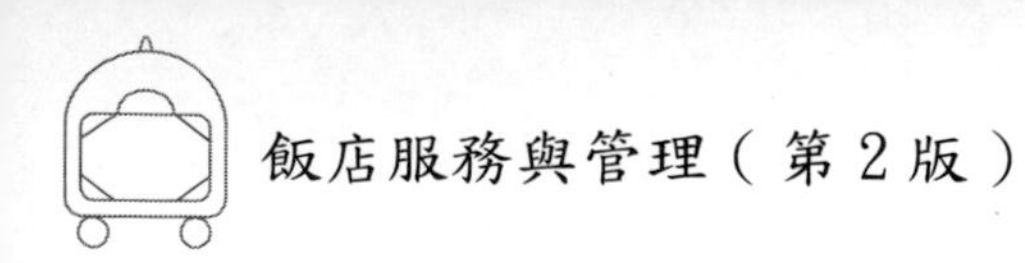

第6章 飯店三大業務部門的服務與管理

章節導讀

隨著時代的發展，現代飯店已經不再是單一提供食宿的傳統客棧，功能越來越齊全，服務越來越完善。但是，作為飯店的主業，客房和餐飲始終占據著飯店最重要的地位。根據著名的飯店會計事務所——美國RKF國際諮詢公司有關世界範圍飯店經營情況的統計資料，客房營業收入占全飯店營業收入的平均比例為58.6%，而餐飲營業收入所占比例為31.6%，電話及其他經營收入所占比例為9.8%。在中國旅遊飯店中，客房營業收入占全飯店營業收入的平均比例為48.17%，餐飲營業收入所占比例為32.52%，商品和其他營業收入所占比例為19.31%。客房和餐飲在飯店中的地位由此可見一斑。以銷售客房和提供客房服務為主的客務部和客房部以及提供餐飲服務的餐飲部無疑成為飯店各部門中的重中之重。

重點提示

解釋客務部門的基本工作職責和組織機構。

講解客務部的各項服務工作和管理。

解釋客房部門的基本工作職責和組織機構。

講解客房部的各項服務和管理工作。

解釋餐飲部門的基本工作職責和組織機構。

講解餐飲部的各項服務程序和管理。

第一節 客務服務與管理

客務部，也稱大廳部、前台部，一般設在飯店最前部的醒目位置，是客人進出飯店的彙集場所，也是飯店對客服務最先開始和最後完成的場所，又是客人對飯店產生第一印象和最後印象的地方。因此，人們常把客務稱作是飯店的門面和櫥窗。

客務部主要承擔以銷售客房為中心的一系列工作，是飯店業務活動和對客服務的一個綜合性部門。其工作好壞不僅直接影響客房出租率和飯店收入，而且能反映一家飯店工作效率、服務質量和管理水準的整體面貌。

一、客務部基本工作職能

1.銷售客房

客務部的首要任務是銷售客房，主要開展客房預訂業務，掌握並控制客房出租狀況，為客人辦理登記入住手續，安排住房並確定房價，在飯店總體銷售計劃的指導和管理下，具體完成未預訂散客的客房銷售和已預訂散客的實際銷售手續。

2.提供各類客務服務

客務部作為對客服務的集中點，擔負著直接為客人服務的工作，如機場迎接服務、門廳迎送服務、行李服務、詢問服務、投訴處理、郵件及留言處理、電話總機服務、委託代辦服務、貴重物品保管服務等等，還要妥善處理客人提出的各種隨機性問題。

3.聯絡和協調對客服務

客務部應與飯店的其他部門密切配合，及時交流客務訊息，協調涉及多個部門的客人事務，保證準確、及時、有效地對客服務，共同為飯店樹立良好形象。如，將透過銷售活動所掌握的客源需求、接待要求等情況及時通報其他部門，使各部門有計劃地安排工作。

4.管理客帳

客務部是飯店業務運行過程中的財務處理中心，其最基本的工作就是管理客人帳單。飯店為登記入住的客人提供最終一次性結帳服務，客務為住店客人分別建立帳戶，接受各營業部門轉來的客帳資料，及時記錄客人住店期間的各項賒款，每日夜間累計審核，保證客帳帳目準確，並為離店客人辦理結帳、收款或轉帳等事宜。

5.處理及提供訊息和資料

客務部應及時對每天獲取的有關客源市場、產品銷售、營業收入、客人需求及反饋意見等訊息進行處理，向管理機構報告，與其他有關部門溝通，以便採取對策。為住店客人，尤其是常客建立客史檔案，記錄客人住店期間的主要情況。把客人預訂、接待情況、客史資料等收存歸檔，供有關部門分析處理。

二、客務部組織機構設置

設置組織機構應視飯店規模的大小、業務量的多寡而定，一要保證客務部的工作效率，二要方便客人。大中型飯店通常單獨設置客務部，或將其歸在房務部下，但仍為部門建制。小型飯店不單獨設立客務部，而將其業務交由客房部負責。

大中型飯店客務部的組織機構可用圖6-1表述。[1]

小型飯店客務組織機構如圖6-2所示。

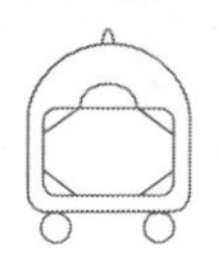

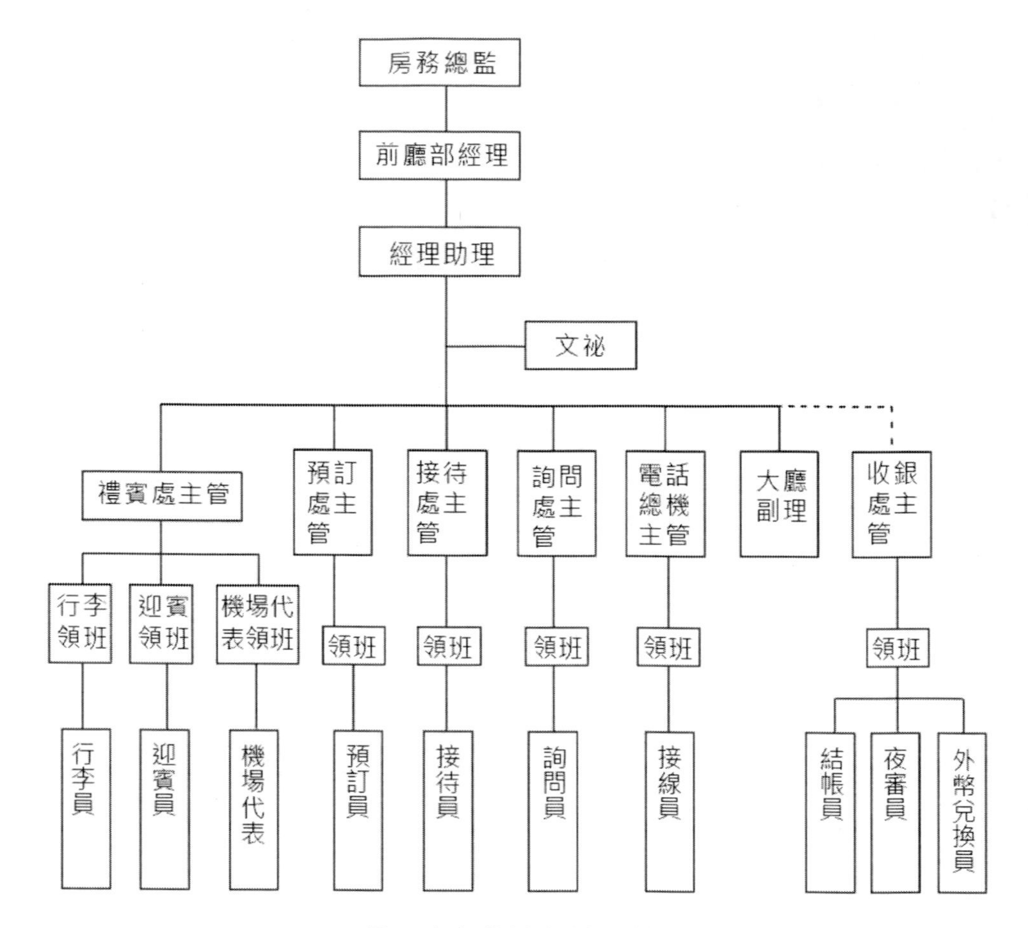

圖6-1 大中型飯店客務部組織機構圖

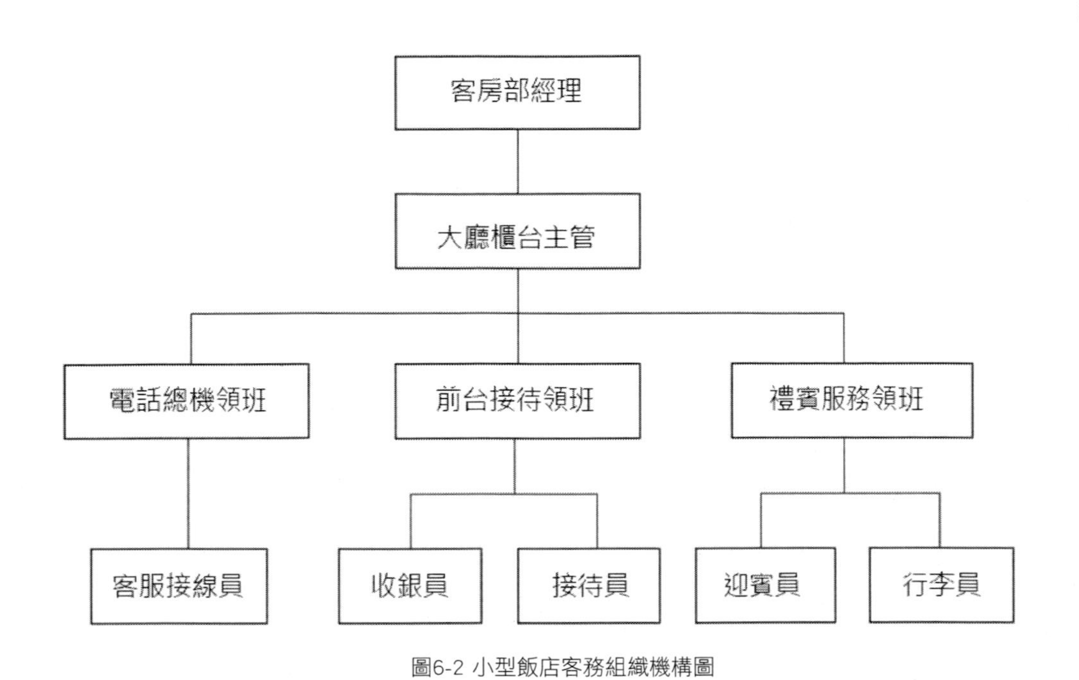

圖6-2 小型飯店客務組織機構圖

三、前台銷售服務與管理

客務部的首要工作是銷售客房，主要包括客房預訂、接待入住、客帳管理等業務內容。

（一）客房預訂

客人在未抵店前向飯店預先提出用房的具體要求，稱之為「預訂」。

1.預訂處的主要職責

（1）受理並確認各種來源的訂房及訂房的更改、取消。

（2）記錄、存放各種預訂資料，保證預訂總表及預訂狀況顯示系統的正確性。

（3）做好客人抵店前的各項準備工作。

（4）製作預測客房出租情況的客情預測表及其他統計分析報表，為飯店領導及其他部門提供經營訊息。

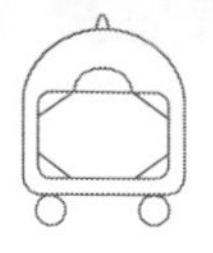

（5）管理客史檔案。

2.預訂工作的程序

客房預訂的程序可分為七個階段：

（1）通訊聯繫

客人以面談、信函、電傳、傳真、電報、電腦網路等方式向飯店提出訂房要求。

（2）明確訂房要求和細節

將客人的訂房要求填入統一的訂房單，內容包括客人姓名、人數、國籍、抵離店日期及時間、預訂客房數及類型、付款方式、交通方式、預訂人姓名或單位及地址、電話號碼等。

（3）接受或婉拒預訂

根據客人的訂房要求如預計抵達的日期，所需客房的種類、數量，住店天數及特殊需要來決定能否接受，若可以，則辦理各種預訂手續；若無接待能力，則婉拒客人，同時主動提出可供客人選擇的一些建議。有的飯店為了更好地樹立飯店形象，還要為客人寄出一份預訂致歉書。

（4）確認預訂

根據國際慣例，不管客人採用何種預訂方式，只要預訂日期與抵店日期之間還有充足的時間，飯店都應向客人發出書面訂房確認書。確認書中應複述訂房的有關事項，如訂房要求、房價、付款方式等；申明飯店對客人變更或取消訂房的有關規定。

（5）記錄、儲存訂房資料

接受客人訂房後，應將原始訂房單整理儲存，按照時間順序和字母順序，將有關內容輸入電腦。

（6）預訂取消或變更

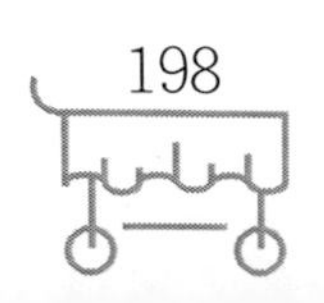

如果客人要求取消或變更已確認的預訂，預訂員必須填寫預訂取消單或預訂變更單，並將取消的訂房資料歸入取消類存檔，將變更的訂房資料與預訂變更單匯總，按接受新的預訂程序處理。

（7）客人抵店前準備

客人抵店前，預訂員要做好預訂資料的核對工作，將次日抵店的客人訊息製表，通知其他有關部門，做好準備工作。

（二）接待入住

1.接待處的主要職責

（1）安排客人住店，辦理登記入住手續，排房、定房價。

（2）正確顯示客房狀態。

（3）積極參與促銷。

（4）協調對客服務。

（5）掌握客房出租變化情況，掌握住客動態及訊息資料，製作客房銷售統計分析報表。

2.接待入住的工作流程

（1）歡迎客人抵店。

（2）識別客人預訂情況。

（3）填寫入住登記表並驗證。

（4）排房、定房價。

（5）確認付款方式。

（6）完成入住登記手續。

（7）製作有關表格。

3.接待工作中常見問題的處理

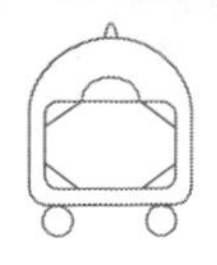

（1）客人暫時不能進房

在營業旺季，常常會出現走客房還未清掃完畢、客人卻已在前台等候的情況。在接到客房部關於客房已打掃、檢查完畢的通知前，接待員不能把客房安排給抵店的客人，因為客人對客房的第一印象是十分重要的。接待員可以先讓客人填寫登記表上除房號、房價等項目以外的欄目，然後為客人提供寄存行李服務，或請客人去大廳吧，一旦客房整理就緒，盡快完成入住登記手續，迅速引領客人進房。

（2）飯店提供的房型、價格不符合已訂房客人的要求

接待員在接待訂房客人時，應複述其訂房要求，以獲得客人確訂，避免誤解。房卡上填寫的房價應與登記表上的一致，並且要向客人口頭報價。但由於超額預訂或其他一些原因，有時也會出現無法向訂房客人提供所確認的客房的情況，此時應向客人提供一間價格高於原客房的房間，按原先商定的價格出租，並向客人説明情況，請客人諒解。

（3）客人入住後立即要求離店

首先，應迅速查清客人離店的原因，盡力挽留客人，為他提供相應的客房。如果客人因為確實有事而離店，接待部門應盡力協助客人離店，並做以下工作：如果客人沒有使用客房設備，也未發生帳務問題，要立即把這種情況輸入電腦，使詢問處、電話總機等部門及時掌握房間狀況；立即廢止客人入住登記表和帳單，加蓋「客人未住店」標記；通知有關部門客人未住店情況。

（4）客人入住時沒有攜帶行李

首先要辨明客人是否將行李放在了行李處前台上。如果客人確實未帶行李，可向客人禮貌地詢問：「先生，您的行李是否還在外面？」對於出示信用卡且未帶行李的客人，經飯店確認後一般可以接待住宿；但對某些可疑者，可預先收取一晚房費。

（5）客人不願登記或登記時有些項目不願填寫

遇到這種情況，接待員應耐心地向客人解釋填寫住宿登記表的必要性。若客

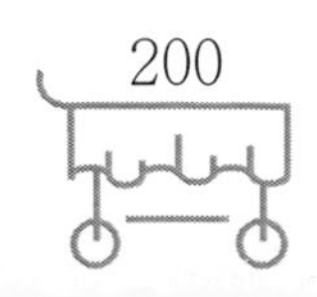

人怕麻煩或填寫有困難，可以代其填寫，其簽字確認即可；若客人有顧慮，怕住店期間被打擾，因而不願公開其姓名、房號或其他情況的，則應告訴客人必須完整填寫入住登記表上的內容，但是飯店可為他提供隱私服務。

（6）重複排房

若重複排房，行李員應立即向客人道歉，馬上與接待處聯繫，並帶客人到大廳或咖啡廳，等候重新安排客房。等房間分好後，再由行李員或大廳副理親自帶客人進房。

（7）住店客人要求續房

住店客人要求續房時，接待員應根據近預售屋態作出相應答覆。如果房態狀況較緊張，無法滿足客人要求，應建議客人換房；根本不可能續房時，應向客人道歉，並推薦其他同檔次飯店；貴賓的續房要求必須滿足，但要向接待組領班彙報，以便對當日房態作出調整；團隊要求續房的，要仔細詢問其付費方式，並立即請示接待組領班，同意後才可辦理續房手續。

確認能滿足客人續房要求的，由接待員填寫一式三聯續房通知單。將有關續房訊息通知各服務點。

（三）前台銷售方法與技巧

1.報價方法

（1）高低趨向報價法

這種報價方法是針對講究身分、地位的客人設計的，即先報客房的最高價，客人不感興趣時，再轉向銷售較低價格的客房。

（2）低高趨向報價法

這是為對價格敏感的客人設計的客房報價法，即先報最低價格，然後逐漸報高價格。

雖然這種報價方法會使飯店失去很多獲取最大利潤的機會，但它也會給飯店帶來廣闊的客源市場，這是因為，在客源市場中不乏尋找低價客房的潛在客人。

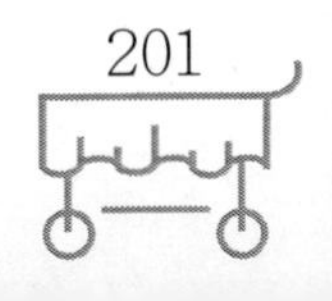

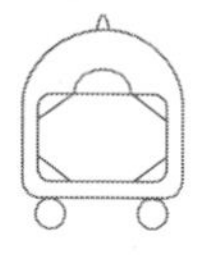

（3）交叉排列報價法

即將飯店所有現行客房價格按先最低價格、再最高價格、最後中間價格的順序排列，給客人有選擇各種價格的機會。相對於低高趨向報價法而言，該報價法增加了飯店出租高價客房、獲得更多收益的機會。

（4）選擇性報價法

即將客人的消費水準定位在飯店房價體系的某一範圍內，選擇有針對性的報價方法（一般不超過兩種）。這要求前台人員善於辨別客人的消費能力，能客觀地按照客人的興趣和需要，選擇適當的房價範圍。

（5）利益引誘報價法

即對到店的已預訂客人採取給予一定附加利益的方法，使他們放棄原預訂客房，轉向購買高一檔次的客房。

（6）「三明治」式報價法

此類報價方法是將價格置於所提供的服務項目中，以減弱直觀價格的分量，增加客人購買的可能性。一般由前台接待員用口頭語言進行描述性報價，強調所提供的服務項目是適合客人利益的，同時要注意報價不宜過多，要恰如其分。

2.前台銷售技巧

（1）熟悉掌握飯店的基本情況及產品的特點

熟悉掌握飯店的基本情況及產品的特點，諸如飯店所處的地理位置及交通情況、飯店服務設施與服務項目、飯店產品的價格與相關政策和規定等等，是做好客房銷售工作的先決條件。尤其對客房應作完整的瞭解，如各類客房的面積、色調、朝向、功能、價格、房間特點、設施設備等，以便在銷售時能用描述性的語言向客人說明每間客房的優勢。如：「我們現在有95美元和75美元的兩種客房，95美元的客房是一種較大的雙人套房，帶有一間起居室；75美元的客房也不錯，能看到美麗的海港景色」。

（2）根據客人的特點大力推銷

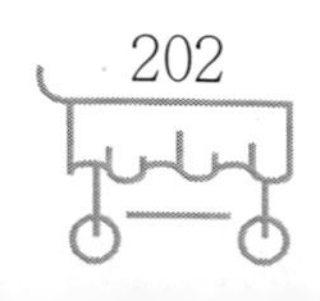

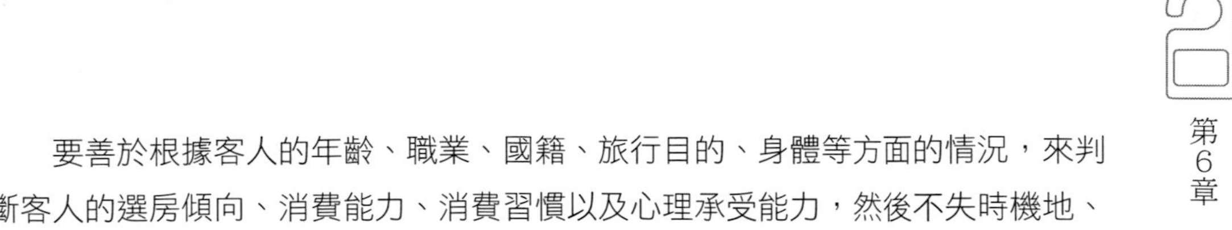

要善於根據客人的年齡、職業、國籍、旅行目的、身體等方面的情況，來判斷客人的選房傾向、消費能力、消費習慣以及心理承受能力，然後不失時機地、有針對性地推銷客房產品。如對休閒遊客可重點推銷店內視野開闊、景緻宜人的客房；對商務客人推銷店內高檔客房；對度蜜月的新婚情侶推銷樓層邊角帶大床的安靜客房等等。推銷時，堅持作正面介紹，多提建議，不要直接詢問客人要求哪種價格的房間，必要時可引領客人實地參觀或出示相關照片，讓客人對客房有感性的認識，最終達到促銷目的。

（3）適時推銷附加服務項目

客人住店不僅有在客房中休息的需要，還有餐飲、娛樂、購物等多方面的需求。因此，在宣傳推銷客房產品的同時，不應忽視推銷飯店的其他產品，如對提前到店的客人推銷娛樂休閒服務，對晚上很晚才入住的客人推銷客房送餐服務等。

（四）前台客帳管理

前台客帳管理工作是一項十分細緻複雜的工作，時間性和業務性都很強。

前台收銀處是客務部客帳工作的執行者，具體負責以下幾項工作：

1.客帳記錄

客帳記錄是前台收銀處的一項日常工作。前台接待處給每位登記入住的客人設立一個帳戶，供收銀處登錄該客人在住店期間的房租及各項花費（已用現金結算的費用除外），它是編制各類營業報表的資料來源，也是客人離店時的結算依據。通常，飯店為散客建立個人帳戶，為團隊建立團體帳戶，團隊中若有不願意受綜合服務費標準限制的客人則另立個人帳戶。為避免工作中發生逃帳漏帳情況，客帳記錄要求帳戶清楚，記帳準確，轉帳迅速。在飯店普遍採用電腦收銀系統的情況下，這一工作的準確性和效率有了很好的保證。

2.結帳服務

現代飯店一般採用「一次結帳」的收款方式，即客人於離店時一次結清在飯店的全部花費。結帳方式一般有三種：一是現金支付；二是用信用卡支付；三是

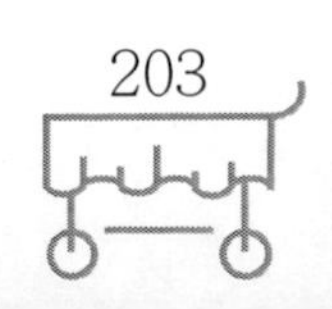

用企業之間的記帳單來支付。

客人離店結帳的基本程序如下：

（1）收銀處夜班人員在下班前將預定當天離店客人的帳戶抽出，檢查應收款項，做好結帳準備。

（2）客人要求結帳時，收銀員應面帶微笑，詢問房號，找出帳卡，核對姓名。同時收回客房鑰匙。

（3）詢問、檢查客人是否接受過付費服務。

（4）向客人報告在飯店的消費總數，開出總帳單，根據客人不同的付款方式結帳。

（5）向客人表示謝意，並歡迎再次光臨，詢問是否要為其預訂下次來的客房。

（6）結帳後，將客人的登記卡、結帳單等各種憑據歸類存檔，以便夜間審核，並通知有關部門保存客人資料。

3.夜間審核

收銀處夜間工作人員還要承擔夜間審核和營業報表的編制工作。

夜間審核，即把從上個夜班收到的帳單及房租登錄在客人帳戶上，並做好匯總和查核工作。夜間審核的工作流程為：

（1）審核各項未付款。

（2）核對客房狀況。

（3）匯總所有原始帳單上的營業額，查核與匯總實收現金收入、應收帳款收入是否一致。

（4）核對在住客人房價。

（5）核對預訂而未到客人情況。

（6）編制部門收支平衡報告。

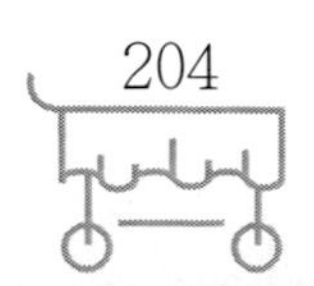

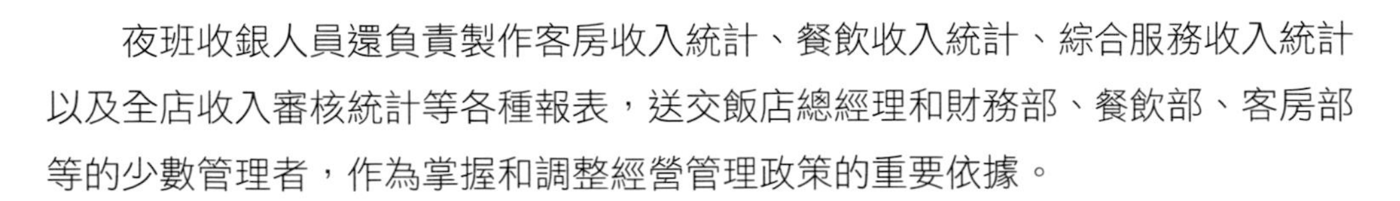

夜班收銀人員還負責製作客房收入統計、餐飲收入統計、綜合服務收入統計以及全店收入審核統計等各種報表，送交飯店總經理和財務部、餐飲部、客房部等的少數管理者，作為掌握和調整經營管理政策的重要依據。

4.「營業日報表」的編制

「營業日報表」是全面反映飯店當日營業情況的業務報表，一般由客務收銀處夜審人員負責編制，其中一份於次日清晨送往總經理辦公室，以便飯店總經理及時掌握營業情況；另一份送交財務部門作為核對各項營業收入的依據。

編制飯店「營業日報表」的依據是由各營業部門上報的「部門營業日報表」。「部門營業日報表」包括各營業項目的名稱及金額、營業收入合計、營業收入的結算情況及各項結算合計，「營業日報表」列出這些數據及其在本日、本月的累積值，並與去年同期的有關數據進行比較，為飯店管理者分析問題和解決問題提供了有指導意義的數據。

5.外幣兌換服務

外國旅客所帶旅費大多是外幣或旅行支票，到達飯店後需兌換成當地貨幣。這就要求收銀員熟悉各國貨幣及有關貨幣兌換的規定，嚴格按照程序進行兌換服務。

收銀處一般還提供旅行支票兌換服務。旅行支票是以現金向銀行購買的一種支票，只要有充分證據證明持票人是真正持有人，就可以進行兌換。為了穩妥起見，兌換旅行支票時，一般要求客人簽字，並出示本人護照等證件，以便核對。

四、客務服務與管理

客務部除了做好預訂和接待工作以外，還擔負著大量直接為客人服務的日常工作，如迎賓服務、行李服務、詢問服務、郵件服務、電話總機服務、客史檔案的建立以及接受和處理客人的投訴等。

（一）禮賓服務與管理

禮賓服務是現代飯店對客服務的一種新概念，把迎送客人服務和行李服務合為一體，並按照服務程序標準化的要求作出具體分工，突出客人應享受的禮賓待遇。在大中型飯店，禮賓組一般下設迎賓員、門童、行李員、派送員、機場代表等崗位。

下面擇要介紹幾個主要崗位的職責：

1.迎賓員

（1）在門廳或機場、車站迎送客人。

（2）代客召喚出租車，協助管理和指揮門廳入口處的車輛停靠，確保通道暢通和行人、車輛安全。

2.行李員

（1）負責抵、離店客人的行李運送及安全，提供客人行李寄存服務。

（2）陪同散客進房，介紹飯店的設施與服務項目。

（3）分送客用報紙，遞送客人的信件和留言。

（4）傳遞有關通知單。

（5）回答客人的詢問。

3.傳呼員

（1）在公共區域呼喚找人。

（2）代客對外聯絡及其他委託代辦事項。

（二）詢問服務

詢問服務是飯店滿足客人對有關訊息需求的一項重要工作，具有為客人排憂解難的作用。

詢問處的主要職責是：

（1）接受客人的詢問和查詢。

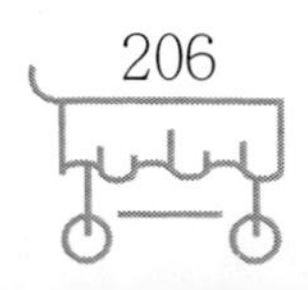

（2）做好客人留言及電話留言記錄工作，並隨時注意留言的轉交情況。

（3）按照工作程序發放、回收、保管客用鑰匙。

（4）把收到的信函、傳真、包裹等進行準確記錄並以一定方式分發給收件客人。

（5）提供一些簡單用品，包括火柴、迴紋針、價格表、信封、信紙和服務指南等。

（6）整理住店客人名單及抵離店等情況，並存檔。

（三）電話總機服務

電話總機提供的服務項目主要為：

（1）接轉電話。

（2）提供喚醒服務、請勿打擾電話服務、電話留言服務、電話詢問服務、電話找人服務等。

（3）辦理長途電話業務。

（4）傳播或消除緊急通知或說明。

（5）播放背景音樂。

（四）商務服務

隨著現代高層次商務活動的興起，飯店的商務服務範圍已經大大超越了傳統的商務中心的服務範圍，變得日趨專門化、系統化和個性化。傳統的商務服務只為客人提供電話、電報、電傳、傳真、打字等一般性服務，而現代商務服務已經在上述傳統項目基礎上進一步發展成為專門針對商務客人的全面、系統的服務。

1.現代商務服務的主要服務項目

（1）為商務客人專門辦理房間預訂業務，對在檔客人實行無擔保確認型預訂。

（2）專設商務前台，為客人辦理快捷的入住手續。

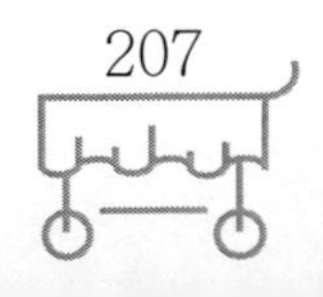

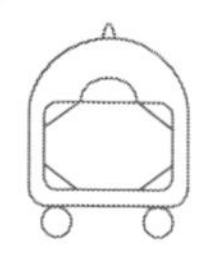

(3)在商務套房配備傳真機、國內國際直撥長途電話機和商務酒吧等專門的商務活動設備。

(4)除提供常規客房送餐服務外,還提供應客訂餐與送餐服務。

(5)接受客人委託,幫助辦理有關私人事務或其他事務。

(6)提供特殊服務項目。

(7)建立特別客人檔案,為提高對客服務速度和進行個性化服務做好準備。

(8)為客人安排會議場所、提供會議服務等。

(9)用最快捷的方法為客人辦理離店手續,並執行特殊付款政策。

(10)為客人提供隨叫隨到的臨時侍從服務,提供專門化、個性化服務。

2.商務服務規則

理解商務活動的特殊性和掌握商務服務的規則,是做好商務服務工作的前提。

(1)商務客人時間觀念強,商務服務必須快捷。

(2)涉及客人商務活動的任何內容,服務人員不得向任何人洩漏。

(3)對客人沒有說明而又不影響服務的事情,服務人員不得多問。

(4)在客人進行商務活動期間,服務人員應儘可能迴避。

(5)客人交辦複印、影印、傳真、電傳、電報等文字資料的原稿,必須當面交還客人,不得自留備份;對於複印、影印中已經作廢的文字稿,應立即銷毀;不准他人查看客人的文字材料。

(6)安排商務活動要細緻、講究,必須以書面形式將詳細方案交客人確認。

(7)商務客人的消費水準高,在安排商務活動時應提供高檔次的服務項目供客人選擇。

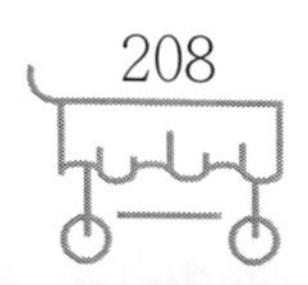

（8）應盡力滿足商務客人的特殊需求。

（五）投訴處理

大廳副理是飯店管理機構的代表之一，在與客人的交往中具有重要作用。大廳副理的主要職責之一是代表飯店全權處理客人投訴。

1.投訴的種類

（1）對設備的投訴

主要包括對空調、照明、供水、供電、家具、電梯等設備的投訴。在受理這類投訴時，最好的方法是立即去實地考察，然後根據情況，採取措施。事後應與客人聯繫，以確認客人的要求是否已得到滿足。

（2）對服務態度的投訴

主要對服務人員粗魯的語言，不負責任的答覆或行為，冷冰冰的態度，若無其事、愛理不理的接待方式及過分熱情等態度的投訴。由於服務人員與客人的性格不同，所以在任何時候此類投訴都容易發生。

（3）對服務質量的投訴

此類投訴包括服務人員沒有按照先來先服務的原則提供服務、接待員分錯房間、未能及時送遞郵件、無人幫助搬運行李、總機轉接電話速度很慢、喚醒服務不準時等等。在飯店接待任務繁忙時，尤其容易發生這類投訴。

（4）對異常事件的投訴

無法買到機票、車票，因天氣原因飛機不能準時起飛，因客滿無法再滿足客人住店要求等都屬於異常事件。在處理對這類事件的投訴時，應盡力解決，實在無能為力的，應儘早告訴客人取得他們的諒解。

2.處理投訴的基本程序

（1）認真聽取意見

在聽取意見的過程中要注意以下幾點：

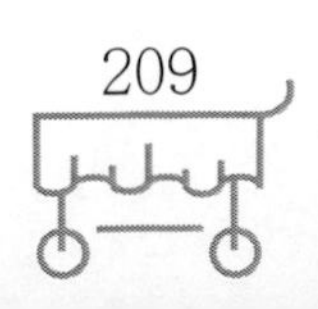

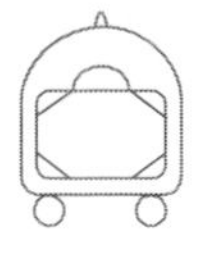

保持冷靜。客人投訴時，往往情緒很激動，要給客人「降溫」，不能反駁客人的意見，不要與客人爭辯。為了不影響他人，最好將客人請到辦公室或到其客房，個別地聽取客人投訴，私下交談，這樣容易使客人平靜。

表示同情。應設身處地分析問題，對客人的感受表示理解，用適當的語言給客人以安慰，如「謝謝您告訴我這件事」，「對於發生這類事件，我感到很遺憾」，「我完全理解您的心情」等等。

給予關心。對客人的投訴絕不能採取「大事化小，小事化了」的態度，應該用諸如「這件事情發生在您身上，我感到十分抱歉」此類的語言來表示對投訴客人的關心。在與客人交談的過程中，注意用姓名來稱呼客人。

不轉移目標。把注意力集中在客人提出的問題上，不隨便引申，不嫁罪於人，不推卸責任，也絕不能隨意貶低他人或其他部門。

（2）記錄要求

把客人投訴的要點記錄下來，這樣不但可以使客人講話的速度放慢，緩和客人的情緒，還可以使客人確信，飯店對其反映的問題十分重視。記錄的資料可以作為解決問題的根據。

（3）擬定解決方案

把將要採取的措施告訴客人並徵得客人的同意。如有可能，可請客人選擇解決問題的方案或補救的措施。要充分估計解決問題所需要的時間，最好能告訴客人具體的時間，不含糊其辭，又要留有一定餘地。

（4）採取行動，解決問題

這是最關鍵的一個環節。所採取的行動應與對客人的許諾一致。在執行過程中如出現意外情況，應及時告訴客人。

（5）檢查落實並記錄存檔

與客人聯繫，核實客人的投訴是否已得到圓滿地解決，並將整個過程寫成報告，存檔。

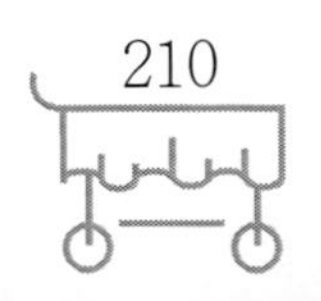

3.「徵求意見表」

為了減少投訴，飯店通常使用向客人發放「徵求意見表」的方法，來主動徵求客人意見，分析和研究容易導致客人投訴的主要環節。

「徵求意見表」一般列有最容易發生投訴的服務環節，及客人對改進服務的建議等內容。此表可以在客人辦理入住登記手續時或離店手續時發給客人，也可以放在客房的服務夾內，還可以郵寄給曾住店的客人。

管理人員應把客人反映的問題逐一歸類、統計、分析，然後確定具體的改進措施。對填寫「徵求意見表」的客人，飯店應發一封總經理署名的致歉信或感謝信。此外，飯店可以將客人填寫的「徵求意見表」的內容按部門統計、歸類後予以公布，並將統計結果作為考核、評比職工業績的一項內容，以達到表揚先進、督促後進的目的。

案例

美國西部大城市舊金山某著名飯店大廳櫃檯接待處迎來了一位35歲上下的男性客人。接待員接過客人的證件一看，果然不錯，就是那個克勞德・庫珀！

一年多前，克勞德・庫珀曾來飯店住過3天，豈料那幾天裡每天都有三五個舉止粗野、滿口髒話的朋友來房裡大叫大鬧。服務員除每天兩次按規定打掃房間以外，其間還不時被叫進去要這要那。這哪裡是一間客房？杯盤狼藉，沙發掀翻，被單垂地，果殼成堆，滿屋煙霧酒氣，裡面的人嬉笑、嚎叫、痛哭、謾罵，簡直是一幅世界末日來臨的圖畫！飯店裡好幾次派管理員前往檢查，暗示他們要文明住店，可是這些酒鬼根本不理那一套，照樣從早到晚喝得神志不清，滿口胡言。

克勞德・庫珀離店時，除了付清房費和在店內的其他開支外，還賠償了被打碎的玻璃杯、鏡子等費用。他沒想到，他的名字已經被悄悄列入了該飯店的客人「黑名單」。所以今天他又出現在飯店的大廳櫃檯前時，接待員馬上就把他辨認了出來。為了進一步核實，他暗示另一位接待員打開電腦查詢，很快便在「黑名

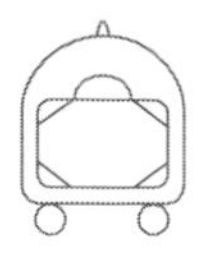

單」上查到了此人：克勞德・庫珀，男，1966年出生，身高179公分，魁梧，右眼角旁有一疤……。

「庫珀先生，很對不起，今天我們的客房全滿了。」接待員彬彬有禮地婉言謝絕他的入住要求。

「唔……，」庫珀一時沒了主意，他沒想到飯店這個時節還會住滿客人，「下週三怎麼樣？給我預訂一間朝南的房間，標準間，要不要付定金？」

「這段時間我們的生意特別好，下周有兩個大型團隊預訂了300個房間。我先給你預訂一間，定金不必付，但請您留個電話，我在下週一會與您聯繫的」。

接待員就這樣十分客氣地把這個不受歡迎的客人「打發」走了。下週一他肯定會去電，告訴克勞德・庫珀：房間全部租完了。

第二節 客房服務與管理

客房是人們外出旅行遊樂和暫時居留的投宿之所，是以出租設施設備和提供勞務服務獲得經濟收入的特殊商品。其中，房間形體是它的外殼，物質設備是它的實體，勞務服務是它價值的重要組成部分。客房是飯店的主體部分，飯店通常設置客房部負責管理客房事務和飯店其他相關事務。

一、客房部基本工作職能

（一）做好清潔衛生工作，為客人提供舒適的環境

客房部負責飯店絕大部分區域的清潔衛生工作，飯店舒適、美觀和整潔的環境，要靠客房部員工的辛勤勞動來實現。

（二）做好客房接待服務工作，保障客人的安寧環境

客房是住店客人在飯店內停留時間最長的生活場所，除了休息外，很多活動在此進行，如接待來訪親朋、商談業務等等。針對客人的不同需要，提供令人滿意的客房接待服務已成為飯店管理的重要任務。同時，作為客人休息的場所，飯

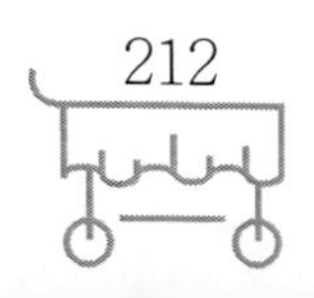

店必須重視客房的安全工作，為客人提供一個安寧的環境。

（三）降低客房費用，確保客房正常運轉

客房中的物品不但繁多，而且量大。物料用品及其他費用開支是否合理，直接影響客房部和飯店的經濟效益。減少浪費、加強設備的維修保養是客房部的重要職責。

（四）協調與其他部門的關係，保證滿足客房服務需要

1.與客務部的協調工作

及時整理離店客人的房間，以供客務部出租。同時從客務部獲取有關住客的資料和訊息，以便做好針對性服務工作。

2.與工程部的協調工作

配合工程部對客房的設備設施進行定期的維護和保養，並提供客情預報，以便工程部適時對客房進行大修理。

3.與餐飲部的協調工作

客房部負責所有餐廳的地面清潔、外窗清潔、餐巾桌布洗滌、員工制服洗燙及樣式設計和更換工作。

4.與採購部的協調工作

提出清潔用品及客房供應品採購計劃，經核准後，交由採購部辦理。

5.與財務部的協調工作

協助財務部做好有關帳單的核對、固定資產的清點及員工薪金的支付工作。

6.與人事培訓部的協調工作

對員工的錄用和培訓提出計劃和要求，協助人事培訓部做好員工的培訓工作。

7.與保安部的協調工作

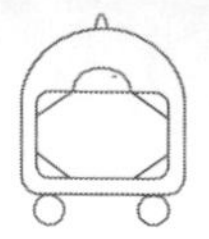

積極協助保安部對飯店公共區域及客房樓層進行檢查，做好防火防盜等安全工作，並向保安部提供必要的住客資料和訊息。

8.與銷售部的協調工作

協助銷售部在客房內放置廣告宣傳卡，以宣傳和推銷飯店的各種設施和服務。

（五）配合客務部銷售，提高客房利用率

客房是一種不可儲存的產品，客房部必須確定科學的客房清掃程序和規範，加速客房的周轉，以便及時為客務部的銷售提供合格的產品；同時，客房部還應密切配合客務部做好客房的房態控制工作，為客務部排房提供準確的訊息，從而提高客房出租率。

二、客房部組織機構設置

大、中型飯店客房部常見的組織機構設置如圖6-3所示。

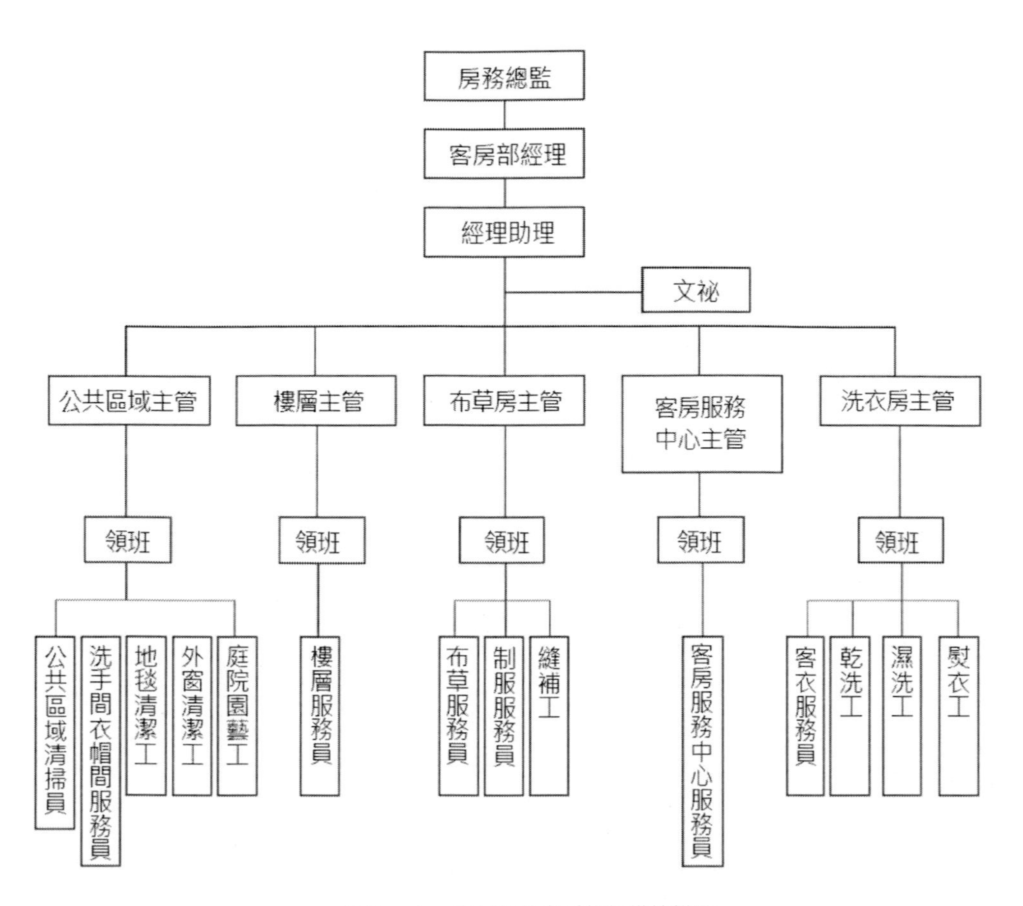

圖6-3 大、中型飯店客房部組織機構圖

該圖所示的客房部各部門的主要工作內容分別為：

1.經理辦公室

設經理、副經理（或經理助理）、文祕各一名，早晚兩班工作人員若干名，主要負責處理客房部的日常事務以及與其他部門的聯絡、協調等事宜。

2.布草房

設主管、領班各一名，另有縫補工、布草及制服服務員若干名，主要負責飯店的布草和員工制服的收發、送洗、縫補和保管工作。

3.客房樓層服務組

設主管、早晚班樓層領班各若干名。下設早班、晚班、通宵班三個樓層清潔組，負責樓層客房的清潔衛生工作。有樓層服務台的則另設早班、晚班兩個樓層服務組，負責接待服務工作。

4.公共區域服務組

設主管、早晚班及通宵班樓層領班各若干名，下設早班、晚班、通宵班三個清潔組及早班、晚班洗手間、衣帽間服務組；因地毯、外窗及園藝工作專業性強，所以還應專設地毯清潔工、外窗清潔工和園藝工。主要負責飯店範圍內公共區域的清潔打掃及衣帽間、洗手間的服務工作。

5.客房服務中心

設主管、領班及值班人員若干名，開設早、晚和通宵三個班次。負責統一安排、調度對住客的服務工作以及失物招領等事宜。

6.洗衣房

主要負責洗滌客房部、餐飲部等所需的布單、棉織品和全體員工的制服，同時提供住店客人衣物洗滌、熨燙服務。設主管一名、領班若干名，下設客衣組、乾洗組、濕洗組、熨衣組等。

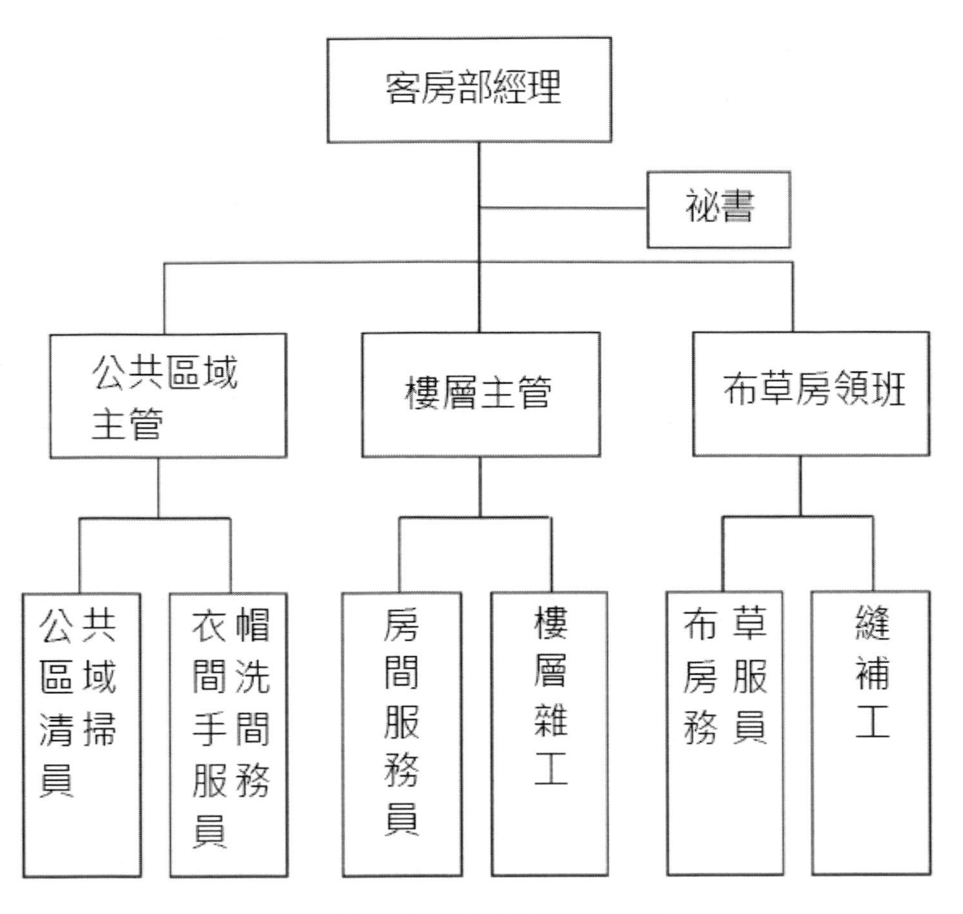

圖6-4 小型飯店客房部組織機構圖

在規模較小的飯店裡，客房部組織機構層次少，通常只保留三條主線，即樓層客房服務組、公共區域服務組及布草房。其組織機構如圖6-4示。

三、客房對客服務工作及管理

（一）客房對客服務工作內容

1.迎客服務

迎客服務是客房接待服務工作的首要環節，主要是為客人準備好合理的、能滿足其需求的住房，並對客人致以熱忱的歡迎。

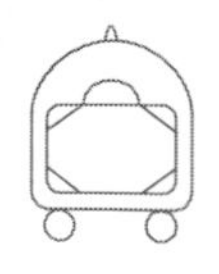

2.接待貴賓

客房部接到貴賓抵達通知書後，應派客房服務員對貴賓即將入住的房間進行徹底清掃，並按接待規格配備好相應物品。

布置完畢經檢查合格後，由有關人員陪同貴賓入房。

3.洗衣服務

客房內應放有洗衣登記單和洗衣袋。客人可根據需要填寫「水洗衣服登記單」、「乾洗衣服登記單」或「熨衣登記單」。服務員在取洗衣袋時，應點清件數，檢查衣物有無嚴重汙點或破損等。然後將收集好的衣服放置在樓層工作間，通知洗衣房上樓收洗。

客人送洗熨的衣服一般應於當日送回。

4.房內小酒吧服務

為了方便客人在房內享用各類飲料和小吃，現代飯店往往在客房內設計一處小酒吧，放置烈酒、啤酒、汽水及果汁等飲料和一些佐酒、休閒小食品，還有玻璃器皿、杯墊、紙巾、調酒棒等用品。

服務員除每天記錄飲料耗用情況、開具收費單外，還須及時補全耗用飲品，並放上新的帳單。

5.拾遺處理

客房部是處理客人失物的歸屬部門，員工在本飯店範圍內發現客人的失物，必須如數交到客房部，不能私自侵占。如遇到客人詢問有關失物情況，不能隨意回答。須經客房部查核後，才能給客人以明確的回答。

客人認領失物時，應請其詳細描述所失物品特徵，出示證件，並在收據上簽字。

失物保存到一定期限（一般為一年）仍無人認領的話，飯店可按有關規定自行處理。

6.送客服務

包括客人離店前的準備工作及行時的送別工作。

行前準備工作包括檢查客人委託代辦的項目是否已辦妥，委託代辦費用是否已收妥或帳單是否已轉至客務收銀處。對清晨離店的客人，應提醒總機提供喚醒服務。

送別客人時，應協助行李員搬運客人的行李，主動熱情地將客人送至梯口，歡迎客人再次光臨。

客人離開後，應迅速入房仔細檢查客人有無遺忘物品，客房設備及物品有無損壞或丟失，如有上述情況，應立即報告大廳副理或通知前台，以便及時妥善處理。

7.其他服務

除日常服務外，客房部還提供訪客接待、擦鞋、托嬰、借用物品等服務。

（二）客房安全保衛工作

作為客人「家外之家」的飯店，有義務和責任為客人提供一個安全、舒適的環境。

客房的安全保衛工作具體包括以下四個方面：

1.客房內的安全

客房是客人暫住的主要場所及客人財物的存放處，飯店除應購置安全性能高的各種客房設備外，還應建立健全的定期檢查制度，並告訴客人如何安全使用客房內的設備與裝置、各種安全裝置的作用、出現緊急情況時的聯絡方式及應採取的行動。

2.客房走道安全

由保安人員進行日常巡視，客房部工作人員積極配合。如發生安全問題，應及時向安全部報告。

3.客人傷病處理

飯店應配備相應醫療器材及人員，以防客人在住店期間受傷或生病。客房部員工應隨時留意客人身體狀況，發現異常及時救治。

4.火災的預防及緊急處理

飯店必須隨時準備應付火災這種突發事故。成立防火組織，由客房部組織負責，結合本部門情況制定具體的火災預防措施及處理程序。

四、客房清潔保養工作及管理

（一）客房清潔保養工作

客房清潔保養工作包括兩方面的內容，即日常清潔整理和定期清潔保養。

1.客房日常清潔整理

又稱做房。按住宿狀態，客房可分為住客房、走客房、空房、VIP房、維修房等等，處在不同狀態的客房其清掃工作的具體要求有所不同，但基本包括以下三方面的工作：

清潔整理客房：清理垃圾，撤換用過的茶具和髒布件；按規格和要求做床；整理房間內散亂的用品用具；擦洗衛浴間；用抹布、吸塵器抹灰吸塵。

更換添補物品：按要求更換床單、枕套、面巾、浴巾、手巾、地墊等棉織品；補充肥皂、牙刷、沐浴乳、洗髮精、梳子、浴帽、拖鞋等洗漱用品，信封、信紙、便籤等文具用品以及火柴、茶葉、擦鞋紙等。

檢查保養設施設備：檢查燈具、水龍頭、馬桶以及電視機、音響設備、空調設備、電話機等是否能正常工作，各種家具、用具是否損壞。發現異常，及時報修。

2.客房定期清潔保養

也稱計劃衛生，是指在日常清掃的基礎上，擬定一個週期性清潔計劃，採取定期循環的方式，將客房中平時不易做到或做不徹底的項目全部清掃一遍。一般分為兩大類：

一是每日對某一部位或某一區域進行大清潔。其日程安排可參考表6-1：

表6-1 客房部計劃衛生日程安排

星 期	星期一	星期二	星期三	星期四	星期五	星期六	星期日
內容安排	門窗玻璃	地毯去漬	浴室	牆角吸塵	床底吸塵	空調風口	其 他

二是季節性大掃除或年度性大掃除。不僅包括家具的大掃除，還包括設備和床上用品的大掃除。一個樓層通常要進行一個星期，因而只能在淡季進行。客房部應和客務部及工程部取得聯繫，對某一樓層實行封房，同時利用此時對設備進行定期的檢查和維修保養。

（二）客房清潔保養檢查制度

飯店一般實行四級查房制度。

1.服務員自查

服務員在整理完畢客房並交上級檢查之前，應先進行自我檢查。這有利於加強員工的責任心，減輕領班查房的工作量。

2.領班查房

通常，1個員工要做12～15間房，1個早班領班要帶4～5名員工，查60～75間房。中班領班查房數是早班的1倍，一般是120～150間。領班要對每間客房進行檢查並保證質量合格。領班查房是繼服務員自查之後的第一道關，往往也是最後一道關，所以這道關責任重大，需要由訓練有素的員工來充任。

3.主管抽查

主管抽查的重點是檢查領班實際完成的查房數量和質量，抽查領班查過的房間，其抽查數一般為領班查房數的15%～20%。同時，還應對客房樓層公共區域的清潔，員工的勞動紀律、禮貌禮節、服務規範等進行檢查。

4.經理查房

經理抽查一般不定期不定時，查房重點是房間清潔整理的整體效果、服務員的整體工作水準以及下屬的工作是否展現了自己的管理意圖。透過查房，可以加

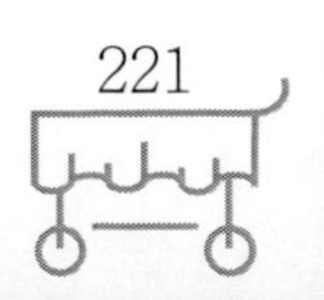

強經理人員與基層員工的聯繫並更多地瞭解客人的意見，同時又給主管壓力。經理人員查房要求比較高，所以被象徵性地稱為「白手套」式檢查。

附：與客房清潔保養工作相關的報表和表格

1.服務員做房報告

服務員做房報告

序號	客房現況	時間		入住時間	大床單	小床單	枕套	毛巾	小浴巾	大浴巾	腰巾	備註
		入	出									
小計												

作用：分派工作任務，記錄客房狀況等。

用法：客房服務員上班後將得到一份工作表，表上書有待整理的客房號、客房狀況及要求完成的其他工作。如果客人要求優先整理其客房或飯店有此安排的，則應在表上註明。服務員工作時將此表置於工作車上指定的地方，每做一間房都應按要求填寫有關內容。下班時，將此表與鑰匙一起上交客房服務中心。領班或主管在檢查、整理好這些工作表之後，呈客房部經理審閱並存檔。

2.房務報告

客房服務員房務報告

樓層　日期：　時間：（上午）　（下午）　姓名：

序號	住有客	空房	外宿	住房天數	行李數	不能進入房	維修房	備註
01								
02								
03								
04								
05								
06								
07								
08								
09								
10								

作用：核實前台的客房狀況，提高其準確性。

用法：在每天早班服務員上班後至中班服務員傍晚做夜床這一段時間內要對客房狀況進行兩次檢查。除請勿打擾房和雙鎖房之外如果每房必查，查房工作由樓層的客房服務員來完成，然後由領班通知客房服務中心；如果只查空房、維修房及走房，則可由領班來完成。報表匯總後，製成一式二份，一份送前台，一份留存客房服務中心，以備查詢。

3.維修通知單

維修通知單

報修：	部門：	姓名：	日期：	電話紀錄：
接受：	日期：	時間：	姓名：	工作分派：

維修項目描述：

維修完成情況：

維修開始：	日期：	時間：	經手人：
維修開始：	日期：	時間：	經手人：
驗收合格：	日期：	時間：	經手人：

作用：通知工程部維修項目並作備忘。

用法：服務員發現設備有問題後應記錄並彙報，由領班或指定人員負責填報。表格一式三份，兩份送工程部，一份留底。緊急維修可先電話通知再補維修單，但需在單上註明聯繫人與時間。維修完成並驗收合格後，再予以簽名確認。

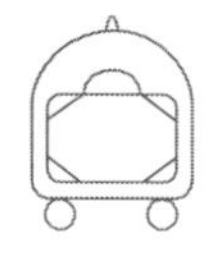

客房中心每天要製作一份維修報表，每週送一份到工程部。

4.客房週期清潔表（計劃衛生表）

客房週期清潔表

樓層　　　　日期安排:

項　目	地毯	牆面	衛浴間	家具	窗戶	小酒吧	備註
姓名/日期							
序號							

作用：清潔平時不易徹底清潔的項目。

用法：將表貼在樓層工作間的告示欄內或門背後。服務員每完成一個項目或房間後即填上完成日期和本人姓名。領班根據此表予以檢查。在表中空欄內可填上其他必須定期清潔的項目名稱。

5.樓層領班查房表

樓層領班查房表

日期:　組:　樓層:　領班姓名:

貴賓:　浴表:　加床:　吹風機:　變壓器:　插座:　其他:

序號	狀況	時間	備註	維修項目
01				
02				
03				
04				
05				
06				
07				
08				
09				
10				

作用：可作為工作備忘錄，防止忙中出錯。

用法：樓層領班領到查房表後，先要瞭解本區段客房狀況並在表上作相應的標記。然後根據服務員的工作進度確定檢查順序，隨查隨記。確保每間走房必查並盡快報告。下班時將全部項目填寫完畢後，將表交往客房服務中心。此表保存期通常為1年。

6.客房檢查補課單

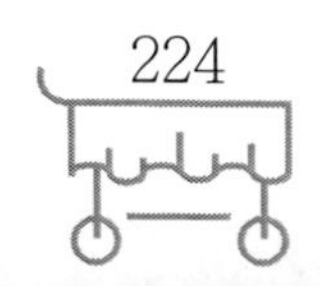

客房檢查補課單

房號:　　　　日期:　　　　姓名:

請完成下列工作

完成後請交還，謝謝！

作用：指出員工該補做的項目，同時亦可作為對員工業務評估的一種依據。

用法：樓層領班將檢查不合格的項目列出或圈出並交員工補課。完成後，服務員仍將此單交還。領班憑此單進行複查。

（三）公共區域清潔衛生工作

飯店客房部一般設有公共區域組，專門負責廚房以外飯店所有公共區域的清潔衛生工作。

公共區域的清潔衛生工作大致包括三方面內容：

（1）負責飯店室內和室外的清潔衛生工作。其範圍包括飯店的廳堂、通道、各辦公室、公共洗手間、餐廳（不包括廚房）、會議室、樓梯、電梯、走廊、門窗、建築物外部玻璃、牆壁以及飯店周圍和飯店員工的工作區域和生活區域等。

（2）負責飯店所有下水道、排水和排汙等管道系統、溝渠、河井、化糞池的清疏工作。

（3）負責飯店衛生防疫、噴殺「六害」的工作。

公共區域範圍廣，人員分散，工作繁雜瑣碎，勞動條件艱苦，質量要求高，必須建立崗位責任制，明確規定各班組員工的職責和清潔服務標準，加強日常檢查，以保證工作質量。

五、客房設備物品管理

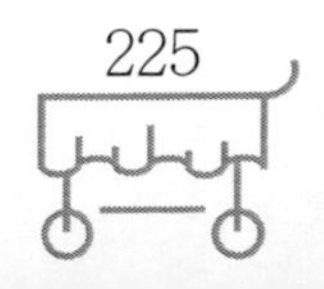

客房的設備和物品是飯店等級水準的實物展現，飯店應合理使用物資，科學保養和維修設備，在滿足客人使用、保證服務質量的前提下，努力降低成本，減少支出。

（一）客房設備管理

客房設備主要包括家具、地毯、燈具、電視機、空調、音響、電冰箱、電話等電器設備、衛生設備和安全裝置五大類。選擇客房設備時應注意其美觀性、實用性、安全性及針對性。

1.客房設備的資產管理

客房部要全面掌握本部門的設備資產情況及其進出和使用狀況，就必須建立設備檔案制度，對設備的領用、維修、變動、損壞等情況做好記錄，以便飯店設備部門和財務部門查核。

2.客房設備的日常管理

客房部要加強對員工的技術培訓，使其掌握客房設備的用途、性能、使用方法及保養方法。

定期對客房設備進行日常檢查和維護保養，發生故障要及時報修。同時應建立住客損壞設備賠付制度。

3.客房設備的更新改造

為了保持並擴大飯店對客源市場的持久影響力，飯店應不定期地對其客房設備進行更新改造。由客房部會同有關部門一起制定固定資產定額，設備添置、折舊、大修理和更新改造計劃，以及低值易耗品的攤銷計劃。在更新改造設備時，要積極協助工程部門，並盡快熟悉設備的性能和使用、保養方法。

（二）客房物品管理

1.客房物品

包括客房供應品和客房備品兩種。客房供應品是指供客人一次性消耗使用或用作饋贈的物品，也稱為客房消耗品。客房備品是指可供多批客人使用、客人不

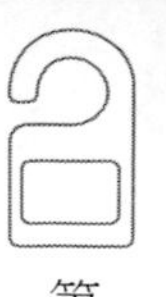

能帶走的客房用品。表6-2以標準間為例，介紹客房內應配置的主要供應品和備品。

表6-2 標準間房內應配置的主要供應品和備品

	放置部位	備品	供應品
房間	床	床單、毛毯、枕頭、枕套、床罩、棉被、被套等	
	床頭櫃	電話	便條紙、筆、簡易拖鞋、擦鞋紙
	書桌	飯店介紹、服務指南、客房送餐菜單、菸灰缸、廢紙簍	信封、信紙、明信片、飯店宣傳冊、傳真用紙、筆、針線包、火柴等
	小酒吧	茶杯、熱水瓶、菸灰缸	杯墊、調酒棒
	茶几	冰水壺、水杯、冰箱、開瓶器	茶葉、火柴
	壁櫥	衣架	洗衣袋
衛浴間	洗臉台	漱口杯、面紙盒、小方巾、長巾、菸灰缸、花瓶	刷牙器具、面紙、肥皂、沐浴乳、洗髮精、浴帽、梳子、刮鬍刀、棉花棒等
	馬桶旁	電話、廢紙簍	衛生紙、垃圾袋
	浴缸邊	浴巾、地墊	肥皂

上面所列客房物品僅是一般標準間所應配置的一些物品，因房間類型及檔次不同，客房備品和供應品也不盡相同。為滿足某些客人的特殊需要，客房部還備有吹風機、熨斗、熨衣板等物品供客人租用。

2.客房物品的管理

（1）科學核定物品消耗定額

*客房供應品消耗定額

這一類是一次性消耗品，如文具用品、清潔用品等，其定額是以人過夜數為單位來確定的。具體消耗定額制定方法為，以單房配備為基礎，確定每天需要量，然後根據預測的年平均出租率來確定年度消耗定額。計算公式為：

單項物品的年度消耗定額＝單房每天配備數×客房數×預測的年平均出租率×365

*客房備品消耗定額

這一類為多次性消耗品，如棉織品、茶煙具、清潔衛生用具等，其定額是按照一定時間的物品損耗率來確定的。首先，根據各類客房備品的特點、性能、耐

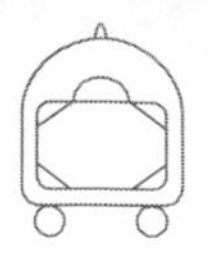

用性將物品分類，如棉織品為一類，煙茶具為一類等，然後確定這些物品在一定時間內的損耗率，即可算出這一時期內該物品的消耗定額。客房棉織品，即布件、毛巾等是客房部使用頻率最高、數量最多的多次性消耗品，以其定額的確定方法為例，首先是根據飯店的等級或檔次，確定單房配備量，然後確定棉織品的損耗率，即可確定出消耗定額。計算公式為：

單項棉織品年度消耗定額＝單房配備套數×客房數×預測的年平均出租率×單項棉織品年度損耗率。

（2）確定合理的儲備量

客房部儲備的物品要有一個合理的限量，以既能保證供應、又不致積壓為宜。具體儲備量可根據客房物品消耗定額、客房總數、人過夜總數來確定。客房部應根據物品實際使用情況，制定物品需要計劃，向飯店採購部申購。

（3）嚴格進出手續

客房部倉庫保管人員應根據物品實際使用情況，每週制定物品需要計劃，向飯店總倉庫申領，申領過程中要嚴格進出手續。各樓層領用物品同樣如此。在發放日期之前，樓層領班應將其所轄樓段的庫存情況瞭解清楚並填明領料單。憑領料單領取貨物之後，即將此單留在中心庫房以作統計用。

（4）做好物品消耗量的統計與分析工作

為有效控制客房物品的消耗量，客房部應實行每日統計和定期分析制度。

每日統計：服務員完成每天的客房整理工作後，應填寫一份主要客房物品的耗用表。客房部對所有樓層客房物品耗量作匯總備案。

定期分析：一般情況下，這種分析應每月做一次。其內容包括：根據每日耗量匯總表，制定出月度各樓層耗量匯總表；結合出租率及上月情況，製作每月物品消耗分析對照表；結合年初預算情況，製作月度預算對照表；根據統計情況確定每天平均消耗額。

（三）布件管理與控制

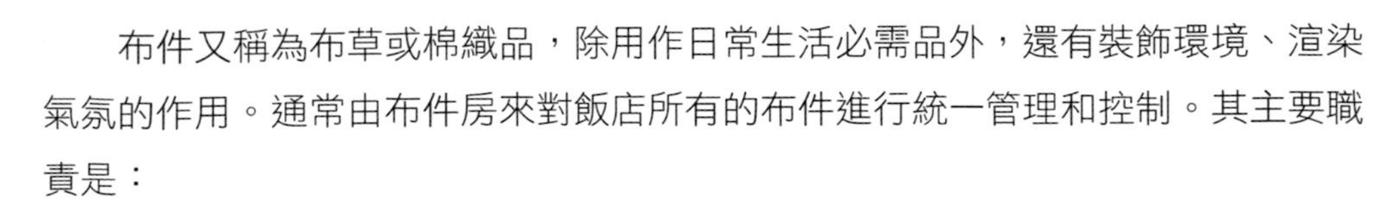

布件又稱為布草或棉織品，除用作日常生活必需品外，還有裝飾環境、渲染氣氛的作用。通常由布件房來對飯店所有的布件進行統一管理和控制。其主要職責是：

1.核定各布件的需要量

應當根據飯店的等級、各類客房床位數量、餐廳種類、餐桌座位數及各類布件的損耗率等因素，本著既保證經營需要、又保持最低損耗和庫存周轉量的原則，來確定各類布件的應配置件數和套數。

通常，所需布件數量以「套」來表示。以客房布件為例，按飯店制定的布置規格將所有客房都布置齊全，所需布件的量為1套。一般客房部有4套以上的布件，其中3～4套為在用布件，它們在客房、洗衣房、中心布草房、樓層布草房之間周轉；其餘的都存入新布件庫房。

2.控制好布件的數量和質量

（1）布件存放要定點定量。在用布件除有一套供客房使用外，樓層布件房應存放多少、工作車上要布置多少、中心布件房要存放多少以及各種布件的擺放位置和格式等，都應有制度加以規定。

（2）嚴格布件收發制度。客房部、餐飲部等部門領用布件都需填寫申領單。領用數量以送洗數量為準；超額領用的，應填寫借物申請並經有關人員批准，下次領用時要扣回。

（3）建立布件報廢和再利用制度。飯店應完善布件報廢手續和核對審批手續。報廢布件要洗淨、影印、綑紮好，然後集中存放。對於可再利用的布件應視情況分別予以處理，如折價拍賣，改製成小床單、抹布、枕套等。

（4）定期進行存貨盤點。布件房應對布件進行分類並登記，把好盤點關，每月或每季度進行一次存貨盤點。

案例

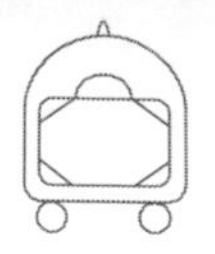

北京某飯店的高檔公寓房內，德國一家大公司包租的樓層裡新入住了一批客人。

上午8：00，服務員小王來到1205套房門口，門上沒掛任何指示牌，她便輕輕敲門，準備打掃客房。門開了，男主人立在門側。

「先生，您早，可以打掃嗎？」小王柔聲問。經同意後，小王進門一看，客廳餐桌上放著牛奶、糕點、茶杯、報紙……看來，女主人已帶孩子上學去了，但男主人還在邊吃早餐邊看報紙。客廳無法整理，小王迅速清掃衛浴間、廚房。男主人依然坐著，一言不發。

小王回去迅速向領班彙報，並由領班、主管上報部門經理。張經理馬上意識到，原來程序中清掃、整理的時間定得太死，為此動員大家動腦筋，想辦法。

「以我的經驗，統一規定清掃時間，方便員工操作和領班、主管檢查。」某主管說。

「不，公寓和飯店不同，須根據合約提供服務」。

「是啊，但合約裡沒有規定提供服務的具體時間啊」。

小王突然插話：「是否可以根據每個租房的客人的生活起居規律、習慣、禁忌，選擇最佳服務時間呢？」

「對！」張經理歸納說，「我們是四星級飯店，大家對客房服務比較熟，但公寓星級化服務還是個新課題，需要不斷摸索、分析、歸納，以尋找為客服務的最優方式和最佳時間。因此，我建議，每位員工均要掌握所有客人的作息時間、工作方式、個人生活習慣以及對清潔衛生工作的需求。在充分調查的基礎上安排時間和程序，形成新的服務規範，提高服務質量」。

於是，分管公寓樓的客房部全體員工眼看、口問、手記，經過一段時間的積累，初步掌握了每位客人起居的規律，合理安排工作時間。以小王分管的11、12樓層日常衛生工作為例，情況如下：

8：00～8：20，清掃11樓走廊；

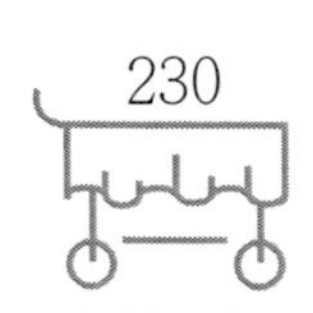

8：20～9：40，清掃11樓8間客房（廚房僅負責收集垃圾）；

9：50～11：10，清掃11樓8間客房；

11：10～11：30，清掃12樓走廊；

12：30～13：20，清掃11樓其餘的4間客房；

13：30～14：20，清掃12樓其餘的客房；

14：30～16：30，其他工作及公共區域衛生。

第三節 餐飲服務與管理

餐飲部是飯店的重要盈利部門，其收入可占飯店總收入的三分之一左右。餐飲服務的質量水準和風格特色在很大程度上反映了飯店的總體質量水準和風格特色，直接影響著飯店的聲譽乃至成敗。優質的餐飲產品是餐飲實物、烹飪技藝和服務技巧完美結合的產物，它不僅能滿足客人的生理需求，還飽含著精神和文化的內涵，是一種別具一格的旅遊吸引物。

一、餐飲部基本工作職能

（一）合理制定菜單，創造經營特色

即在瞭解目標市場的消費特點和餐飲要求的基礎上，制定出能夠迎合廣大客人口味的菜單，作為確定餐廳種類和規格、餐飲內容和特色，選購設備，配備人員的依據和指南。在經營的過程中，應努力挖掘潛力，在繼承傳統的基礎上，研究開發新品種、新項目，獨樹一幟，從而形成自己的經營特色。

（二）控制餐飲成本，增加盈利

成本控制涉及一系列業務環節：根據制定的標準成本率確定合理的食品銷售價格；控制食品原材料採購價格；加強原材料驗收、儲藏、發放管理以避免和降低原材料損耗浪費；把好原料粗加工關，控制加工損耗率；廚房應嚴格按標準菜

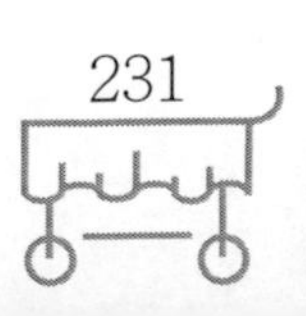

單操作，以保證在食品數量和質量符合標準的前提下，儘量降低成本。

（三）組織好食品生產過程，提供優質的餐飲產品

要根據客人需要，合理加工食品原材料，組織廚師適時烹製出花色品種對路，色、香、味、形俱佳的餐飲產品；要確實執行廚師技術培訓工作，完善烹飪技藝；合理安排生產程序，使加工、切配、麵點、爐灶和原材料供應、餐廳服務等各部門、各環節的業務活動保持協調一致，提高產品生產效率。

（四）重視餐廳服務管理，提高服務質量

餐廳是飯店餐飲產品的銷售場所，又是其提供優質服務的直接領域。由於客人一般只和餐廳服務員接觸，其一言一行無形中代表了飯店餐飲部的整體服務形象，因此，餐飲部應特別重視對餐廳的服務管理，完善各項制度，不斷提高服務質量。

（五）加強餐飲促銷，增加營業收入

餐飲促銷是飯店營銷活動的重要組成部分。餐飲部應以飯店營銷計劃為指導，研究客人的需求，選擇推銷目標，開展促銷活動，特別是在節假日和對特種餐飲進行宣傳促銷，提高客人人均消費額，增加營業收入。

二、餐飲部組織機構設置

飯店餐飲部不論其規模大小，一般都由食品原料採購供應、廚房加工烹調、餐廳酒吧服務三大部分組成，因而都相應地設置了廚房、餐廳、酒吧、管事部、原料採供部等業務部門。

（一）廚房

廚房是餐飲部的生產部門，為餐廳服務，與餐廳配套，負責整個飯店所有中西式飲食的準備與烹飪工作。廚房業務由廚師長負責，下設各類廚師領班和廚師。

（二）餐廳、酒吧

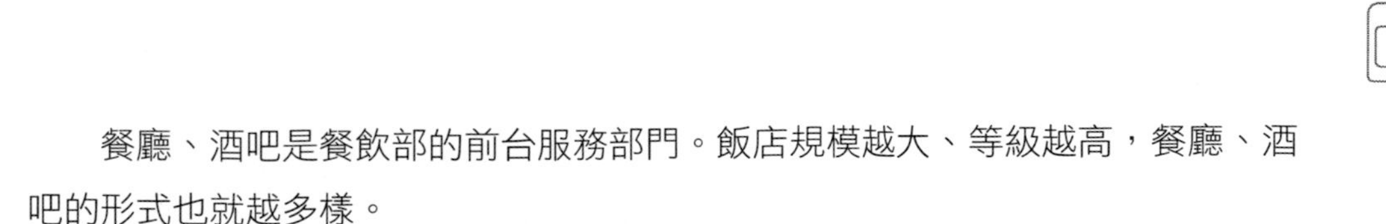

餐廳、酒吧是餐飲部的前台服務部門。飯店規模越大、等級越高，餐廳、酒吧的形式也就越多樣。

根據餐飲內容、服務形式、規格水準等，可將餐廳、酒吧大致分為正餐廳、宴會廳、咖啡廳、自助餐廳、酒吧、客房送餐等幾類，各類餐廳根據其規格和等級，通常設經理、主管、領班三個層次的管理人員。酒吧通常設酒吧經理或主管。

（三）管事部

管事部是飯店餐飲部的後勤工作部門，主管餐廳布置、宴會布置，炊具、餐具的洗滌、儲藏和保管工作，餐飲部後台的清潔衛生工作及送洗餐飲部撤換的布草等工作。

飯店餐飲部的組織機構設置示意圖如圖6-5：[2]

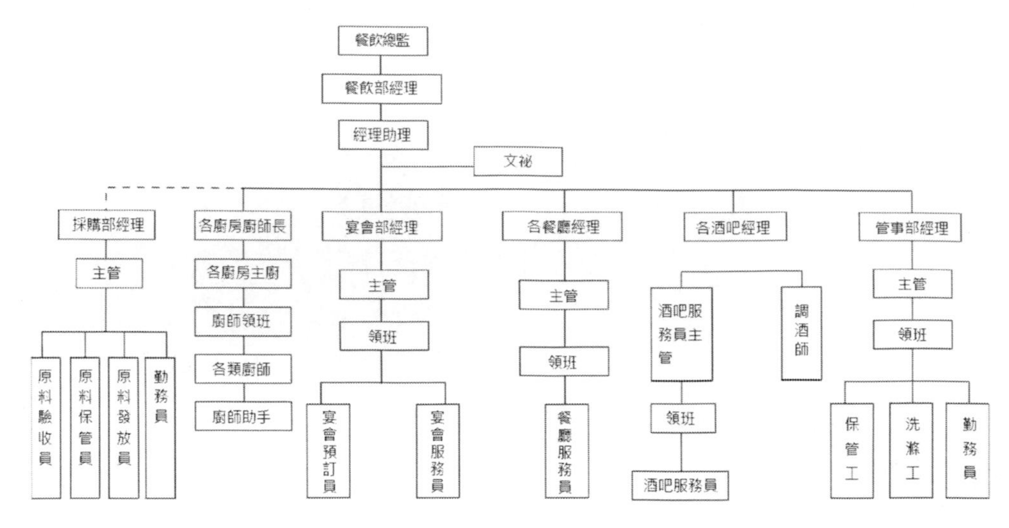

圖6-5 餐飲部組織結構示意圖

（四）原料採供部

原料採供部和倉庫負責食品原料物資的採購、驗收、儲藏、發放等工作。具體包括：

（1）按實際需要組織和採購餐飲部所需的物品，特別是食品原材料。

（2）定期作出所需物品價格、質量的調查分析報告。

（3）制定合理的物資庫存標準，以最有利的價格購進貨物，降低費用指標和成本。

（4）負責監督物品採購、驗收、儲藏、發放等制度的執行。

小型飯店的採供部往往由廚師長管轄，中型飯店則在餐飲部內設專門的採購部，而大型飯店一般多設與餐飲部同級的原料物資採購供應部。

三、餐飲部主要崗位職責

（一）餐飲部經理

餐飲部經理負責飯店內的一切餐飲業務，具體包括：

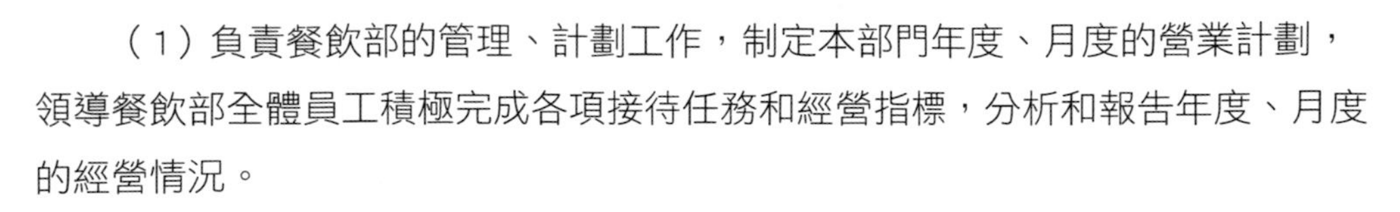

（1）負責餐飲部的管理、計劃工作，制定本部門年度、月度的營業計劃，領導餐飲部全體員工積極完成各項接待任務和經營指標，分析和報告年度、月度的經營情況。

（2）設計和委派各下屬管理者的職責和權力。

（3）制定並監督執行各項服務標準和操作規程，發現問題及時糾正。

（4）組織廚師長和餐廳經理制定富有吸引力、便於推銷的菜單並不斷研究推出新食譜。

（5）推廣飲食銷售工作，組織制定促銷計劃。

（6）落實成本核算，加強食品原料及物品的管理工作，降低費用，增加盈利。

（7）制定和實施員工培訓計劃、發展規劃及考核制度，抓好員工隊伍建設。

（8）確實執行設施設備的維修保養工作。

（9）確實執行衛生工作和安全工作。

（二）餐廳經理

（1）認真貫徹餐飲部經理意圖，積極落實各個時期的工作任務。

（2）督促餐廳服務員嚴格遵照服務規程作業，營業時間應在一線指揮，及時發現並解決問題。

（3）妥善處理客人投訴，不斷改善服務質量。

（4）加強對餐廳財產的管理，掌握和控制好物品使用情況。

（5）負責巡視檢查餐廳餐桌擺台、環境布置、衛生情況。

（6）負責制定員工工作時間表，做好工作日誌、工作計劃及工作總結。

（7）做好餐廳設備的維護保養工作及安全和防火工作。

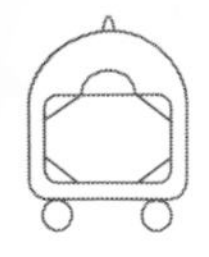

（三）宴會廳經理

（1）協助餐飲部嚴格控制好食品成本和毛利率。

（2）落實飲食推銷、促銷工作，制定宴會促銷計劃。

（3）制定各種有關表格、文件，與各部門做好溝通、協調工作。

（4）抓好員工培訓工作，熟悉掌握員工的思想狀況、工作表現和業務水準。

（5）負責本部的全面工作，完成飯店下達的任務。

（6）做好工作計劃和工作總結。

（四）餐廳領班

（1）做好餐廳經理的助手，按時、按質、按量完成上級分配的任務。

（2）安排本班組員工的工作班次，負責對其進行考勤考核。

（3）帶領下屬員工嚴格按操作規程工作。

（4）熟悉菜單、酒水單，熟記每天供應的品種。

（5）謹記員工紀律，瞭解員工的思想情緒、業務水準。

（6）落實每天的衛生工作計劃，保持餐廳整潔。

（7）開餐前檢查餐台擺設、台椅定位情況，收餐後檢查餐櫃內餐具備放情況。

（8）當值領班檢查廳、門、電開關，空調開關，音響等情況，做好安全和節電工作。

（五）餐廳服務員

（1）貫徹管理階層確定的服務制度和服務標準，嚴格按照服務程序進行服務。

（2）根據管理人員的安排，做好服務前的準備工作和服務後的收尾工作。

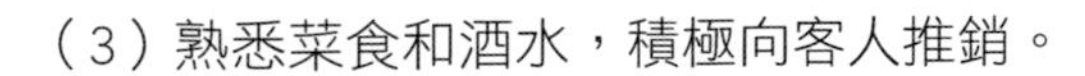

（3）熟悉菜食和酒水，積極向客人推銷。

（4）積極參加培訓，不斷提高服務技能技巧，提高服務質量。

（5）做好餐廳餐具、布草、雜項的補充替換工作。

（6）保持餐廳環境衛生，愛護飯店財產。

（六）餐廳迎賓員

（1）守候本餐廳進口處禮貌地迎接客人，引領客人到適當座位。協助拉椅，以便客人入座。

（2）通知區域領班或服務員，以便及時對客人進行餐飲服務。

（3）隨時掌握餐廳的營業情況，合理分配各個區域的客人人數。餐廳滿座時，為客人提供候位服務或推薦其到其他餐廳。

（4）電話或來人預訂的，應及時通知相關部門和崗位。

（5）負責保管、檢查、更新和派送菜單、酒水單及報紙。

（七）宴會預訂員

（1）進行市場調研，掌握市場動態，提出銷售建議。

（2）建立宴會菜單檔案和宴會客史檔案。

（3）進行宣傳促銷，開拓客源市場。

（4）禮貌地接待每批預訂的客人，並詳細填寫宴會預訂客情表。遇有重要宴會，向經理彙報，或請經理一起參加洽談。

（5）根據宴會預訂的詳細記錄和要求，編制客情通知單及宴會通知單，分發至有關部門。

（八）酒吧經理

（1）根據各酒吧的特點和要求，制定各酒吧的銷售品種及銷售價格。

（2）確定各種雞尾酒的配方及調製方法。

（3）確定各種酒水的服務方式和各酒吧的工作規程。

（4）熟悉酒水的來源、牌子及規格，控制酒水的進貨、領取、保管和銷售。

（5）控制酒水出品的分量和數量，檢查出品的質量，減少損耗，降低成本。

（6）檢查和督促部屬嚴格履行職責，提高工作效率，按質按量按時完成工作任務。

（7）培訓本部的領班和員工，提高其管理意識、服務技能和調酒技術。

（8）合理安排人力，檢查各項任務的落實情況，對重要宴會、酒會要到場指揮和督促。

（9）定期舉辦、策劃酒水促銷活動。

（10）掌握各酒吧的設備、用具和財產，定期清點及作維修保養。

（11）負責所屬範圍內的消防工作及治安工作。

（12）與其他各部門良好合作，互相協調。

（九）酒吧經理

（1）貫徹執行和傳達部門經理布置的工作任務、指令，做好溝通工作。

（2）制定酒水員工作程序。

（3）現場督導、檢查酒水員的出品質量和工作效率，檢查員工的紀律執行情況。

（4）控制酒水的損耗，力求降低成本。

（5）做好崗位培訓工作並作定期檢查。

（6）控制酒水倉存平衡數，使其合理化。

（7）定期檢查財產設備，作好維修保養工作。

（8）合理安排宴會、酒會，帶動員工積極工作。

（9）與樓面服務人員良好合作，互相協調，做好酒水的供應服務工作。

（十）酒水員

（1）完成上級布置的工作任務。

（2）精通業務，熟練掌握酒吧各種工具、器皿的使用方法，瞭解所供酒水的特性和飲用形式，正確調製各款流行雞尾酒，保證各種飲品的質量。

（3）懂得一些基本的服務知識，善於向客人推銷酒水，努力做好服務接待工作。

（4）加強業務學習，不斷提高專業水準。

（5）根據酒水領班的指令，完成每天的清潔衛生工作。

（6）與樓面服務員保持良好的合作關係。

（十一）廚師長

（1）根據各餐廳的特點和要求，協助餐飲部經理制定各餐廳的菜單，並根據客人意見和時令季節，不斷推陳出新。

（2）制定各廚房的操作規程及崗位責任制。

（3）熟悉和控制貨源，制定食材的訂購計劃，檢查食材的庫存情況，防止變質和短缺。

（4）統籌各個環節的工作，檢查落實崗位責任制。

（5）合理使用原材料，控制菜式的出品、規格和數量，把好質量關，減少損耗，降低成本。

（6）把好食品衛生關，貫徹執行食品衛生法和廚房衛生制度。

（7）定期培訓廚師，組織廚師學習新技術和先進經驗。

（8）掌握各廚房設備、用具及財務的使用情況，制定年度訂購計劃。

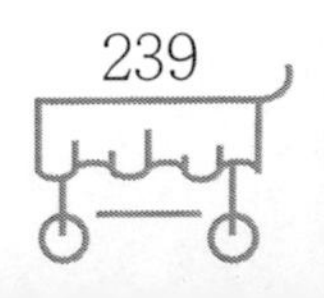

（十二）管事部經理

（1）負責執行餐飲部經理指派的一切工作，並擬定部內日常工作計劃和工作總結。

（2）負責督導和考核下屬管理人員工作，組織部門內的培訓工作。

（3）每月審核餐飲部餐具損耗費用占營業收入比例的報表，並呈交餐飲部經理作為成本控制的參考數據。

（4）定期審核餐飲部內各部的固定資產、低值易耗品的統計報表，每半年同財務部統計小組進行覆核。

（5）對部內物料使用成本進行控制，負責報銷各部使用物品。

（6）負責餐飲部食品衛生管理工作。

（7）每天到各工作崗位進行檢查，瞭解各項工作的落實情況。

（8）負責本部門的防火安全工作，貫徹執行衛生制度。

四、餐飲生產與管理

餐飲生產與管理是餐飲部的主要業務，也是餐廳進行銷售服務的基礎。

餐飲生產部門是廚房，廚房生產與管理水準的高低直接關係到餐飲部的經營成敗。

（一）廚房業務組織機構

世界各國的餐飲風格不同，廚房業務組織形式也大相逕庭。中國絕大多數飯店的廚房分中廚、西廚。一般來說，中型飯店餐飲部可設中廚和西廚廚師長各一名、中廚和西廚主廚各一名，各作業班組又可根據人員多少和工作需要設一到二名領班，並從實際需要出發設各類廚師、助理廚師和實習生等。各級廚房工作人員在廚師長、主廚領導下進行工作並嚴格按照等級鏈原則實行管理（見圖6-6）。

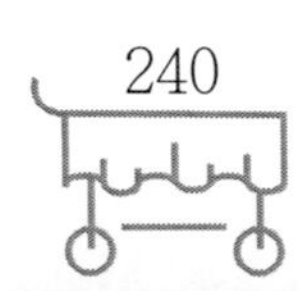

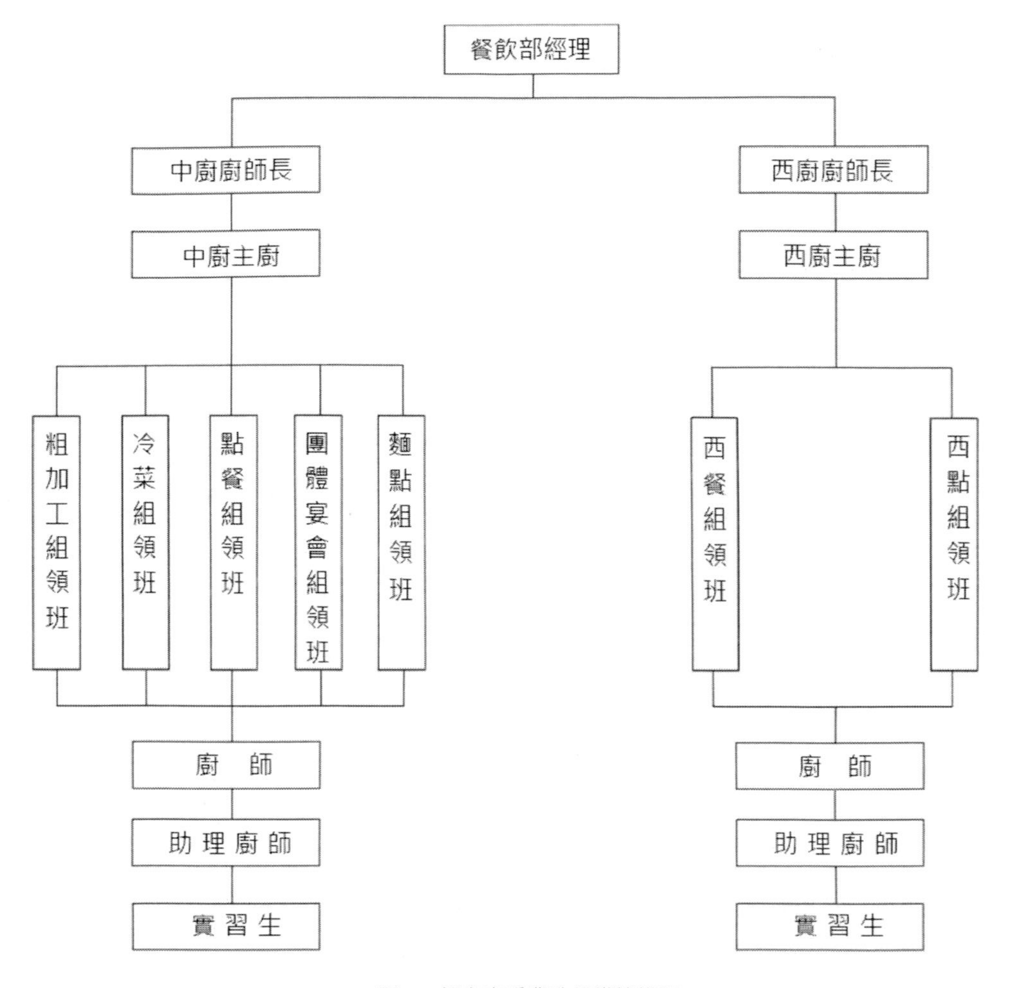

圖6-6 飯店廚房業務組織機構圖

（二）廚房業務的組織與實施

廚房應以餐廳為中心來組織、調配各項業務工作。廚房業務工作主要包括下述內容：

1.安排當天的業務

廚房應根據餐飲部的通報和本店客情，根據當天團體餐、宴會、自助餐等計劃用餐人數和用餐標準以及預測的散客用餐人數等資料，下達生產任務通知書，由各生產班組組織生產。廚師長負責組織、監督、指揮食品生產的全過程。

2.開餐前的準備工作

在開餐前，特別是每天上午，各個業務班組的主要任務是在廚師長指揮下進行餐前準備工作。

3.開餐時的業務組織工作

在開餐時間內，廚房應以餐廳業務的進展為依據，以爐灶為中心安排工作，根據餐廳所送菜單的先後順序依次烹製食品。

食品由廚師按照標準食譜加工，廚師長一般透過抽查來進行監督和檢查。符合質量要求的菜食由上菜員按出菜順序準確無誤地從爐灶工作台送往備餐間。

廚房的配菜、烹製、出菜等工序必須由專人負責，並保持各道工序之間的銜接。

4.抓好成本核算

絕大多數飯店以廚房為單位進行食品成本核算，廚師長不僅要掌握廚房進貨的品種和價格，還要隨原料價格變動而調整售價或調整菜單的原料搭配和數量定額。

廚師長要組織廚房適時變換菜單，增加菜色種類，在保證餐食標準的前提下，按照規定的毛利率合理計價。

飯店按實際耗用的食品原料計算生產成本，所以廚師長必須把好食品的採購、驗收、選洗、切配、烹調這五關，對食品生產全過程進行成本控制。

5.管好廚房設備

廚房設備是進行食品生產的物質基礎，廚房管理人員應按照「用、管、養合一」的原則，指定專人使用、保管、保養設備。

6.做好衛生管理

廚房管理人員應從食品衛生、餐具衛生、個人衛生等方面著手，對所有食品從原料選購、庫存、加工到成品的整個生產過程的清潔衛生工作進行嚴格監督。

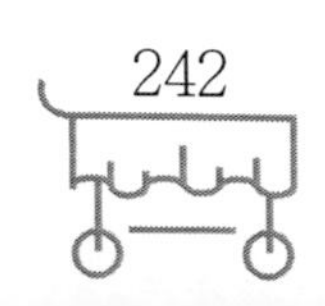

五、餐廳服務與管理

餐廳是飯店餐飲部餐飲銷售與餐飲服務的主要業務組織，餐廳服務與管理水準的高低是客人評價一家餐廳優劣的主要依據。

由於國家、地區、民族、文化、風俗習慣的不同，世界上有許多風格迥異的餐廳服務形式，中國飯店多採用中、西餐相結合的散客服務和宴會等基本服務形式。

散客服務又稱單點服務，是飯店餐廳最基本的服務形式。宴會服務是根據客人特殊要求提供的一種餐飲服務，講究環境布置、氣氛渲染和禮貌禮儀。

（一）中餐散客服務基本程序

1.熱情迎客

客人由帶位員引領進入餐廳後，有關區域的服務員應主動上前問好，根據客人的意願及餐廳具體情況，擇定合適餐桌，協助客人拉椅就座，然後根據客人人數調整餐桌台面布置，遞上菜單。

2.上茶遞巾

從客人右邊遞送濕紙巾，替客人鋪上餐巾、打開筷套，徵詢客人意見後給客人斟茶或冰水，同時上佐料。

3.接受點菜

服務員必須瞭解當天的特種菜餚和時令菜食，以及售罄菜色或飲品，在客人點菜時進行介紹，作出建議，積極推銷。點菜時站在客人右邊，認真記錄。點菜完畢後介紹推銷酒水。

4.開單下廚

點完菜，應複述客人所點的菜食，並按規定正確填寫點菜單。點菜單應一式三聯，第一聯送收款員，第二聯讓收款員蓋過章後，由上菜員交廚房或酒吧作為取菜和酒水的憑據，第三聯由後台上菜員劃單用，此聯可留存，以作查閱資料。

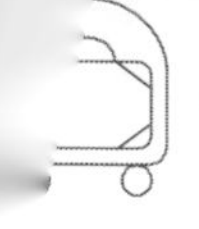

如客人有特殊需求，應及時向廚房說明。

5.酒水服務

從酒吧領取酒水，正確無誤地端送給每位客人。酒和飲料應從客人右邊斟倒，雞尾酒可端放在客人骨碟前正中，同時要注意一些酒品的特殊飲用方式。

6.上菜服務

上菜必須按照中餐進餐程序進行，一般為：冷菜－熱菜（羹、大菜、蔬菜、湯）－飯或點心－甜食－水果－茶。上菜時，要跟配料或洗手盅的菜式，配料和洗手盅應先於菜上。服務員應主動向客人介紹菜式，視情況主動替客人分菜，並詢問客人對菜餚的意見。

7.巡台服務

注意客人用餐情況，勤於巡台，及時滿足客人的各種需要。主動更換骨碟、菸灰缸，添加酒水、米飯，檢查菜餚是否上齊。及時撤下空菜盤，整理後送至洗碗間。

8.上甜品、水果

若客人點了甜品、水果，應在收去餐具後另外上骨碟、刀叉或湯碗、湯匙。如不妨礙上甜品，則隨即放上鮮花。上水果後馬上上熱毛巾。

9.準確結帳

客人用餐完畢時，主動詢問客人還需要什麼服務。如客人示意結帳，即告知收款員，核對帳單後將其放入收銀夾內，從客人右邊遞上，按規定結帳並道謝。

10.禮貌送客

客人離座，應替客人拉椅、道謝，歡迎再次光臨。之後整理餐桌，重新鋪台。

（二）中餐宴會服務基本程序

1.宴會前準備

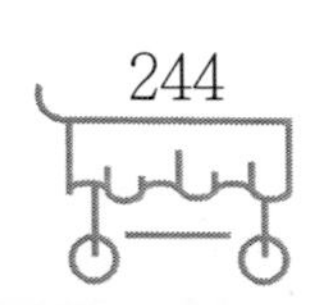

在宴會各服務環節中，宴會前的準備工作非常重要。準備工作通常包括以下幾個環節：

第一，制定宴會菜單。首先根據宴會標準和參宴人數確定菜餚的菜色種類、質量要求和用料數量。同時還應考慮客戶要求和客人特點，滿足用餐者的口味，照顧他們的用餐習慣。制定宴會菜單還應該注意充分發揮廚師的特長，儘量使菜餚展現飯店的特色。

第二，準備原料。根據宴會菜單的菜式內容和數量，準備所需的主料、配料、佐料，並整理、選料和清洗。

第三，加工原料。對各種葷菜原料進行切配加工或漲發，對某種需要較長時間烹製的原料應提前處理，同時做好製作麵點的準備工作。

第四，準備餐具。準備宴會所需的全部餐具，及時進行分揀整理和消毒處理。

第五，布置環境。根據宴會的性質、規格和內容，布置宴會場地，設計台型和布置台面。

在開宴前15分鐘，服務員應開始從廚房端出冷菜擺放上桌。冷菜擺放應講究造型藝術，注意位置對稱，色彩和諧。擺放造型冷盤時，觀賞面對準主、賓席位。然後斟妥部分酒水。

2.迎接客人

不論何種宴會，餐間服務都應熱情主動、耐心周到、乾淨利索。各項準備工作完畢後，服務員應站立在自己的服務區域內等候客人。當客人步入宴會廳，走近座位時，服務員應微笑相迎，並替客人拉椅入座。

3.遞送濕紙巾

4.斟酒

5.上冷盤

以上服務均從主賓開始，依順時針方向進行。待客人開始用餐後，值台服務

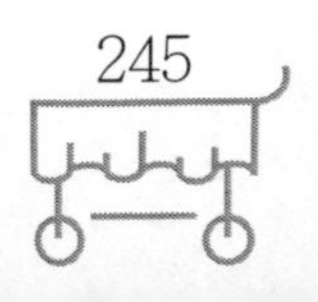

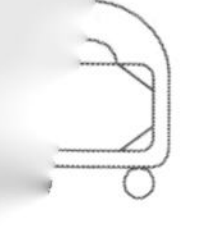

員應示意上菜服務員開始端取熱菜。

6.上菜

上菜時，應從固定位置即上菜口進行，一般選擇在主席位左側或右側90度處。擺妥菜餚後，應撥動轉盤，使菜餚先經主賓面前，並作適當停留，繞桌一週，以便客人欣賞。

7.分菜

左手托菜，從主賓開始，按順時針方向從客人左邊分菜。分菜時應注意食物色彩、數量、質量的均勻搭配。最後再從上菜口將餘下的菜置於轉台上。

8.席間服務

遇有骨或帶濃汁的菜食，在上下一道菜前，須從客人右邊用右手撤下骨碟，同時換上潔淨骨碟。並時刻照顧客人的各種需要，及時添加酒水，更換菸灰缸。上完濃汁菜餚、需用手剝吃的菜餚之後，應再次遞送濕紙巾。

9.上甜點、水果

全面整理餐桌，撤下所有餐具後，換上骨碟或水果盆，擺上水果刀、點心叉，然後依次端上甜點盤和水果盤。

10.待散服務

客人將要結束進餐時，應再次遞送濕紙巾。並可根據情況重換杯盞，送上茶水。

11.結帳送客

按照宴會通知單要求辦理結帳手續。小型宴會一般都當場結清，大型宴會通常事後處理。當宴會主人宣布宴會結束時，應主動幫助主賓起身離座，並道謝相送。

（三）西餐散客服務基本程序

下面以美式服務的整套西餐單點服務程序為例。

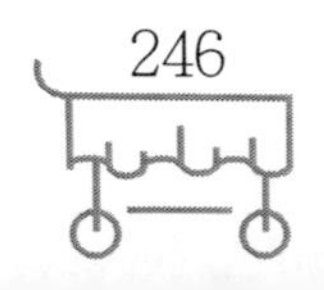

1.迎賓帶位

照顧客人入座後，應立即點燃蠟燭，以示歡迎。

2.雞尾酒、餐前小吃服務

西餐廳一般都有冰水供應，客人入座後，立即斟滿水杯，並從左邊送上麵包奶油。接著請客人點雞尾酒，記錄並複述後退離餐桌取酒。雞尾酒應從客人右邊送上，可放在餐具右邊，或放在服務餐盤上。

3.遞送菜單，接受點菜

客人入座或送上雞尾酒後，立即送上菜單，一般人手一份。西餐中，各自點菜的情況居多，接受點菜時應問清楚每位客人對其所點菜餚的烹製要求，包括老嫩程度、鹹淡口味、配菜佐料、上菜時間等等，並作相應記錄。開票後，應將一聯及時送入廚房，一聯交餐廳帳台，一聯留存服務員手中。

4.遞送酒單，接受點酒

點酒在點菜後進行，便於客人根據所點菜餚選擇佐餐用酒。接受點酒以後要詢問客人上酒時間。

5.上開胃菜

所有菜餚食品都用左手從客人的左邊端上，按先女賓後男賓、先長後幼、先賓後主的服務禮節上菜。

6.上湯類

西餐中大多數湯盛在容積較小的湯碗中，並配有墊碟，上湯時應連同墊碟用左手從客人左邊端放在服務餐盤中。如果原先擺台中未包括湯匙，則應在上湯前先擺上湯匙，湯匙的位置應在客人右首、擺台餐具的最外面。

7.上沙拉

有很多客人喜歡用沙拉代替主菜，此類沙拉稱為主菜沙拉；或者與主菜同時享用，稱為伴菜沙拉。主菜沙拉和單道沙拉應端放在服務餐盤中，伴菜沙拉則可放在客人左邊。同樣，若擺台中未包括沙拉刀叉，應先從左邊擺上沙拉叉，從右

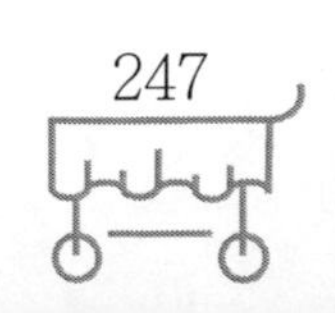

邊擺上沙拉刀。

8.上主菜

上主菜前應檢查預先擺放的主菜餐具是否適合客人所點的主菜，然後作必要的補充或調換。例如，為點龍蝦的客人增添開殼夾、海味叉、骨盆和洗手盅等餐具。大多數餐廳在上主菜前，將服務餐盤撤下。上主菜時必須注意餐盤的擺放位置，菜餚的主要部分如牛排、魚排等，在裝盤時一般放在餐盤的中下方；其他配料如烤馬鈴薯、青豆等則在上方；上菜時菜餚的主要部分靠近客人。倘若客人喝酒，則應在上完主菜後，立即替客人斟一次酒，同時檢查麵包、奶油是否充足。

9.上水果與乳酪

上水果與乳酪一般使用水果乳酪車，內有多種品種供客人挑選。上前先送上相應刀叉餐具，需要用清水洗滌或切割的水果，均要在車板上用服務刀叉來完成，不可用手接觸水果。

上完這道菜後，服務員應撤下鹽罐、胡椒罐、麵包籃、奶油碟、酒杯以及一切已用過的餐具，為供應甜點作準備。

10.上甜點

甜點作為西餐的最後一道菜，其重要性不亞於開胃菜。精美的甜點能使客人產生飽足、滿意的感覺，獲得美好的用餐經歷。而對餐廳而言，甜點也是盈利能力頗高的一種食品。

11.餐後飲料

餐後飲料一般為咖啡、茶、餐後酒。酒通常以杯計，咖啡和茶有的飯店以杯計，有的以客計。上咖啡前要端上奶精壺和糖罐；供應餐後酒一般使用餐後酒車，由酒水員推至餐桌邊，供客人選用。

12.結帳送客

當客人示意結帳時，服務員應盡快取來帳單，正面朝下或夾在收銀夾中放在帳單托盤送上。當客人起身離席，服務員應協助拉椅，道謝告別。

（四）西餐宴會服務基本程序

西餐宴會是按照西方國家宴會形式提供的一種餐飲服務形式。它具有宴會的一般特點，其服務程序與中餐宴會相似，但在擺台布置、服務操作等方面有其特殊要求。

1.宴會服務形式

西餐宴會服務通常有英式服務、美式服務及俄式服務。

英式服務適合家庭式便宴，氣氛輕鬆，較為隨興，菜餚盛在大盤中由服務員端上餐桌，然後由客人自己動手依次傳遞從中取食。

美式服務因其速度快、效率高，適合大型西餐宴會。因其不要求分菜服務，各道菜每客一盤，食物相同，因此，食物裝盤可以採取流水線作業法。餐盤都加以不銹鋼蓋，因此便於堆疊，一桌菜可以一次端出，保證各桌同時上菜。絕大多數西餐宴會採用美式服務。

俄式服務常見於豪華宴會。因上菜時需服務員先分派餐盤，然後逐一分菜，費時較多，所以，如果宴會規模很大，則很難保證各桌同步上菜。

2.宴會擺台

西餐宴會擺台一般採用全擺台，所需餐具包括：服務餐盤、餐巾，沙拉刀叉，主餐刀叉，魚刀、魚叉，麵包盆、奶油刀，甜點刀叉，冷水杯，紅葡萄酒杯，白葡萄酒杯，香檳酒杯，湯匙。具體擺台時應根據宴會菜單預訂的菜餚道數、種類和上菜程序，以及所用酒類、飲料的品種來決定所需餐具和酒杯。

3.宴會席間服務

宴會席間服務的具體內容因宴會規格標準、菜餚道數、菜色品種不同而不同，但一般的服務要點與西餐散客服務大致相同，在此不再複述。

案例

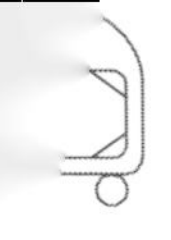

下午4：30分，風味餐廳服務員分三排集中在餐廳外的過道上，數年如一日地召開餐前會。

風味餐廳主管站在一邊，翻看一疊記錄紙。三排員工齊刷刷地肅立著，他們是三個班，各班領班在一一點名。點名完畢，三位領班開始在各自班內檢查儀容儀表，查看各位員工的上衣袖口是否有髒跡，領口是否清潔，名牌是否佩戴在規定位置，指甲內有無汙垢，頭髮是否乾淨，還一一檢查女員工化妝情況等。三位領班對員工的衣著打扮都滿意後便向主管報告。

「下午好！」主管用問候的方式開始今天的餐前會，「今天白天情況正常，雖然沒有客人的表揚，但是也沒有投訴。不過我注意到我們有些員工精神不很振作，個別還偷偷打哈欠。服務出色的例子也有。我看到3班負責靠窗區域的小陸一直沒有停過，她看到一位女客膝上坐了個孩子，就主動搬來童椅，拿來小調羹，這種主動尋求服務對象的態度應該積極提倡。我還要表揚1班的小段，她所管區域的客人都走了後，便主動到鄰近兩個區域幫忙，我們同樣需要這種團隊合作精神」。

二十來個員工都聽得很仔細。主管接下來又說道：「今天我們包廂有三批規格較高的宴請，一批是……」

主管把三批宴請的情況作了較詳細的介紹，她特別提到一席婚宴，因為是一對老人伉儷，所以在接待過程中有些需要注意的方面。在一一布置後，主管把今天掌勺的幾位主要廚師的特長作了介紹，還強調了今晚需重點推薦的菜餚。

整個餐前會僅開了14分鐘。散會後員工分赴各自的崗位。

本章小結

客務部、客房部和餐飲部是飯店的三大業務部門，它們各有其組織機構，發揮著相應的職能。客務部主要承擔以銷售客房為中心的一系列工作，是飯店業務活動和對客服務的一個綜合性部門。客房部負責管理客房事務和飯店其他相關事務。餐飲部是飯店的重要盈利部門，餐飲服務在很大程度上反映了飯店的總體質

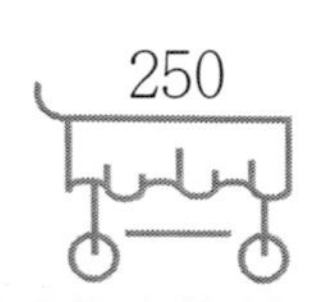

量水準和風格特色。三大部門各按特定的程序為賓客提供服務，對其管理也要根據各自的特點。

複習與思考

1.簡述客務部、客房部及餐飲部的基本工作職能及組織機構設置。

2.簡述訂房程序。

3.接待工作中經常會碰到哪些問題？如何解決或克服這些問題？

4.前台報價方法有哪些？

5.簡述前台銷售技巧。

6.簡述處理客人投訴的程序。

7.現代商務服務項目有哪些？應遵循哪些服務規則？

8.客房對客服務工作有哪幾項？

9.客房安全保衛工作包括哪幾方面內容？

10.簡述客房日常清潔整理工作的內容。

11.什麼叫計劃衛生？它包括哪兩大類？

12.簡述客房的四級查房制度。

13.怎樣確定不同類別物品的消耗定額？

14.如何對布件的數量和質量進行控制？

15.廚房有哪些業務組織機構？

16.廚房的業務工作包括哪些內容？

17.簡述中餐散客及宴會服務基本程序。

18.簡述西餐散客服務基本程序。

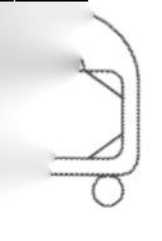

注釋：

[1] 客務部收銀處人員歸屬財務部，因此組織機構圖中用虛線表示。

[2] 大中型飯店多設與餐飲部同級的原料採供部，因此用虛線表示。

第 7 章 現代飯店集團化

章節導讀

集團化經營是飯店企業在激烈的市場競爭中擴大自身優勢、實現規模經濟、提高其競爭能力的一種重要方式。它透過一種或幾種靈活的管理形式輸出企業具有優勢的資源（管理人員、品牌、資金等），使飯店集團的優勢得到最大程度的發揮。以下我們概述與飯店集團化經營有關的理論及其發展歷史和趨勢。

重點提示

介紹飯店集團化發展過程和擴張模式。

講解飯店集團的主要管理形式。

分析飯店集團化經營的優勢。

第一節 飯店集團化經營概述

21世紀將是飯店集團化經營的世紀。產業競爭的國際化、全球經濟的一體化、商業活動的訊息化以及隨之而來的大規模企業兼併、重組無疑將進一步加速這一趨勢。中國的飯店業面臨著國際飯店集團的巨大壓力，如何在新的環境下進行戰略性的調整以更好地適應飯店集團化經營所帶來的機遇和挑戰，是值得中國飯店業研究的重大課題。

一、國際飯店集團的發展

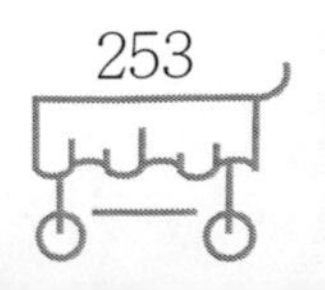

最早的跨國飯店集團是1902年成立的「麗思發展公司」，它是以歐洲著名的飯店管理大師麗思的名字命名的。它的出現使得國際飯店業逐漸用「托拉斯」來代替19世紀下半葉興起的「卡特爾」壟斷形式。「托拉斯」是由經營關係密切的同類飯店組成大壟斷集團以擴大市場占有率、爭奪投資市場、獲取高額利潤，它是一種高級壟斷組織形式；而「卡特爾」是一種鬆散的壟斷形式，飯店企業以協議的方式來協調市場分配、維持市場價格。麗思發展公司透過簽訂管理合約的方式迅速在歐洲擴張，並於1907年以特許經營的方式獲得了美國紐約「麗思卡爾頓」飯店的經營權，隨後又在蒙特婁、里斯本、波士頓、開羅、約翰尼斯堡等地不斷擴充其規模，成為當時世界最大的飯店集團之一。時至今日，「麗思」的名字仍是豪華和第一流服務的同義詞。

美國人斯塔特勒對飯店業的最大貢獻在於塑造了美國飯店經營模式——現代聯號飯店經營模式。從1901年創辦第一家飯店開始，斯塔特勒集團逐步發展成為擁有10家大型飯店的集團，其中包括1928年在芝加哥落成的史蒂文斯飯店，這是一座耗資5000萬美元、擁有3000間客房和10000個餐位的當時世界上最大的飯店。斯塔特勒獨創了許多影響整個飯店業發展的技術，如：兩套衛浴間共用上下水系統、客房收音機、客房專用衛浴間、客房電話機、職工退休基金計劃等等；同時，他也是第一個指出聯號經營方式在管理和資金上具有優勢的人。由於集中採購、成本控制和集中營銷，他的飯店的經營利潤大大提高。

二戰以後，國際飯店業開始在全球大規模擴張。美國由於在戰爭中積累了大量財富，開始全方位地向世界輸出資本和產品，這給了美國飯店業千載難逢的發展機會。當時美國最著名的國際航空公司泛美航空公司對飯店業的國際化趨勢迅速作出了反應，於1946年成立了全資子公司「洲際飯店公司」（簡稱IHC）。IHC有兩個作用：一是為搭乘泛美航空公司飛機的國際旅客服務，二是為機組人員服務。到1982年，泛美航空公司將IHC賣給大都會集團時，IHC在全球已擁有109家飯店。1946年成立的「希爾頓飯店公司」在美國收購了多家飯店集團（包括斯塔特勒的所有聯號飯店）後，開始向美國以外擴張，在此後二三十年時間裡，美國其他新崛起的飯店集團，如：喜來登飯店公司、假日集團、萬豪國際集團等，也先後向國際化發展。歐洲的飯店集團在美國飯店集團的壓力下，從50

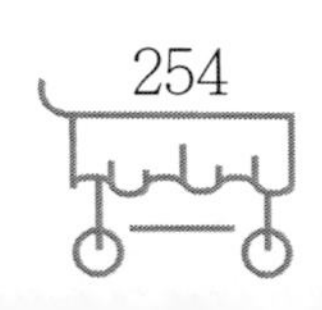

年代開始也逐步加入了飯店業國際化競爭的行列。50年代初，總部設在巴黎的地中海俱樂部集團就開始在地中海沿岸建造渡假勝地和飯店，而後又擴展到加勒比海地區。

美國的飯店集團一直壟斷著國際飯店業市場，這種競爭格局持續到1980年代，由於歐洲和亞洲飯店集團的興起才被打破。六七十年代的國際旅遊市場主要集中在歐洲和美洲，國際飯店集團一般在進軍國際市場的初期選擇那些重要的文化、歷史名城，如倫敦、巴黎、羅馬作為自己打開歐洲市場的立足點，隨著在這些城市的競爭越來越激烈，國際飯店集團開始尋找新興的旅遊城市和商業城市作為自己下一輪的目標市場，如維也納、塞維亞、巴塞隆那、里斯本、米蘭、布魯塞爾等，這些城市的發展給國際飯店集團帶來了豐厚的回報。石油、美元的流入使得中東地區在六七十年代成為發展極為迅速的地區，也吸引了國際飯店集團的投資，但由於這一地區的政治局勢動盪不安，以及國際石油價格下跌，國際飯店集團的投資和經營遇到了挫折。但他們卻在其他地區——東亞和環太平洋地區看到了飯店業發展的新的契機，雖然在六七十年代，這還僅僅是一種潛在的購買力。

進入80年代以後，國際飯店業發生了戲劇性的變化。隨著歐洲經濟共同體（EEC）向單一市場邁進的步伐的加快，歐洲飯店集團也加快了聯合與擴展的步伐，以抗衡美國飯店集團對歐洲市場的滲透，同時在全球範圍內與美國的飯店集團展開了競爭。英國的大都會集團於1981年接管了洲際飯店；雅高集團透過兼併、良好的市場定位及國際化戰略成為歐洲規模最大的飯店集團；希爾頓飯店集團於1987年被拉德布魯克集團收購更意味著歐洲飯店集團全球化戰略的決心。到90年代，歐洲飯店集團已迅速成為國際飯店業的一支重要力量。

經濟迅速增長的亞太地區及該地區欣欣向榮的旅遊業為國際飯店業提供了良好的投資場所。在過去的20年中，西方的飯店集團紛紛投資該地區，同時，以日本、香港和新加坡為首的亞洲本土飯店集團也迅速崛起，它們不但在亞洲市場上與歐美的飯店集團相抗衡，而且隨著實力的增長，它們還制定了更加雄心勃勃的全球化戰略。亞洲飯店集團在發展初期得益於亞洲的相對廉價的勞動力，但很快它們就將競爭的重點轉移到了提高飯店的聲譽和服務質量上，如以香港為基地的亞洲四個主要飯店集團——東方文華、半島、麗晶和香格里拉現已當之無愧地出現在世界第一流飯店集團的名單上，並且它們都在試圖向亞洲和亞洲以外的地區擴張。日本飯店集團的先鋒東急集團則致力於它的泛太平洋飯店網絡，日航集團和新大谷飯店則將自己的市場擴展到了美國和歐洲。1988年12月，大都會集團將洲際飯店公司賣給了總部設在東京的賽生集團——一家從事零售業、飯店和房地產業的國際集團，使賽生集團控制了洲際飯店100%的股份，這在國際飯店業掀起了軒然大波，標誌著國際飯店業由歐美一統天下的時代已不復存在。印度也開始了飯店的國際化經營，如太吉集團在歐美等10個國家建立了45家飯店，奧貝羅依飯店透過與洲際、雅高等飯店的合作或直接投資，在北非、中東和東南亞等地建立了豪華飯店網絡。至90年代末，亞洲飯店集團已有長足的發展，在一些地區市場上已能夠與歐美相抗衡。隨著21世紀的到來，這一地區的飯店業將更具活力和競爭力，並將極大地推動亞太地區旅遊業的發展。

二、產權理論

飯店集團化從本質上講是產權交易的結果，因此要進一步理解集團化問題就必須從瞭解產權理論開始。

（一）產權的定義

產權又稱財產權利，是一個複雜的概念。簡單地說：「產權包括一個人或其他人受益或受損的權利」。

從法律的觀點來看，產權就是一組權利，但這一組權利的地位並不是相同的。首先，產權是從財產所有權引出的，但又不等於財產所有權。財產所有權是確定物的最終歸屬、主體對物體獨占和壟斷的權利。所有權具有排他性、本源性和全面性，這就劃定了財產界限，確定了財產主體最基本的權利和義務，故又被稱為原始產權。其次，由所有權派生出來的、由財產主體所有者使用財產所有權行為所導致的為其他經濟主體創設的財產權利，稱之為派生產權。顯然，派生的財產權利有相當的獨立性，並且可以在商品生產和交換中再派生新的財產權利，

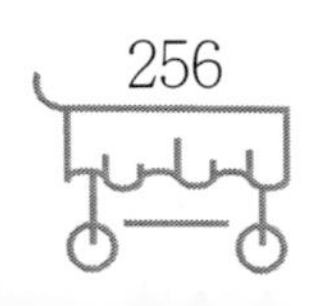

但它始終是派生的，並不因此轉變為財產所有權，而且始終將受到財產所有者及其所有權的約束。在現代企業制度中，原始產權就是我們所稱的財產的終極所有權，而派生產權是法人財產所有權，即占有、處置、經營、使用財產的權利。

（二）產權的性質

產權具有兩個基本權能，即收益分享權能和支配權能，前者是指分享財產營運所帶來的部分收益的權利；後者是指在合法的範圍內，產權主體可以不受任何干擾自主支配財產的權利。無論是原始產權還是派生產權都有這兩方面的權能，它是判定與某一財產相關的經濟主體是否擁有產權的基本標誌。在所有權和經營權歸同一所有者的條件下，收益權當然歸所有者；當產權分離，即原始產權與派生產權不歸一個主體時，派生產權主體也有要求分享收益的權利。不同產權其收益權能表現和實現的方式是不同的。產權的性質可以從產權主體、產權運動和產權體系三個方面來分析。

（1）產權是產權主體成為經濟實體的必要條件。產權明確了投入到生產當中的資源（財產）所有者的權利，它保證了經濟實體的成立和由此帶來的收益。權利的界定是市場交易的基本前提，而產權的界定總是和一整套複雜的法律體系相聯繫的，從這個意義上說，市場經濟即法制經濟。

（2）產權可以獨立運動。這是指產權一經確立，產權主體就可以在合法的範圍內自主地運用產權，謀求自身利益的最大化，而不受同一財產上其他財產主體的干擾，即使是派生產權的主體也是唯一的。一個主體可以擁有多項產權，但一項特定產權只能歸屬於一個主體，即「一物一主」，具有排他性，這是產權具有明確的權利責任區的前提。派生產權的獨立運動與原始產權的獨立運動一樣都要受到法律的約束，此外它還要受到原始產權的約束，當然這種約束也要按法定的程序進行。

（3）產權體系可以分離。產權既可以以靜止的方式存在，也可以以運動的方式存在。靜止的產權是指相應的法律制度所規定的一定主體獲取財產的合法途徑，及其在占有過程中和使用過程中受法律制度保護，排斥他人的搶奪、侵犯等方面的權利；運動的產權是指財產所有人根據其意願透過交易形式將財產的全部

或部分權能進行轉讓的權利。這種轉讓可以使產權結合，也可使其分離。產權體系可以分離，它除了表現在原始產權可以派生出派生產權外，還表現在派生產權還可以進一步派生出派生產權。

（三）現代企業制度

人們通常用現代企業來指代那些所有權和經營權相分離的股份制企業，這種企業形式已成為現代經濟的一個重要特徵，在飯店業也是如此。所有權與經營權的分離及相應的制度形成了有效的約束機制和激勵機制，還為企業進行大規模的產權交易和迅速發展提供了可能。

現代企業制度的核心是企業產權制度，或稱產權安排。一個典型的現代企業的產權安排具有如下特徵：

股東擁有每一股票的投票權，透過投票選擇董事會，再由董事會選擇經理；經理的收入一般由合約薪水加資金、利潤分成和股票期權組成，經理擁有對企業日常運轉的決策權；債權人拿到合約收入（利息），一般沒有投票權，但當企業處於破產時，就取得了對企業的控制權；員工拿取固定工資。在這樣一個典型的所有權和經營權相分離的現代企業中，企業的資產被分成若干股份，財產所有人以出售股份的方式將財產轉讓給非財產所有者使用。

（四）產權交易體系

企業的產權關係見圖7-1。其中，大股東「用手投票」是指大股東的代理人（董事）可以擁有直接挑選總經理、參與經營決策和索取紅利等權利；而小股東「用腳投票」則是指小股東根據交易獲得的企業股票的市值來決定買入或賣出該企業的股票，如果企業股票市值下降，小股東就會紛紛拋售手中的股票，溜之大吉。可見，企業產權交易的實質是企業控制權運動過程中各權利主體之間依據企業產權所做出的制度安排而進行的一種權利結構重組行為。

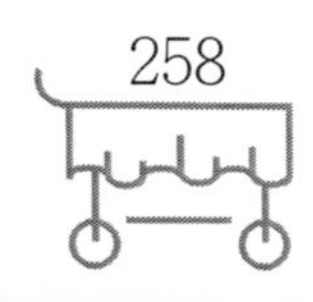

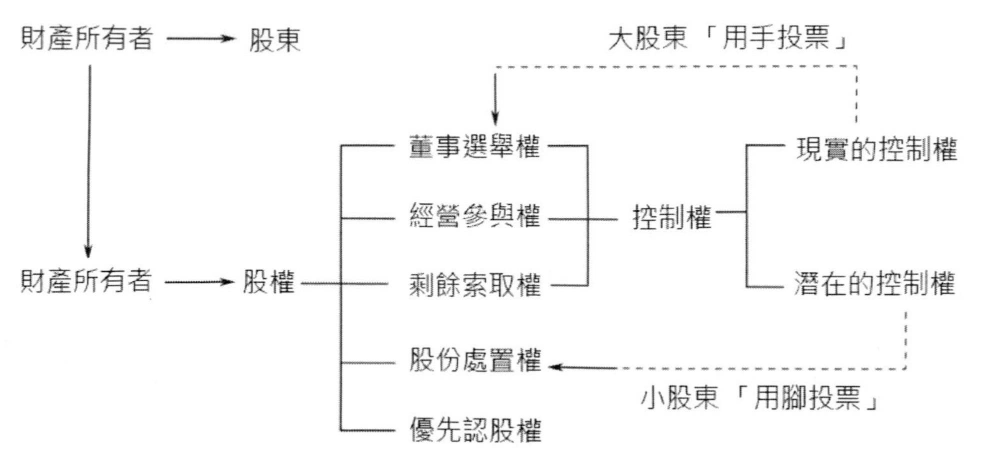

圖7-1 企業產權關係（所有權、股權、控制權的關係）

一般情況下，這種權利結構重組是透過「雙重替代」進行的，其中，第一重替代是在企業的財產所有者中進行的，即透過股權主體（股東）和股權結構的改變，來實現企業控制權主體的替代；第二重替代表現為企業新的控制主體對企業高層經理人員的任免，或對企業經營權所有者的更換。由於企業經營權是由企業所有權派生出來的產權，根據產權獨立運動和產權體系可以分離的特點，企業的經營權也是可以轉讓的。即使不發生企業被接管的情況，董事會還是可以根據其選舉權和經營參與權（最重要的企業控制權）來選擇效率更高的管理者。另一方面，企業的聲譽、品牌也可看作是由於經營權的使用而派生的產權，這種聲譽也可由經理人員分享，這就是企業的聲譽機制。這種品牌和聲譽被作為一種無形的產權在飯店集團化的實踐中得到廣泛運用。可見，現代企業的產權交易體系是由企業的控制權（是所有權的具體表現）、股份處置權、優先認股權，以及由此派生的經營權和品牌聲譽及無形產權組成的。在一個發育較完全的資本市場上，這些產權是可以被獨立地用來進行交易的，一般採取公開的交易方式。

三、飯店集團化的擴張模式

一般來說，企業在競爭的環境中主要透過兩種方式不斷發展壯大：一是透過內部投資逐步形成新的供給能力以實現內部成長；二是透過企業產權交易獲取其

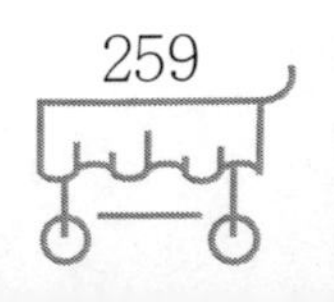

他企業已有的供給能力（或獲取其他企業的經營控制權）來實現企業外部成長。對於飯店集團來說，大多是以產權交易方式擴大供給能力或使用賣方資源的。企業的增長方式如圖7-2所示。

內部成長方式多見於單一業主的企業，他們用利潤進行內部積累，實現企業的擴大再生產。業主獨立經營管理，企業規模和發展卻受到限制。目前，中國飯店大多採取這種擴張方式。外部成長有許多種形式，企業可採取其中的一種或幾種形式。外部成長在資本市場上表現為所有權的交易和經營權的交易。所有權交易總會涉及資產交易，企業在資本市場上以發行股票和負債的形式籌措資金，擴大自己對資源的控制範圍。經營權是由所有權派生出來的財產權利，它的獨立運動便構成了經營權的產權交易。在以不動產和服務為特徵的飯店業中，經營權交易對於飯店擴大企業規模、輸出具有優勢的資源有著非常重要的意義。這裡我們首先來討論所有權交易，涉及了經營權交易的飯店管理形式將在以後章節中介紹。

（一）獨資

獨資的擴張方式是為了獲取賣方全部股權和資產，這種方式通常也被稱為兼併或收購。在發育充分的股票市場上，一般以股權融合實現企業合併（即以本企業股票換取目標企業的股票），或以股權收購的方式接管目標企業。如1988年，洲際飯店集團被大都會集團以23億美元賣給了日本的賽生集團，於是賽生集團持有了洲際飯店集團100%的控股權。對獨資企業或合夥企業一般採用資產收購的方式。以獨資方式收購飯店企業的集團有時被稱為飯店「房地產投資托拉斯」，這些飯店集團對其聯號下的飯店實行統一管理。截止到1998年4月，全球最大的10家飯店房地產投資托拉斯如表7-1所示（其中也包括部分非全資收購的飯店）。

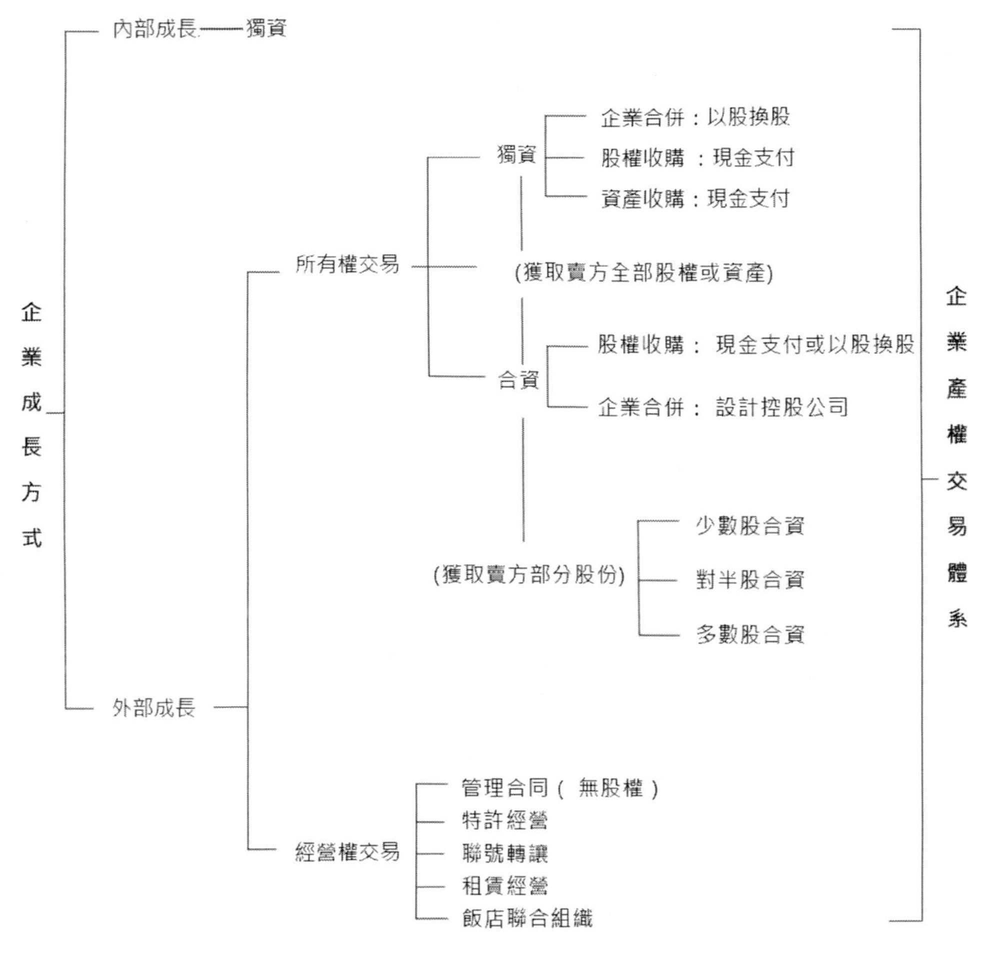

圖7-2 企業（飯店集團）成長方式

（二）合資

合資一般以獲取賣方企業部分股份的方式進行。按其出資的份額在合資企業中所占的比例，可分為少數股合資、對半股合資和多數股合資。若要取得股份較集中的企業的控制權，一般需擁有半數以上的股份，如兩家公司出資合併成立控股公司；而對於股份分散的企業，只要掌握一定數量的少數股便可取得企業的控制權，通常以現金支付或以股換股的方式。在80年代國際飯店集團收購浪潮之後，合資擴張的方式日益受到青睞，如法國的子午線集團和德國的凱賓斯基集團合併後，其在歐洲的地位明顯提高。

表7-1 全球最大的10家飯店房地產投資托拉斯

飯店名稱	房間數	飯店數
塔沃德飯店與度假地公司	213,238	653
愛國者美國飯店集團	57,220	241
科爾菲爾全套房飯店集團	17,933	73
飯店業財產托拉斯	16,527	119
美國通用飯店公司	10,162	45
太陽石飯店管理公司	9,854	53
美國旅館業主托拉斯	5,863	48
波艾金管理公司	5,179	24
雲斯頓飯店公司	5,124	38
詹姆遜旅館公司	3,020	65

第二節 飯店管理形式

這裡所講的管理形式實際上是企業經營權交易的結果。國際飯店集團一般採取以下五種管理形式進行規模擴張。

一、管理合約

管理合約方式的出現和發展實際上是兩權分離後經營權獨立運動的結果，它以企業的形式代替單個的經理人員。飯店管理公司除了管理本集團所屬飯店外，還代管其他飯店業主的飯店，以獲取管理報酬。管理公司將飯店集團的聯號、品牌、訓練有素的管理人員以及本集團的預訂網路等，作為資源投入到飯店的經營管理中。一般來說，飯店集團指派包括總經理在內的各部門主要管理人員，根據集團既定的經營決策、管理方法、操作規程，負責飯店的日常管理活動，以保證達到該集團所確立的服務水準和風格特色。如果是新建的飯店，飯店集團通常還派人擔任工程顧問，併負責物資設備採購、人員招聘和培訓等開業前的準備工作。希爾頓、喜來登、萬豪國際等世界知名的飯店集團都不同程度地採用了管理合約的方式。

（一）管理合約的優點

管理公司（經營者）和業主一般採取利潤分成的方式，業主以自己的資產、管理公司以自己的名譽（對管理公司來說最重要的資本）共同承擔風險。

管理合約的優勢展現為：

對於業主來說：（1）即使不具備飯店管理能力也可以對飯店投資；（2）如果經營者有較好聲譽，較易在資本市場上籌措資金；（3）扣除管理酬金和投資補償費用，一般可以獲取最大的財務收益。

對於經營者來說：（1）以最小成本擴大聯號網路；（2）依靠人力、訊息、網路等資源優勢增加管理酬金收入；（3）不用向業主付費，無所有權方面的風險；（4）沒有折舊費和物業管理費。

（二）管理合約的缺點

管理合約的方式是典型的企業所有權和經營權分離的結果，如果沒有較嚴格的契約作保證和雙方都投入的資源作抵押，就會引發因兩權分離所帶來的一系列問題。對於業主來說，管理合約的缺點如下：（1）失去經營管理權；（2）以其所有權投入經營，承擔最大的虧損風險；（3）合約未到期，不易解僱經營者。對於經營者來說，存在如下弊端：（1）營業收入侷限於管理酬金；（2）在所有權決策上，幾乎沒有發言權；（3）管理合約中止時，可能失去對飯店的經營管理權（如無續約）。

為了防止單純的管理公司出現短期的投機行為，一些業主也要求管理公司投入一定的股份或貸款作為抵押保障其經營業績。90年代以來，隨著國際飯店管理市場競爭的日趨激烈，管理公司被迫放棄80年代或更早時期不入股的契約方式。管理公司股權的加入強化了管理者與所有者的長期合作關係。

（三）管理合約方式的發展趨勢

根據國際飯店組織的研究報告，未來的飯店管理合約市場將有以下幾個顯著特點：

（1）越來越多的業主要求在合約中加入有關經營業績的條款，作為支付管理酬金的條件，並在條款中寫進管理公司必須達到的最低財務業績標準，若低於該標準，業主有權終止合約。

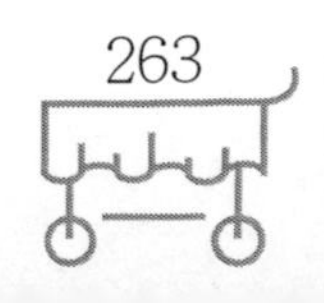

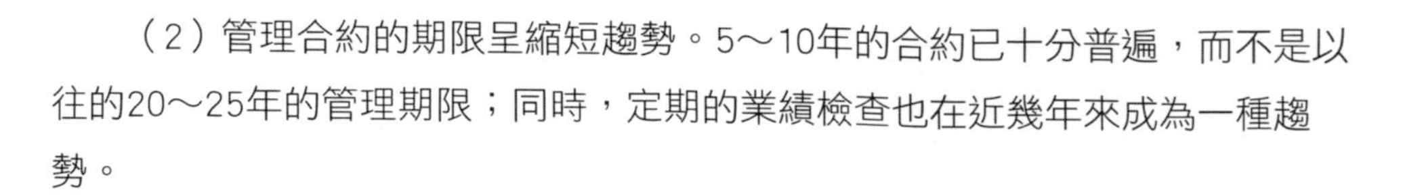

（2）管理合約的期限呈縮短趨勢。5～10年的合約已十分普遍，而不是以往的20～25年的管理期限；同時，定期的業績檢查也在近幾年來成為一種趨勢。

（3）業主希望擁有在出售飯店時終止管理合約的權力，特別是那些成熟的獲利頗豐的房地產。業主可以為管理公司提供新的飯店進行管理，並與管理者分享出售飯店的盈利。

（4）由於飯店企業之間的兼併與收購的可能性日益增多，業主在與新的管理公司簽訂管理合約時都非常謹慎。

（5）業主希望管理公司能以直接投資形式或其他形式分擔小部分投資風險。

二、特許經營

特許經營即飯店集團向企業讓渡特許經營權，允許受讓者使用該集團的名稱、標識，加入該集團的廣告推銷和預訂網路，成為其成員。特許權讓渡者還在可行性研究、廣告宣傳、企業地點選擇、資金籌措、建築設計、人員培訓、管理方法、操作規程和服務質量等方面給予指導和幫助。一般來說，受讓者向飯店集團支付特許權讓渡費、特許權使用費及廣告推銷費作為報酬，但在企業所有權和財政上保持獨立，不受飯店集團控制，這是最常見的飯店集團擴張的形式之一。

近年來，由於特許網路的發展，越來越多的獨立業主加入了特許經營行列，同時一些以其他管理形式為主的飯店集團也開始採用特許經營的形式，如萬豪國際集團在80年代的主要擴張手段是建造新飯店、購買和出售飯店、收取管理酬金等，經歷了一段供給過剩的蕭條期後，萬豪國際在90年代開始轉向特許經營領域。1993年，萬豪國際特許經營的飯店數只占該飯店集團總數的27%，而到了1998年，這一比例已接近50%了。

（一）特許經營的優點

特許經營對於加入其中的業主，具有如下的優點：（1）參加特許經營網路

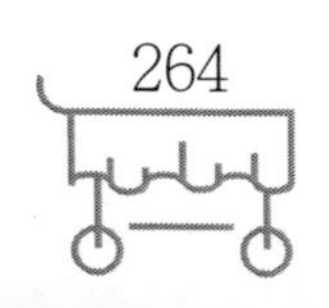

的銷售；（2）在準備、試營業和營業階段都能得到飯店集團的指導；（3）在協議規定的範圍內擁有自主經營權；（4）扣除特許經營權使用費和特許經營系統費用，可獲得最大的財務收益。

對於讓渡者來說，具有如下的優點：（1）用最少量的投資擴大連鎖網路；（2）用最小的成本增加特許經營酬金收入；（3）把建立和維持特許經營系統（如網路、廣告等）的費用分攤給成員飯店。

這些優點使得特許經營雙方在市場競爭中獲得相互關聯的優勢，飯店集團憑藉自己的品牌和網路迅速擴大市場，而每增加一個業主就會在那個地區開闢一個特許集團的新的細分市場，本地區的業主又能將讓渡者的標準化服務與當地的特殊化服務結合到一起。

（二）特許經營的缺點

特許經營和其他的經營方式一樣並非十全十美，對於業主來說，它存在如下缺點：（1）除承擔極大的虧損風險外，還需支付固定的特許費用；（2）如果讓渡者實力較弱，可能會造成不利的市場局面。對於讓渡者來說，它的缺點是：（1）不易控制飯店質量標準和服務規範；（2）營業收入侷限於特許經營酬金。

三、聯號轉讓

聯號轉讓是指飯店集團允許受讓者使用該集團的名稱、標識（即聯號）並加入其銷售和預訂系統，在其他方面並不對受讓者進行干預。受讓者向飯店集團支付固定的聯號使用權費用後，即可自己經營管理，自由支配收益。

（一）聯號轉讓的優點

對於受讓者來說，其主要優點在於：（1）能夠使用標識和預訂網路系統，也可同時保留自己的名稱，如聖達特飯店集團是由美國客棧、豪生特許系統、華美達特許系統、超級8汽車飯店、村民之家、國際公園旅館、騎士旅館等多家飯店連鎖集團組成，各自使用不同的集團名稱又同時使用聖達特飯店特許系統的標

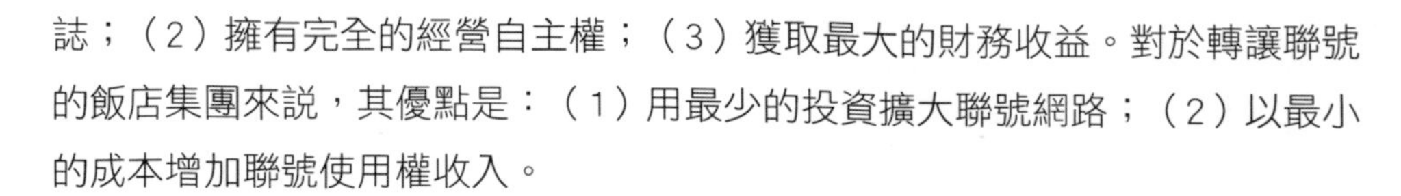

誌；（2）擁有完全的經營自主權；（3）獲取最大的財務收益。對於轉讓聯號的飯店集團來說，其優點是：（1）用最少的投資擴大聯號網路；（2）以最小的成本增加聯號使用權收入。

（二）聯號轉讓的缺點

對於業主而言，其缺點主要在於要獨自承擔虧損的風險。對於飯店集團來說，其缺點在於：（1）在質量標準和服務質量上對飯店幾乎沒有控制權，因此選擇質量穩定、有較好聲譽的飯店成為維護飯店集團聲譽的重要手段；（2）營業收入侷限於聯號轉讓費用。

四、租賃經營

租賃經營是指飯店集團透過支付給業主租金的方式租賃飯店。租賃的範圍包括業主的飯店、建築物、設備家具以及土地等。租金的支付方式包括支付定額租金和以收入或利潤分成作為租金。若採用按期繳納定額租金的方式，合約中必須寫明固定資產（飯店、設備）的更新改造費用、大修理費用、財產稅、火災保險等費用由誰承擔；若採用分享經營成果的租賃方式，一般按營業收入或利潤的一定百分比，或兩者各自一定的百分比之和支付租金，但應加上最低租金限額的保障條款。

（一）租賃經營的優點

經營者（一般為飯店集團的管理公司）在支付固定租金和經營成本後可以獲得剩餘利潤額。

對於業主來說，其優點是：

（1）無飯店經營能力仍然可以對飯店投資；

（2）財務收入數額明確；

（3）虧損風險可降到最低點；

（4）如果經營者有良好聲譽，極易籌措資金。

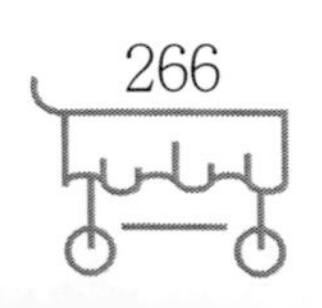

對經營者來說，其優點是：

（1）擁有獨立的經營權；

（2）可以用少量的投資擴大聯號網路；

（3）如果能夠支付經營費用，可增加財務收入；

（4）沒有折舊費和物業管理費。

（二）租賃經營的缺點

業主面臨的問題是：（1）失去經營管理權；（2）只有租金收入；（3）如果設備更新條款不明確，經營者可能會在租賃期內過度使用飯店物業和設備，以最大限度地獲取剩餘利潤額，損害業主權益。對於經營者來說，缺點表現在：（1）面臨較高的經營風險，包括支付固定租金；（2）租賃合約結束時，失去飯店經營管理權。

五、飯店聯合組織

飯店聯合組織由多個獨立的飯店企業組成，各飯店均擁有獨立的所有權與經營權，只在營銷等方面進行聯合，因此，只需支付使用預訂系統和相關服務的費用。他們一般使用同一公認的標識和訂房系統，推行統一的質量標準，也常常統一進行廣告宣傳，以此與其他飯店集團相抗衡，是一種較為鬆散的集團形式。隨著飯店全球預訂系統GDS的開通和網路技術的發展，越來越多的獨立飯店加入到國際飯店聯合組織中，以求在競爭中生存和發展。

1997年世界前25個飯店聯合組織如表7-3所示。

飯店聯合組織為獨立的飯店業主提供的另外兩個便利是：（1）可以透過GDS進入全球市場；（2）便於細分市場的專業化。如「世界一流飯店組織」以及「環球首選飯店組織」屬下的飯店代表著世界範圍內的高檔飯店，而法國的「驛站與古堡」飯店聯合組織則代表了小型的由古建築改建的飯店。

綜上所述，國際飯店集團普遍採用經營權交易方式和所有權交易形式擴張，多種形式一同使用，但各有不同的側重點。如假日、希爾頓兩家飯店集團既採用獨資或合資的方式，又採用經營權交易的方式擴大規模，其中，假日集團以特許經營和出讓聯號為主，而希爾頓則以管理合約見長。同時，在組成集團的方式上，產權體系也隨集團規模的擴大變得越來越複雜。如斯塔沃德國際飯店集團在全世界67個國家共擁有653座飯店，其中包括聖萊吉斯豪華精選、威斯汀、喜來登、康巴斯、W飯店等多家世界知名飯店集團，各家飯店集團使用自己的標誌和名稱，同時使用斯塔沃德國際飯店集團的標誌和預訂系統，而集團又有其下屬的子集團並以多種產權相聯繫，如喜來登飯店集團就同時採用全資、合資、管理合約、特許經營等方式進行擴張。此外，由於產權的可分離性和獨立運動性，在國際飯店業中，還出現了所有權和經營權分屬不同飯店集團的情況，如印度新德里的一些屬於奧伯拉伊集團的飯店分別與洲際集團或喜來登集團簽訂了特許經營契約或管理合約，阿姆斯特丹的奧庫那國際飯店歸屬奧庫那集團，卻由洲際集團特許經營。

第三節 飯店集團化經營的優勢

旅遊業的發展越來越受到地區經濟和全球經濟一體化的影響，具體表現為國際間有形和無形貿易的快速增長、日益融為一體的世界金融市場、各國對經濟資源（人員、資金、技術）流動管制的放寬以及地區性共同市場的形成。飯店企業要在這樣一個日益開放的背景下保持競爭優勢，就必須在融資、營銷和管理等各個方面更具全球化視野。

一、品牌優勢

國際飯店集團統一使用的商標和標識向賓客承諾了某種預期的服務質量，這對於飯店集團及其成員在競爭中擴大知名度和市場規模具有舉足輕重的作用。特別是當遊客在一個陌生的環境中消費時，標識和品牌能在很大程度上盡快樹立起消費者對產品和服務的信心。

表7-3 1997年世界前25個飯店聯合組織

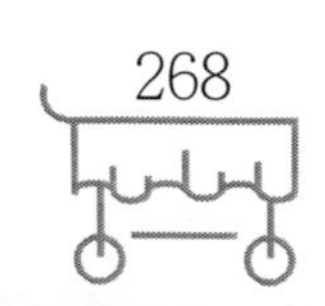

名　次	飯店集團名稱	總部所在地	房間數	飯店數
1	REZ 解決有限公司	美國．亞利桑那．鳳凰城	1,500,000	7,700
2	萊克星頓服務有限公司	美國．德克薩斯．歐文	450,000	3,000
3	VIP 國際有限公司	加拿大．亞伯達省．卡加利	176,250	1,410
4	超國家飯店集團	英國．倫敦	111,305	747
5	世界一流飯店組織	美國．紐約	89,800	312
6	好圖薩—歐洲之星—家飯店組織	西班牙．巴塞隆納	77,443	970
7	SA 重點飯店組織	西班牙．巴塞隆納	72,000	600
8	法國之家	法國．巴黎	71,822	3,966
9	斯坦根伯格 SRS 飯店組織	德國．法蘭克福．梅因斯	65,000	352
10	金鬱金香全球飯店組織	英國．米德塞克斯．布蘭特伍德	45,036	356
11	君王飯店資源集團	美國．科羅拉多．恩格伍德	34,929	101
12	羅伯特．F．華納有限公司	美國．紐約	33,807	191
13	標準銀器飯店組織	美國．亞利桑那．鳳凰城	31,277	112
14	聯合豪華飯店組織	美國．華盛頓．哥倫比亞特區	30,542	55
15	國際迷你飯店組織	瑞士．洛桑	30,220	709
16	國際頂級飯店組織	德國．杜塞道夫	30,000	260
17	旗幟國際飯店組織	澳洲．維多利亞．東墨爾本	29,500	505
18	頂級飯店與渡假地組織	英國．米德塞克斯．布蘭特伍德	27,308	148
19	環球首選飯店組織	美國．伊利諾．芝加哥	23,361	113
20	美國歷史飯店組織	美國．華盛頓．哥倫比亞特區	22,442	127
21	第一飯店組織	美國．紐約	22,143	143
22	ILA—魅力古堡與飯店	比利時．布魯塞爾	18,326	421
23	協和飯店集團	法國．巴黎	13,500	72
24	驛站與古堡飯店聯合組織	法國．巴黎	13,300	415
25	瑞士國際飯店組織	瑞士．蘇黎士	9,900	66

在使用統一的標識和品牌方面，國際飯店集團已經形成了各自統一的、完善的、以視覺識別系統VIS為視覺傳達形式的CIS企業形象識別系統。國際飯店集團的VIS系統包括集團名稱和標誌、品牌、名稱等，一般都採用簡潔明瞭、易於識記的名稱和相應的圖形標誌，如假日、冠西國際、喜來登、希爾頓等等，這些集團的所有成員都採用所屬集團的名稱和標誌，各成員飯店只在其名稱和標誌後面註明自己的地點。另一種是由多個規模較小的飯店連鎖集團所組成的大型飯店集團，其成員有自己的集團名稱與標誌，同時又使用統一的標誌，如選擇國際飯店集團，共有3476家飯店、近30萬間客房，主要針對低檔住宿市場，其成員有住宿旅館、舒適旅館、質量旅館、號角旅館、經濟客棧和羅德威旅館幾個集團，它們在使用各自集團的標誌的同時統一使用選擇國際飯店集團的標誌。

品牌是企業對自己的產品和服務規定的商業名稱和標誌，進行多元化經營或市場細分化經營的國際飯店集團，通常還在它們的企業名稱後面加上產品和服務的品牌名稱和標誌，表明其各種不同類型的產品，這樣做有利於各個品牌的市場宣傳、品牌聯想、質量預期和感知，同時，也成為許多國際飯店集團占領市場的有力武器。例如，福特飯店集團於1991年更名為福特PLC集團，在全球範圍內將所屬飯店劃分為三個不同的品牌：福特之家，經濟型飯店聯號；福特驛站，現代化飯店聯號；福特之冠，高檔商務飯店聯號。另外，福特飯店集團還針對不同的細分市場發展了擁有自主產權的飯店聯號，每一家都有自己的名字、風格和特點。如福特遺蹟聯號是一系列遍布英國的特色飯店，從有歷史背景的馬車旅社到豪華的古代街。都被翻修一新，向賓客提供傳統的殷勤服務、美味佳餚和當地的特色啤酒；豪華福特聯號則是一系列第一流的國際飯店，提供傳統歐洲風格的、高水準的服務，如使用自己的國際知名品牌的倫敦格羅斯溫那飯店、雅典娜廣場飯店和馬德里麗思飯店等。

二、規模經濟優勢

國際飯店集團為了保證產品和服務的質量水準，通常都由集團總部的物資採購部門集中購買所屬飯店的設備和原材料，使之規格化、標準化，這種定期的統一批量購買使得各飯店的物資採購成本大大降低，從而提高了經營利潤。

國際飯店集團經營業務的大範圍擴展，使其能迅速捕捉到所轄區域的市場機會，同時，能利用當地資源，加之以當地特色，來更好地滿足消費者的需求，實現「全球化的思想，本地化的經營」（見表7-4）。

表7-4 各飯店集團的經營思想

飯店集團	經營思想
假日	一切為顧客著想，質優價廉
喜來登	物有所值，於細微處見精神
華美達	求實創新，與眾不同

續表

飯店集團	經營思想
希爾頓	高效、誠實、守信、承擔責任
萬豪國際	家庭的氣氛和服務,不浪費時間
地中海俱樂部	嫻熟的技巧，開朗的性格，面向世界
東方文華	取悅顧客，團隊精神，利益共用，承擔責任
四季	貼近顧客
麗思卡爾頓	為淑女紳士們服務

飯店集團在資本籌集和投資開發方面的優勢也是不言而喻的。建造現代飯店

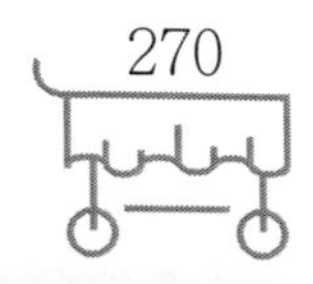

需要巨額投資，包括建築、裝潢、設備、技術、人員的招募和培訓、營運和廣告等費用。籌集這些對一個獨立的飯店而言是非常困難的，而國際飯店集團則可以利用本身雄厚的資本和良好的聲譽在短的時間內籌集到資金，投入到市場前景看好的項目上去。如假日飯店集團就曾創下1天在全球開業5家飯店的世界紀錄。另外，在國際飯店市場中，一個集團被另一個集團收購已司空見慣，如果沒有雄厚的實力作基礎是不可能做到這一點的。國際飯店集團投資方式的多元化也使得投資風險分散，從而提高了企業的抗風險能力。

三、人力資源優勢

國際飯店集團十分重視人力資源開發，一些以管理合約為主要擴張形式的飯店，如希爾頓集團，更是將優秀的管理人才看成是飯店利潤的主要來源。進入1990年代以來，由於高科技的挑戰和經營管理環境的變化，國際飯店業普遍面臨著缺乏合格人力資源的問題，這使得爭奪人才的競爭變得日益激烈。

國際飯店集團在人力資源方面的優勢首先表現在員工的教育培訓上。許多飯店集團都在自己的總部或地區中心建立了培訓基地和培訓系統，如假日飯店集團開辦了假日大學，希爾頓在美國休斯頓大學設立了飯店管理學院，用於輪訓各成員飯店的管理人員和培訓新生力量。

另外，統一管理和安排人力資源也是飯店集團所特有的優勢。由總部統一領導的人力資源部門負責在全世界範圍內招聘、考評各級員工，並為他們制定工資福利計劃，建立能力和績效檔案以及職業生涯發展計劃。國際飯店集團一般都建立了龐大的人力資源內部市場網絡，這比盲目地在外部市場招聘更能有效地使用具有不同能力和文化背景的員工，因為內部的考評和升遷制度更能準確而科學地反映各個員工在能力和努力上的差別並能給予適當的激勵。同時，國際飯店集團也注意更多地使用本地化員工和管理人員，使他們既具有國際管理的意識和標準，又理解當地文化和相關人群（客人和員工）的特殊性，從而能充分利用本地的人力資源開展管理和營銷活動。

四、市場訊息優勢

訊息對於任何一個企業來說都是非常重要的，許多經濟學家將訊息看作是一種投入到生產中的重要資源。對於國際飯店集團來說，如何快速、準確地獲得全球範圍內的訊息並迅速作出反應是其獲得競爭優勢的主要手段。飯店集團對訊息的重視是與訊息技術的飛速發展和企業不斷採用新技術以提高其市場訊息的收集和處理能力分不開的。1970年代全球僅有4家飯店使用電腦，而現在幾乎沒有哪家飯店不使用電腦。電腦技術在飯店業中的應用主要分為HMS、CRS和GDS三個不同的階段。

HMS是指飯店管理系統（Hotel Management System），於80年代初開始在國際飯店業得到普及，主要用於預訂、客房、客帳的管理，但一般僅限於內部管理，小型飯店多採用HMS系統。

CRS即中央預訂系統（Center Reservation System），是飯店集團為控制客源而使用的本集團內部的電腦預訂系統。喜來登集團早在1958年就開始使用電子預訂系統，同時也是首家在集團內使用電腦中央預訂系統的飯店。該系統於1970年開通，目前辦事機構遍布全球。另一家較早採用這一技術的是假日集團，它於1965年建立了假日電訊網（Holidex-Ⅰ），從70年代至今該系統得到不斷更新，時至今日，假日集團已擁有自己的專用衛星，客人今天住在假日飯店裡可隨時預訂世界任何地方假日飯店的客房，並在幾秒鐘內得到確認。目前的Holidex-Ⅱ系統每天可以處理7萬間訂房業務，僅次於美國政府的通訊網，成為世界上最大的民用電腦網路。其他飯店集團如福特集團、雅高集團、華美達集團等也都有自己集團內部的CRS。

進入1990年代，GDS全球預訂系統（Global Distribution System）成為國際飯店業爭相採用的新技術。GDS是一種共享的訊息網路系統。雖然中小型的獨立飯店企業有可能在網路上擴大自己的市場範圍，但就目前來看，大的國際飯店集團仍享有網路技術帶來的更大利益。這是因為，大的飯店集團較之小的飯店更有實力支付使自己的龐大預訂系統與GDS兼容所需的必要的大規模投資，因此大集團更有可能開發出能夠掌握顧客訊息的系統。而中小型的獨立飯店則可能支付不

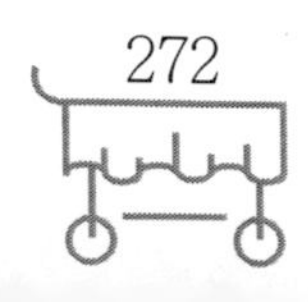

起上網所需的費用而不得不喪失更多的市場份額。但隨著電腦網路技術的飛速發展及訊息費用的進一步下降，這一局面有望得到改觀。越來越多的獨立飯店開始選擇GDS並加入相應的飯店組織以求在激烈的市場競爭中生存和發展，這使得建立在網路基礎上的飯店聯合組織有可能成為更加巨大的集團。

第四節 成功飯店集團的經營管理經驗

任何飯店集團如果只一味地追求規模而沒有自己的經營哲學和管理體系是不可能成功的。管理永遠是一門實踐的科學，那些國際飯店集團經營管理的成功者就是這門學科基本原理和方法的最好實踐者、運用者和創新者。以下我們就介紹一下幾家飯店集團的成功經驗。

一、希爾頓飯店的信條和使命書

希爾頓（1887～1979）還在童年的時候就夢想開一家自己的飯店。從他1919年與人合夥開辦第一家飯店到去世，他在飯店業奮鬥了60年。他一生信奉的飯店管理基本原則是：把飯店的每一寸土地都變成盈利空間及在同仁中發揚團隊精神，同時他也強調時機的重要性。在他一生的經營過程中，他認識到，要對外擴張飯店規模，權術、策略、耐心、機遇、資金，缺一不可。1946年他創立了希爾頓飯店公司，1947年成為註冊發行普通股的飯店公司。1949年，為了便於向海外擴張，希爾頓又創立了作為希爾頓飯店公司子公司的希爾頓國際飯店公司。同年，透過簽訂管理合約，接管了「加勒比希爾頓飯店」的管理工作，開始向海外擴張。到1997年底，希爾頓飯店集團已在全球52個國家擁有或管理著255家飯店。他在1957年寫的一本名為《來做我的客人》的自傳中總結了他的經營信條和人生哲學，希爾頓飯店集團也在他的影響下制定了經營管理的使命書。

（一）希爾頓飯店的七條信條

* 飯店集團的任何飯店必須有自己的特點，以適應不同國家、不同地區的客人的需要，要做到這一點，要挑選好的經理並賦予他們管好飯店所必需的權力。

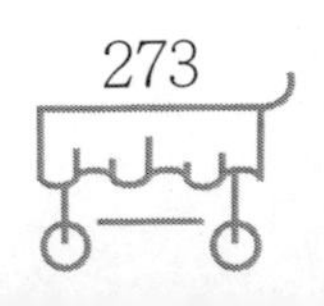

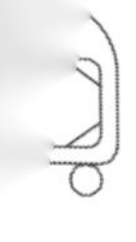

＊預測要準確，如人員的使用、成本預算、訂房狀況等等。

＊ 大量採購，這樣不但可以節省大量的採購費用，而且也會促進供應商以高標準來改進其產品。

＊挖金子，把飯店的每一寸土地都變成盈利空間。

＊ 管理人才的培養，為保證飯店的服務質量標準並不斷提高，要特別注意培養和留住優秀人才，為此，希爾頓飯店積極選拔人才到密西根大學和康乃爾大學飯店管理學院進修和進行在職培訓。

＊ 加強推銷，重視市場調研和公共關係，並利用整個系統的優勢搞好廣告宣傳工作。

＊希爾頓飯店間相互幫助預訂客房。

（二）希爾頓的十條人生哲學

＊尋找自己的特有天資。

＊胸懷大志，敢想、敢做、敢憧憬。

＊誠實。

＊對生活要充滿激情。

＊不要讓你占有的東西占有你。

＊有了煩惱不要擔憂。

＊要擔負起自己所生活的這個世界的全部義務。

＊不要沉溺於過去。

＊儘量尊敬別人——不要鄙視任何人。

＊祈禱——不斷滿懷信心地祈禱。

他把對自己和員工的這些要求歸結為：勤奮、自信和微笑。

（三）希爾頓飯店的使命書

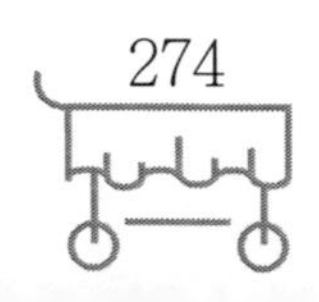

「我們的使命是：被確認為世界最好的第一流的飯店組織，持續不斷地改進我們的工作，並使為我們客人、員工、股東利益服務的事業繁榮昌盛。對我們成功至關重要的是：

* 人。這是我們最重要的資產。參與、齊心協力和承擔責任是指導我們工作的價值觀。

* 產品。這是指我們提供的活動、服務和設施。它們必須被設計成和經營得具有高品質，能始終滿足我們客人的需要和期望。

* 利潤。這是我們成功的最終的衡量標準——衡量我們是否能很好地與很有效率地為客人服務。利潤也是為我們的生存和發展所需要的。

為完成我們的使命必須遵循的指導原則是：

* 質量第一。我們產品和服務的質量必須使客人滿意。這是我們要放在第一位考慮的優先目標。

* 價值。我們的客人應該享有在公平合理價格下的高質量的產品。這是指導我們發展業務的價值觀。

* 不斷改進。絕不停留在過去的成績上，透過創造性努力，不斷改進我們的產品和服務，並提高我們的效率和盈利率。

* 齊心協力。在希爾頓飯店，我們是一個家庭的成員，一起合作把工作做好。

* 完善。我們決不對違反希爾頓行為準則的現象妥協——我們要對社會負責——我們保證遵循希爾頓飯店在公平和完善方面的高標準」。

二、喜來登十誡和經營哲學

喜來登飯店集團的創始人歐內斯特・亨德森（1897～1967）與麗思、斯塔特勒、希爾頓等飯店業的巨人們不一樣，他直到40歲才真正開始從事飯店業。然而，他是一個有很強責任感和嚴以律己的人，而且精力充沛、勤奮、敏捷、精

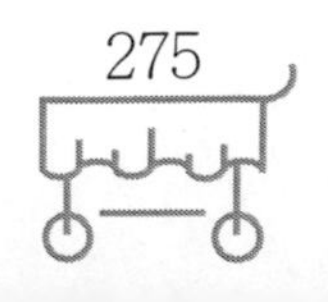

明，同時也是一個機會主義者——隨時準備購買或出售飯店，只要這些決策是基於事實和數據並能帶來資產收益最大化。他在資產運營方面遵循的原則是：成本最小化，投資收益最大化。他於1937年創建喜來登飯店公司，到1998年，隸屬斯塔沃德飯店集團的喜來登飯店在全球57個國家擁有或經營320餘家飯店，成為世界最大的飯店集團之一。喜來登的成功經驗是與亨德森一直倡導的喜來登十誡和其經營哲學分不開的。

（一）喜來登十誡

＊不要濫用職權和要求特殊待遇，這是對管理人員的約束。

＊ 不要收取那些討好你的人的禮物。收到的禮物必須交由一位專門負責禮品的副經理保管，由飯店定期組織拍賣，所得收益歸職工福利基金。

＊不要叫你的經理插手飯店的裝潢工作。

＊ 不能違反已經確認的客房預訂承諾。超額預訂是飯店為了防止有一部分預訂者不住店而造成損失的一種方法，但如果預訂者都到店入住了，超額預訂就會出現有預訂的客人沒有客房可住的情況。一旦出現這種情況，喜來登規定，送客人一張20美元的禮券，憑此可以在任何一家喜來登飯店使用，並由飯店免費送客人到另一家飯店入住。

＊ 管理人員在沒有完全弄清楚確切目的之前，不要向下屬下達指令。只有管理者和下屬都理解清楚每一道指令的目的，才能有主動性和靈敏性將工作做好。

＊小飯店的成功經驗可能是大飯店失敗的教訓。

＊ 為了做成交易，不要放盡人家的「最後一滴血」。要有整體和長遠眼光，小分歧可以通融，不要把大路堵死。

＊　放涼的菜不能上餐桌。這是對所有服務人員講的，要遵循服務的質量原則。

＊決策要靠事實、計算與知識，不能只靠感覺。

＊ 下屬出現差錯時，不要不問緣由就大發脾氣，應從解決問題的角度去思考

如何更好地去處理。

（二）亨德森的經營哲學

亨德森先生的生意經還展現在他在激烈的市場競爭中所堅持的經營哲學，它們包括：

＊　價格競爭策略。1962年他將所有喜來登飯店房價下調1／3，使他的飯店的出租率迅速上升，超過希爾頓，直逼假日。他堅信客房出租率上升及餐飲收入的增加能彌補降價的損失。他特別注意長期利益，要求管理人員不要在乎一時一地的得失，要算大帳，算總帳。只要客人入住就要吃、要娛樂、要購物，可透過提供多元化的收入來彌補客房的損失。但實踐證明，降價銷售並不是在任何時候都是行之有效的方法。

＊嚴格控制。在1960年代初，由於對財政、經營方面缺乏控制，導致飯店在此期間的利潤滑坡。之後，亨德森集中了對飯店經營和預算方面的控制權，強化了對飯店財務的預測工作。

＊客人的建議是改進飯店經營的良方。他的一句著名的格言是「在飯店經營方面，客人比經理更高明」。凡給喜來登總部來信的，他都要求給予及時答覆。對投訴信件的處理尤為認真，他認為客人的抱怨有不少是建設性的，是飯店制定政策和改進工作的依據。他還發現另一有效的方法是發放「賓客意見徵詢表」，蒐集客人的意見。

＊銷售閃電戰。即對飯店所在地進行大量的促銷宣傳，包括人員促銷、媒體廣告以及發放喜來登信用卡等。

三、假日的成功之道

凱蒙斯・威爾遜於1952年建立了第一家假日飯店，他強調飯店地理位置的重要性，創業時飯店多沿高速公路分布，針對擁有汽車的中產階級。依據當時中檔大眾市場的消費水準與需求設計飯店，潔淨、舒適、衛生與安全，同時注重飯店的維修和保持飯店的潔淨與清新。由於首創了標準化與聯號經營，威爾遜在

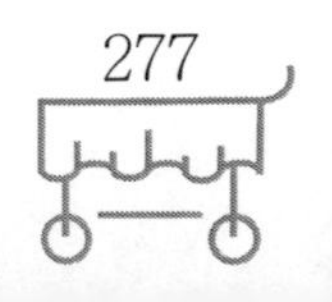

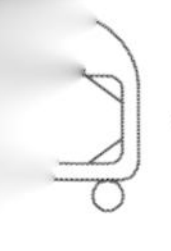

30多年的時間裡，使一個僅有幾家汽車旅館的假日公司發展成為世界上最大的飯店集團，並使假日成為一個受大眾喜愛的家外之家。到1989年底（1990年被英國巴斯集團購買），假日已在全球52個國家擁有、經營1606家飯店。假日的成功之道主要有：

（一）標準化管理

假日飯店成功的最大祕訣是一貫堅持標準化管理，嚴格按統一的質量標準提供產品和服務。為此，假日制定了一整套嚴格的質量標準保證體系，以確保聯號的每一家飯店都達到標準。首先，假日集團編寫了《假日飯店標準手冊》，對所屬飯店的建造、室內設備和服務規程都作了詳細規定，任何規定非經總部批准不得更改。如假日飯店的客房必須有一個書桌、一張雙人床、兩把安樂椅，床頭有兩只100瓦的燈，要有電視機和一本《聖經》。《手冊》甚至對香皂的重量和火柴的規格都有具體的要求。為了保證《手冊》的規定被嚴格地遵守和執行，假日集團組織了一支由40人組成的專職調查隊，每年對所屬各飯店進行4次抽查。抽查的項目有500多項，滿分為1000分。如果檢查不達標，即給予警告，限期改正；第二次檢查仍未改進，將加倍罰分，同時再給一次改正的機會。如果仍不能在規定時間內達到標準，若是集團擁有的飯店，就解僱經理；若是特許經營的飯店，就由集團總部的有關機構開除其負責人或解除特許經營合約，每年這樣的飯店約有30多家。

（二）出售特許經營權

從1953年起，威爾遜先生就開始銷售假日飯店的特許經營權，這樣做的最大好處是大大降低了經營風險。最初，假日集團只需在選址、開業、人員培訓和促銷等方面提供諮詢。60年代，由於假日集團的成功經營，越來越多的飯店購買它的特許經營權，這時，集團將諮詢範圍擴展到了除不動產以外的各項服務中，如可供選擇的飯店設計和透過假日中央採購網統一購買家具、日用消耗品、棉織品、部分食品等，同時還提供系統的經營方法、銷售網絡和管理制度。70年代以後，全球每年申請獲得特許經營權的飯店超過10000家，但經過嚴格挑選後只有很少一部分得到批准。獲得假日特許經營權的飯店在向金融機構貸款、尋

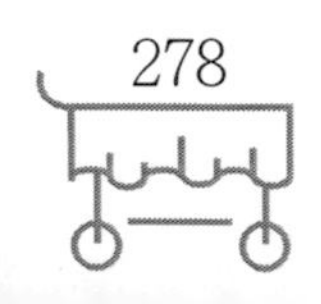

找客戶、廣告促銷等方面都具有較大優勢。一般地說，特許經營權的費用大致占到一個飯店收入的6%，而這一收入占假日集團總收入的很大一部分。

（三）降低成本

由於假日針對大眾市場提供價廉物美的服務，因此能否將成本控制在較低的水準是關鍵。除統一採購節約開支以外，假日集團還在許多細節方面對成本進行控制。如，使用價格較低廉的床單和地毯，但經常更換；收集碎肥皂做洗滌劑以及使用節能電源開關等。

（四）品牌與促銷

70年代末，由於消費者需求的個性化趨勢不斷加強，鐵板一塊的標準化服務受到挑戰。假日集團除了在標準化方面嚴格管理外，還在品牌上不斷創新，先後推出了皇冠型、庭院型、套房型飯店以適應不同的市場需求。另外在促銷方面，假日集團充分利用它擁有的Holidex-II電腦網路系統為成員飯店提供方便、快捷的預訂服務。同時，假日還非常重視媒體廣告的影響，以及公共形象的樹立。

（五）假日精神

企業文化是維繫假日飯店集團長期競爭優勢的保證，假日精神就是這種文化的具體展現：樸實無華，誠實可靠，堅持不懈，樂觀大度，熱情洋溢。正是這種假日精神造就了高素質的員工，也贏得了無數客人對假日的信賴和滿意。

本章小結

綜上所述，飯店集團在塑造品牌、追求規模經濟、開發人力資源和獲取市場訊息等方面有著單體飯店無法比擬的優勢，集團化經營日益成為實力雄厚的飯店業投資者的必然選擇。其間，靈活採用各種經營管理形式是成功擴張的關鍵。實踐證明，世界知名的各大飯店集團大多由於採取了各種不同的經營管理形式，加之以先進的經營管理方法，才發展到如今可觀的規模。進入21世紀，跨國經營成為世界各大飯店集團普遍採取的戰略，中國飯店集團經過多年的發展，積累了

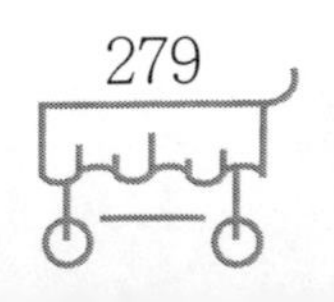

不少飯店管理經驗，並擁有東方式體貼入身的服務管理和價格優勢，也具有了一定的跨國經營的實力，已經入世，更要主動出擊，走出國門，利用國外資源，分散國內風險，提高飯店集團在世界市場上的形象。

複習與思考

1.簡述國際飯店集團化經營的發展歷史。

2.什麼是產權？產權的基本性質是什麼？

3.試論現代飯店集團是如何透過產權交易體系進行擴張的。

4.什麼是管理合約？其優缺點表現在什麼地方？

5.什麼是特許經營？其優缺點有哪些？

6.比較聯號轉讓、租賃經營、飯店聯合組織等飯店集團管理形式的特點。

7.飯店集團化經營的優勢表現在哪幾個方面？

8.分析某一著名飯店集團的成功之道。

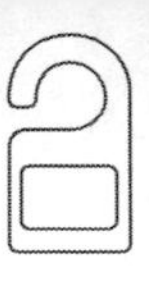

國家圖書館出版品預行編目(CIP)資料

飯店服務與管理 / 吳本 主編. -- 第二版.
-- 臺北市 : 崧博出版 : 崧燁文化發行, 2019.02
面 ; 公分
POD版

ISBN 978-957-735-645-1(平裝)

1.旅館業管理 2.旅館經營

489.2 108001286

書 名：飯店服務與管理
作 者：吳本 主編
發行人：黃振庭
出版者：崧博出版事業有限公司
發行者：崧燁文化事業有限公司
E-mail：sonbookservice@gmail.com
粉絲頁 網 址：
地 址：台北市中正區重慶南路一段六十一號八樓815室
8F.-815, No.61, Sec. 1, Chongqing S. Rd., Zhongzheng Dist., Taipei City 100, Taiwan (R.O.C.)
電 話：(02)2370-3310 傳 真：(02) 2370-3210
總經銷：紅螞蟻圖書有限公司
地 址：台北市內湖區舊宗路二段121巷19號
電 話:02-2795-3656 傳真:02-2795-4100 網址：
印 刷 ：京峯彩色印刷有限公司（京峰數位）

定價：500 元
發行日期： 2019年 02 月第二版
◎ 本書以POD印製發行